面向农业领域的物联网监测与控制技术

赵小强　高　强　许曰强　梅永刚　著

西安邮电大学学术专著出版基金资助

科　学　出　版　社

北　京

内 容 简 介

  本书内容为作者多年项目经验的总结，知识涉及面广，内容丰富。本书以工程项目实践应用为特色，全面介绍农业物联网技术，并围绕农业用水安全和农业节水灌溉技术进行深入探讨，结合项目实际需求给出相关系统的设计和技术解决方案。最后依据作者多年的科研经验，对市级现代果业展示中心建设和林果水旱灾害预测预警与风险防范进行详尽的案例分析。

  本书可作为电子通信、计算机、仪器仪表以及环境等专业学生的学习参考用书，还可供相关专业的研究生、教学人员、科研和设计人员参考阅读。

图书在版编目（CIP）数据

面向农业领域的物联网监测与控制技术/赵小强等著. —北京：科学出版社，2019.3

 ISBN 978-7-03-060013-4

 Ⅰ.①面⋯ Ⅱ.①赵⋯ Ⅲ.①互联网络-应用-农业②智能技术-应用-农业 Ⅳ.①S126②F32-39

 中国版本图书馆 CIP 数据核字 (2018) 第 294387 号

责任编辑：宋无汗／责任校对：郭瑞芝
责任印制：张 伟／封面设计：陈 敬

科学出版社 出版
北京东黄城根北街 16 号
邮政编码：100717
http://www.sciencep.com

北京中石油彩色印刷有限责任公司 印刷
科学出版社发行 各地新华书店经销

*

2019 年 3 月第 一 版 开本：720×1000 B5
2019 年 3 月第一次印刷 印张：20 3/4
字数：419 000

定价：128.00 元
（如有印装质量问题，我社负责调换）

前　　言

当前，我国进入了物联网与现代农业融合发展的新时期，用物联网技术升级传统农业是实现农业现代化的重要途径。推进物联网在农业领域的应用和发展，有利于促进农业生产向网络化、智能化和精细化方向转变，对于提高农业信息化应用水平、促进现代农业发展具有重要意义。

本书是陕西省科技统筹创新工程计划项目(项目名称："互联网+"偏远地区矿产资源开采环境污染监控系统，项目编号：2016KTCQ01-26)、陕西省国际合作计划项目(项目名称：基于大数据信息决策的智慧农业自动灌溉系统研究，项目编号：2018KW-025)、陕西省科技成果推广项目(项目名称：基于智慧环保的水质远程分析科学决策系统的应用与推广，项目编号：2018CG-007)、陕西省农业攻关项目(项目名称：智慧生态农业自动化控制系统与信息化建设的研究，项目编号：2016NY-178)、陕西省教育厅2018年度服务地方科学研究计划(项目名称：无线智能节水灌溉系统的研制及应用，项目编号：18JC029)、陕西省教育厅专项科学研究项目(项目名称：宜君县土壤种植信息监测系统设计及应用研究，项目编号：18JK0700)、咸阳市科技局 2017 年度集成示范项目(项目名称：智慧咸阳示范集成，项目编号：2017K01-25-16)、咸阳市科技局软件研发项目(项目名称：乾县阳峪镇现代果园智能灌溉软件研发，项目编号：2017k01-25-7)、西安市科技计划项目(项目名称：智慧农业技术研究-林果园区信息动态感知和无线智能控制系统的研制，项目编号：201806117YF05NC13-2)和西安市科技计划项目(项目名称：兰环智慧环保云及公共服务平台研发，项目编号：2017084CG/ RC047-XAYD004)的成果总结，作者以工程实践应用为特色，对农业用水安全和农业节水灌溉进行深入研究，并尽可能详尽地给出系统设计的方案和电路原理，以便读者能够深入的了解更多内容。

本书分为农业物联网技术、农业用水安全、农业节水灌溉和案例分析四篇。第一篇首先对农业物联网的概念、发展现状以及发展趋势等进行概述，让读者对农业物联网技术有大概的了解。其次，以"先监测、后灌溉"的农业用水理念，介绍水质监测系统和节水灌溉系统的设计方案。第二篇介绍水质监测子系统的设计与实现，包括农业水质监测硬件系统、农业水质监测软件系统和农业水质监测物联网平台。第三篇介绍农业节水灌溉子系统的设计与实现，包括农业节水灌溉硬件系统和农业节水灌溉软件系统。第四篇以实际的工程项目为例，进行农业物联网案例分析。

　　本书由赵小强教授、高强负责策划和统稿，第1章、第2章和第8章由西安邮电大学科研处赵小强教授负责撰写；第3章、第6章由西安邮电大学通信与信息工程学院许曰强负责撰写；第4章和第9章由西北农林科技大学机械与电子工程学院高强负责撰写；第5章和第7章由西安邮电大学党政办公室梅永刚负责撰写。

　　在此，向所有项目资助单位、参考文献作者以及为本书出版付出辛勤劳动的同志表示感谢。

　　由于作者水平有限，书中不足之处在所难免，恳请专家和广大读者批评指正。

作　者
2018 年 10 月

目　　录

第一篇　　农业物联网技术

第二篇　　农业用水安全

第三篇 农业节水灌溉

第四篇　案　例　分　析

第一篇　农业物联网技术

第1章 农业物联网概述

1.1 农业物联网介绍

农业物联网是指物联网技术在农业生产、经营、管理和服务中的应用。具体来说，就是运用各类传感器、身份识别技术以及视觉采集终端等感知设备，广泛地采集大田种植、设施园艺、畜禽养殖、水产养殖、农产品物流等领域的现场信息，通过建立数据传输和格式转换方法，充分利用无线传感器网络、电信网和互联网等多种现代信息传输通道，实现农业信息多尺度化的可靠传输，最后将获取的海量农业信息进行融合、处理，并通过智能化操作终端实现农业的自动化生产、最优化控制、智能化管理、系统化物流以及电子化交易，进而实现农业集约、高产、优质、高效、生态和安全的目标。

根据物联网具有全面感知、可靠传输和智能处理的三大特征，可将农业物联网划分为信息感知层、网络传输层和处理应用层三层体系。信息感知层主要通过射频识别(radio frequency identification, RFID)标签和读写器、传感器、摄像头、全球定位系统(global positioning system, GPS)及遥感(remote sensing, RS) 技术等采集物理世界的数据和发生的物理事件，这一层次要解决的重点问题是感知、识别物体与采集信息，如土壤肥力、作物生长环境参数与苗情长势、空间定位信息、动物个体健康、行为和产能等信息。网络传输层是物联网成为普遍服务的基础设施，包括各种通信网络与互联网形成的融合网络，通过向下与感知层的结合、向上与应用层的结合，将各类数据通过有线或无线方式以多种通信协议向局域网、广域网发布，使物品在全球范围内实现远距离、大范围的信息传输与广泛的互联功能。处理应用层是将物联网技术与农业专业领域技术相结合，通过对数据挖掘、分析与融合处理建立相应的监控、预测、预警、决策以及自动控制等智能信息处理平台，从而对农业生产过程进行精准化管理、智能化控制，并制定科学的管理决策。农业物联网体系架构如图 1.1 所示。

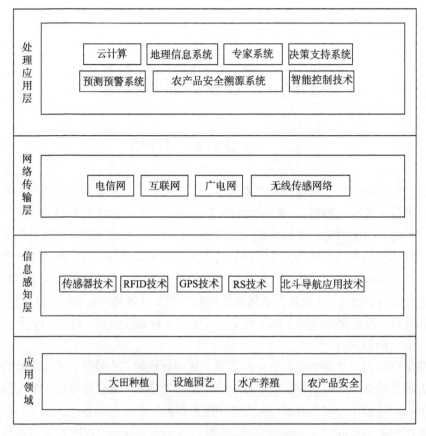

图 1.1　农业物联网体系架构

1.2　国内外研究现状

在物联网的技术研究和产业规模上，我国农业物联网发展与发达国家存在着较大的差距[1]。以欧美为代表的发达国家对农业物联网和田间环境监控的研究起步较早，在信息技术和大规模农业生产方面积累颇多，他们利用环境监测系统、气象和病虫害监测预警系统等，对农作物生产进行精细化管理和调控，节约了人力资源，提高了资源利用率。我国物联网技术进入农业领域始于 20 世纪 90 年代，目前在一些试点地区开展了农业物联网示范项目，取得了较大成效。在示范项目中通过利用各种物联网技术和部署各类应用系统，使农业科技人员和农民可以对农业生产进行精细化管理和控制，也可以随时随地地迅速获得各种科技信息、管理信息、市场供求信息、气象和土壤信息、作物和病虫害信息等。但是我国农业存在耕地高度分散、生产规模小、时空变异大、量化和规模化程度差、稳定性和可控程度低等问题，导致物联网技术在农业生产中存在应用规模小，技术水平相对低下，感知设备通用性不足，信息实时性不够和农场间信息割裂等问题。国家在政策层面加大了对农业物联网的扶持力度。2013 年农业部公益性行业(农业)科研专项"基于信息技术的基层农技推广服务技术集成与示范"项目正式启动，并配套拨发了近 2000 万元人民币的项目启动资金。该项目由中国农业科学院农业信息研究所主持研发，是针对我国基层农技推广和现代农业产业技术体系的现状和实际需求，利用 3G、物联网等现代信息技术在信息传输和处理上的移动、实时、定位和视频交互等优势，开发的具有农技咨询、市场行情、农技培训、动态调度等功能的信息化平台。项目将为广大基层农技服务人员配备笔记本电脑、Pad 以及智能手机等无线终端，在农业专家的后台支持下，随时在田间地头为农民答疑解难，同时，该项目也使农技推广服务中心等政府部门能够及时掌握农技员的工作动态，以便及时安排任务调度。2014 年，中央一号文件第 11 点推进农业科技创新中明确指出:加强以分子育种为重点的基础研究和生物技术开发，建设以农业物联网和精准装备为重点的农业全程信息化和机械化技术体系，推进以设施农业和农产品精深加工为重点的新兴产业技术研发，组织重大农业科技攻关。在物联网标准体系建设工作方面，农业部于 2011 年研究并报请国家标准化管理委员会同意，成立了国家农业物联网行业应用标准工作组，研制物联网在农业领域的应用标准。

国外在 20 世纪后期就开始研发网络化、分布式的温室环境控制系统，并在设施农业方面开展了广泛应用。英国无线系统公司开发了基于无线设备的花园温室霜冻和入侵警报系统、远程通风加热控制系统、无线洒水系统等。日本的四国电力集团利用基于以太网的嵌入式网络技术开发了双向远程监控系统，能够获得实时动态温室的环境数和视频图像，从而实现更大范围的温室远程自动化管理。希腊Loukfam 公司开发了智能化温室环境与营养液的综合调控系统。美国 GreenAir 公司生产出基于 TCP/IP 通信的温室控制器，可实现对 6 连栋温室的全方位环境控制。美国加州的 Norcal Harvesting 草莓栽培园安装了整套由 ClimateMinder 开发的物联网系统，通过无线传感网络传输温度传感器等采集的参数信息，实时追踪温室内的环境信息和草莓生长状况，还可实现对温室内温湿度或浇水设备等的远程控制。

进入 21 世纪以来，美国和欧洲的一些发达国家相继开展了农业领域的物联网应用研究示范，实现了物联网在农业生产、资源利用、农产品流通、农产品质量安全监控等领域的实践与推广，形成了一批良好的产业化应用模式，推动了相关新兴产业的快速发展。

欧美国家将资源卫星对土地利用信息实时监测的结果发送到各级监测站，通过信息融合与系统决策实现大区域农业的统筹规划。美国、法国、加拿大、澳大利亚等发达国家将物联网技术应用到大田粮食作物种植中的精细作业、农田环境监测和智能灌溉施肥、果园生产中的信息采集和灌溉控制等方面。法国利用通信卫星技术对灾害性天气和病虫害进行预测预警，而且建立了比较完备的农业区域监测网络，以指导灌溉、施肥、施药、收获等农业生产过程。美国奥斯本(Osborn)公司利用 RFID 电子耳牌识别技术开发了全自动种猪生产性能测定系统，能从一个猪群体中识别出每个个体，并对个体进行测定和记录，通过对不同猪各生长阶段的日增重和饲料消耗等数据进行比较分析后选择出最理想的种猪。荷兰研发的 VELOS 智能化母猪管理系统在荷兰及许多欧美国家得到广泛应用，能够实现养殖过程中数据自动传输、自动报警、自动供料和自动管理等。苏格兰利用物联网技术实时监控鱼虾养殖中对不同地区发散饵料、药物和鱼虾排泄物的污染程度，并得出预测预警模型。发达国家在动物个体标号识别、农产品包装标识及农产品物流配送等方面对 RFID 技术的应用非常广泛，如加拿大肉牛已从 2001 年起使用的一维条形码耳标过渡到电子耳标。日本 2004 年构建了基于 RFID 技术的农产品追溯试验系统，利用 RFID 标签实现对农产品流通的管理和个体识别。泰国开展了物联网相关技术在水产品领域的研究应用，并初步建成了小规模的水产养殖物联网。厄瓜多尔把物联网与地理信息系统(geography information system, GIS)技术相结合，用于水产养殖中虾病的早期诊断，通过分析虾病害的状况与发展趋势及时做出决策处理措施，有效减少虾病害的经济损失。

1.3　主要发展趋势

当前，我国进入了物联网与现代农业融合发展的新时期，用现代信息技术改造传统农业、装备农业是实现农业现代化的重要途径。农业物联网作为一项新型的信息化集成技术，既是推动信息化与农业现代化融合的重要切入点，也是推动我国农业向"高产、优质、高效、生态、安全"发展的重要驱动力。推进物联网在农业领域的应用和发展，有利于促进农业生产生活向智能化、精细化、网络化方向转变，对于提高农业信息化应用水平、促进现代农业发展具有重要意义。

经过多年的技术积累和市场培育，以物联网为代表的信息产业已成为新兴战略产业之一，物联网技术将被越来越多地应用到农业生产、经营、管理和服务各个环节，具有庞大的市场和产业空间，未来几年将是农业物联网相关产业以及应用迅速发展的时期。总体来看，农业物联网将朝着更透彻的感知、更全面的互联互通、更优化的技术集成和更深入的智慧服务趋势发展。

(1) 传感器将向微型智能化发展，感知更透彻。随着传感器向多样、智能、低耗、微型发展，农业物联网传感器的种类和数量也将快速增长。未来的物联网终端可以通过接入传感器网络，控制网络内的传感器，应用会更加丰富，智能传感器正朝着更透彻的感知方向发展。

(2) 移动互联应用将更加便捷，网络互联更全面。农业现场生产环境复杂、涉及行业众多, 不同设备之间更加全面有效的互联互通是未来农业物联网信息传输的发展趋势。以 5G、IPv6 为代表的新一代通信和互联网技术为农业物联网的发展提供了更加可靠、安全、高效的传输网络。

(3) 与云计算、大数据深度融合, 技术集成更优化。农业物联网系统集成效率是用户服务体验的关键。云计算能够实现农业物联网所需的计算、存储等资源的按需获取, 大数据将为海量信息处理和利用提供支撑, 更优化的集成技术将有效提高物联网感知、传输、服务的一体化水平。

(4) 物联网将向智慧服务发展, 应用更广泛。农业物联网最终的应用是提供智慧的农业服务, 未来农业物联网的应用将呈现多样化、泛在化的趋势。建立农业物联网中间件平台、提高服务自适应能力、提供智能柔性服务正成为农业物联网软件和服务的研究方向。

第 2 章 农业物联网架构与技术

2.1 农业物联网技术架构

2.1.1 系统构建原则

现代农业建设应以"信息服务、业务管理、决策支持、能力建设"为主要内容，创新融合物联网技术、GIS 技术、大数据技术，无缝整合水肥一体智能灌溉系统、环境气象监控系统、病虫害防控系统、专家诊断系统、智能办公管理系统和远程教育培训系统，最终实现"工程发展、农民富裕、职工受益、生态优美"的目标。实现上述目标应该遵循以下建设原则。

1. 实用性原则

针对传统农业园区现有的基础设施，充分利用现有资源，依托部署在园区现场的多种传感节点(环境温湿度、土壤水分、二氧化碳以及植物长势视频图像等)，节水灌溉系统，水肥一体化设备，田间小气候监测系统和无线通信网络，完成园区的植物长势视频图像、空气温度、空气湿度、二氧化碳、光照、土壤水分、土壤肥力、土壤 pH、土壤温度、风速等数据的实时采集、传输，并对其存储、展示、分析及预测预警。融合后的异构数据将对园区林果的生长管理(施肥、滴灌、除虫、除草、喷药等)具有切实的参考价值和指导意义。实现园区高度的信息化、自动化和智能化，达到"减损保产、提质增效、提升生产管理水平、降低劳动成本"等基础目标。

2. 可靠性原则

系统建设和运作严格按照《信息安全等级保护管理办法》和中华人民共和国工业和信息化部有关规定执行。园区建设整体考虑网络、系统、应用、数据等多层面的安全设计，根据不同角色实施不同的安全策略。确保系统持续稳定运行，防止信息的损坏、泄露或被非法篡改；具备低故障率，长故障间隔时间，长生命周期，较高容错率，多系统兼容匹配以及应对各种事故的断电保护、数据恢复机制，确保信息的数据安全性和服务连续性。

园区物联网监测和控制系统的建设应该充分考虑系统的能耗问题，建议采用多个"太阳能供电为主、市电为辅，两种方式自动切换"的传感器采集节点和无线自组网滴灌控制终端系统，并组建内部专用服务器完成内外网分离，统一接收、存储、管理园区的物候、墒情以及气象等数据，安全分发远程控制指令，从而实现园区内部"无线、无电、无流量"稳定运行。

3. 先进性原则

针对园区现状设计集多种功能于一体的智能化管理网络，创新融合物联网技术、LoRa 无线扩频通信技术、视频图像目标检测跟踪技术和自适应模糊控制理论，根据植物长势视频图像数据、土壤墒情数据、农田气象数据、病虫害信息和区域天气气象因子，林果知识库及种植最佳实践，并在充分考虑植物水分亏缺滞后效应和生长自适应效应的前提下，建立植物长势标准数据模型，实现植物生长需求的自动判别与计算、智能分析、即时警报、推送提醒、智慧决策生长要素的自动补给(遮阳、补光、诱灭虫、灌溉和通风等)等功能，进而实现多维立体指导园区生产。

4. 易扩展原则

系统在数据存储、数据结构和业务应用功能等设计实现上采用"强内聚、松耦合"的设计思想，使系统同时具备"单一纵向扩展"和"组合横向扩展"能力。园区新建系统可进行模块化配置管理，当整个业务系统拥有了新的功能及数据源加入时，不需进行重新开发，只需简单地模块化配置即可针对特定的数据进行采集、收发、解析、处理和存储实现新的应用功能，并且模块化配置具有可选择的特点，各系统之间不相互干扰，可根据需要进行选择性配置，提高系统的可扩展性，以满足未来变化的需要。

5. 可复制原则

整个系统的设计流程规范，各设施的设计安装符合相关国家标准和行业规范，园区信息服务平台严格遵循信息产业部颁布的信息综合应用平台建设标准和规范。这将为我国现代农业园区物联网监测和控制系统的统一建设规范提供基础保障，也将充分提高系统的可复制性。

2.1.2　系统整体架构

为了保障农业灌溉用水的安全性、节约农业灌溉用水，作者结合物联网相关技术介绍一种具有水质监测功能的智能节水灌溉系统。该系统主要分为两个子系统，前级为水质监测子系统，后级为节水灌溉子系统。其整体的系统架构如图 2.1 所示。两个子系统是相互协同工作的，为了贯彻"先监测，后灌溉"的理念，在灌溉之前首先由前级的水质监测子系统对水质进行全面的监测，水质合格才经后级的节水灌溉系统进行滴灌，这样既保障了农业用水的安全性，又达到了节水灌溉的目的。

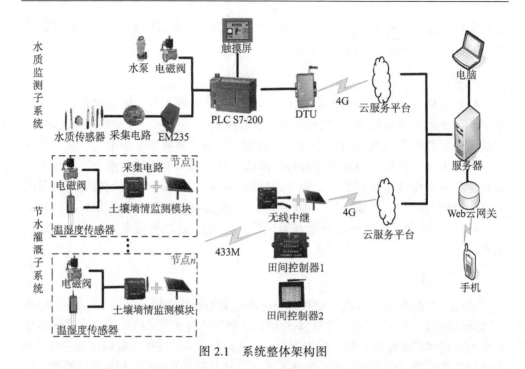

图 2.1　系统整体架构图

1. 水质监测子系统

作者设计的水质远程智能化监控子系统采用西门子 PLC S7-200 作为主控模块。系统从功能结构上可以划分为硬件部分和软件部分。硬件部分又分为数据采集部分、数据显示及远程传输部分、用水控制部分；软件部分又分系统服务器部分、个人电脑(personal computer, PC)端组态部分和手机端监控部分[2]。

各类水质传感器采集水质的温度、pH、氨氮含量、溶氧量、浊度、盐度和电导率等信息，传感器将各类水质信息送给各类水质处理电路。经过各类水质处理电路处理成适合 EM235 采集的模拟信号后，EM235 模块将各类的模拟信号转换成相应的数字信号送给主控模块可编辑逻辑控制器(programmable logic controller, PLC)进行处理。PLC 将 EM235 模块转换的数字信号通过不同的水质算法转换成相应的水质参数。一方面，PLC 将各类水质参数通过 MCGS 工业触摸屏显示出来；另一方面，将水质信息打包处理，通过 Modbus 协议送给远程传输模块数据传输单元(data transfer unit, DTU)进行数据发送，DTU 将水质数据发送到服务器端，通过组态技术和安卓端应用软件实现数据的显示。管理人员可根据水质信息，通过现场的触摸屏、PC 端组态软件、手机端安卓应用软件实现对系统的控制，其中手机端设计开发的软件主要由客户端软件和自建云服务器端软件两部分构成。移动智能手机客户端软件基于 Android 开源系统实现，通过设计网络数据爬虫算法实现对中华人民共和国环境保护部信息中心和亿家净水官方网站公开数据进行采集，采用 XML 文件解析算法和 SQLite 数据库语言集完成对全国重要流域和城市社区的水质信息的提取及分类存储，使用百度地图开发 API 实现实时水质数据的可视化和用户定位，采用 HTTP 通信协议实现手机客户端与私有云服务器之间的数据交换，最后借助 MPAndroidChart 开源图标库和转发分享算法实现数据报表的快速生成和一键转发[3]。云服务器端软件采用 LAMP 组合开发方案(以 Linux 作为操作系统，Apache HTTP Server 作为 Web 服务器，MySQL 作为数据库，PHP 作为服务器端脚本解释器)实现用户、设备、传感器和数据节点的创建、修改、更新、删除和外部访问接口，部署并运行在云计算平台上，为手机客户端用户信息来源和自有设备远程监控提供了有力的业务支撑。

2. 智能节水灌溉子系统

作者设计的无线智能节水灌溉系统采用 LoRa 扩频通信技术和移动通信网相结合的方式进行网络通信，系统主要分为下位机硬件部分和上位机监控部分[4]。下位机部分采用太阳能电池板供电，完成控制指令的执行和墒情信息的采集，并通过 GPRS 将数据上传至物联网云平台。上位机部分完成墒情信息的显示、分析、存储和智能控制，通过模糊控制算法科学决策出灌溉量和灌溉时间，达到精准灌溉。

整体结构图按照功能模块可以分为土壤墒情监测模块、无线中继模块、上位机监控模块以及田间控制器模块。其中土壤墒情监测模块负责将采集到的土壤温度和湿度信息以无线方式发送到无线中继部分，同时通过 GPRS 网络上传至物联网云平台进行网页显示；无线中继模块主要完成数据的解析和转发，保证数据的再次通信能力；上位机监控模块负责监控灌溉区各电磁阀状态，同时对接收到的墒情数据进行解析、计算、分析并将其保存在数据库中，上位机软件可实现三种用户操作控制和一种自适应模糊控制，模糊控制能够根据当前土壤湿度科学决策出灌溉量和灌溉时间，实现精准灌溉；田间控制器模块主要负责接收并解析上位机发出的控制指令，然后控制继电器动作进而控制电磁阀开启或闭合。

2.1.3　创新解决方案

本书由多个实际项目和学生科技竞赛作品提炼而来，书中针对当前阶段农业用水安全无法保障，水资源利用率极低的农业灌溉现状，借助现代通信技术、传感器技术、身份识别技术和智能处理技术等物联网关键技术，提出一种适用于现代农业需求的创新解决方案，具体有以下几个方面。

(1) 市面上相关书籍多以理论教学为主，强调理论和仿真效果，对实际项目需求介绍不多。本书内容取材于项目组多年来实际完成的工程项目和学生科研创新竞赛项目，强调理论和实践并重的工科学习理念。

(2) 本书讲述的系统与以往节水灌溉系统的设计思路不同，提出了"先监测、后灌溉"的农业用水理念，即在农业灌溉之前先进行水质两级监测(主要流域、取水区域)，合格水体通过智能节水灌溉系统进行农业灌溉，不合格水体经过处理后用于灌溉。

(3) 介绍的智能节水灌溉系统采用"蓄电池+太阳能"方式进行供电，系统可以 (7×24)h 稳定工作在野外恶劣环境下，通过自主研发的工业级通信模块完成智能路由和远程数据实时传输业务，开发水质传感器测量及温度补偿电路，提高水质数据的测量精度。

(4) 系统具有数字化的信息采集、传输、存储、管理、辅助决策、控制等功能，采用多传感器数据融合技术、低功耗通信协议、采样调度策略优化三个关键技术实现监测节点能量利用效率的提高，从而延长系统的生命周期及提高传感网的传输精确性。

2.2 农业物联网系统业务流程

2.2.1 信息感知

信息是信息源发出的各种信号和消息经过传递被人们所感知、接受、认识和理解的内容的统称。农业信息是有关农业系统的消息、情况或知识，是信息在农业领域的体现。农业信息既有一般信息的共性，也有不同于一般信息的特点。例如，在作物生产过程中，为了进行科学的田间管理和取得丰收，就需要不断且及时地了解一定天气与土壤环境条件下的作物生育情况。这也是我国农民在多年的生产实践中所归纳的作物生产原则。因此，农业信息具有发布及时性、地域性、周期性、时效性、综合性、滞后性、准确性和复杂性等特性。农业信息的类型见表 2.1。

表 2.1　农业信息的类型

信息分类	统称	细分
农业自然信息	作物生产信息	作物种类品种、植物营养状况、抗性品质作物长势、作物营养需求(水分、养分)和病虫害等
	农业气象信息	日照时数、日平均温度、日温极值、降水、风速、辐射和温度等
	土壤信息	土壤类型、土壤剖面、土壤质地、土壤容重、土壤含水量、表层厚度、土壤养分和土壤微量元素等
农业社会信息	农村社会和经济信息	农业人口的变化、科技教育普及程度、农民收入水平、乡村道路建设、能源、通信、医疗、保健、社会保险状况等
	农业生产技术	农作物品质、栽培技术、诊断施肥技术、病虫害防治技术等
	农业市场	农业生产资料和农产品市场信息
	农业管理	农业生产经营管理的体质、机构和职能状况
	农业科技教育	与农业相关的科技、教育、培训等

通过现代信息技术以及地面传统方式获取农业数据，是农业可持续发展规划、统计分析与决策的重要依据。对信息的利用程度也是现代农业和传统农业的最大区别所在。因此，信息感知和获取技术是农业信息科学中首要涉及的问题，是农业管理信息系统的重要组成部分。

获取农业信息是利用信息的先决条件。农业信息感知是现代农业的核心之一，高度自动化、精准、及时、快速获取信息是信息采集的重要发展方向，已被广泛应用，农业信息获取手段和获取途径日趋多元化。目前使用的信息感知技术可以分为空间信息感知技术和地面探测感知技术两大类。

1. 空间信息感知技术

空间信息感知技术包括遥感技术系统、卫星定位技术系统、地面地表遥测技术系统及田间自动监测技术系统等。其中，遥感技术系统包括各类卫星和航空遥感技术，可以提供播种面积、长势、洪涝、病虫害及营养的宏观空间信息。卫星定位技术系统提供精确的位置，它不仅可以装载在农业机械上进行移动定位，也可随时携带定位。地面地表遥测技术系统是指在田间按一定范围设置摄像机或红外监测仪等，对农田进行定点定时监测。还有土壤湿度和土壤养分自动测定仪，它埋于土壤的一定深度处，定时将自动监测结果传送到分析中心。

空间信息感知技术的优势在于可以实时地获取大面积的农业信息，成本较低廉，受人工干预小，结果客观。但是，部分信息，如气象信息难以由遥感手段获取，或者采集精度不能满足实际需要。

2. 地面探测感知技术

地面探测感知技术主要是指安装在农业机械上的快速自动探测设备，如装置在农业耕作机械上的土壤湿度、土壤养分自动快速探测技术等。例如，机械进行耕整地作业时，加上自动定位和其他测试传感器，作业时即可测得具有中间位置的土壤湿度、养分等数据，这些信息可以在线记录或通过无线传输传送给分析中心。

地面探测感知技术的优势在于可以获取采集点上所需的信息，采集点上的精度取决于采用遥感采集信息的精度；劣势在于大面积铺设多个采集点的费用高，时效性比遥感手段差，不利于客观掌握农业信息。

空间信息感知技术与地面探测感知技术所获得的数据是相互补充的，从而达到确保数据质量的目的。空间信息技术获得的数据多数是地表的数据，而地面探测技术可以获得地表以下一定深度处有关土壤理化特性的数据，在农业生物和环境信息采集过程中，空间信息采集技术和地面信息采集技术同时发挥着重要的作用，二者相辅相成，互为补充。

2.2.2　信息安全

农业物联网的基本层次结构是按照物联网的技术架构进行划分的,主要分为感知层、网络层和应用层。感知层由传感器 RFID 和传感网络组成,负责数据采集;网络层一般指三大电信公司的宽带网 WiFi、GPRS/CDMA、3G/4G 等,负责数据传输;应用层是基于信息数据汇集之上的各类应用。因此,农业物联网信息安全隐患主要来源于这三个层。

感知层上的弊端是目前的传感器在较为复杂的环境下,难以做到准确、快速的感知;高性能传感器的成本过高,对使用环境要求苛刻,限制了推广;传感器标准不统一。

网络层比感知层和应用层要成熟,几大电信公司不遗余力地扩展网络能力;三网合一的推进将进一步扩大覆盖面、提高传输能力。

在应用层上,专业系统条块分割,形成"信息孤岛",限制了应用进一步提升和发展;各专业系统之间技术体系标准不统一,存在互联互通的技术障碍。

另外,在管理层面,也存在条块分割,难以形成统一指挥的局面。而且创新和产业体系不成熟,创新能力不够,存在较多简单模仿和贴牌,不利于形成产业持续、健康发展的局面。

农业物联网除了面对移动通信网络的传统网络安全问题之外,还面对着一些与已有移动网络安全不同的特殊安全问题。这是由于农业物联网本身是由大量的机器构成,缺乏有效监控,并且数量庞大,设备集群等特点造成的,这些特殊的安全问题主要有以下几个方面。

(1) 物联网机器/感知节点的本地安全问题。由于物联网的应用可以取代人来完成某些复杂、危险和机械的工作。因此,物联网机器/感知节点多数部署在无人监控的场景中。那么攻击者就可以轻易地接触到这些设备,从而对他们造成破坏,甚至通过本地操作更换机器的软硬件。

(2) 感知网络的传输与信息安全问题。在通常情况下感知节点功能简单(如自动温度计携带能量少、使用电池),使得它们无法拥有复杂的安全保护能力,而感知网络多种多样,从温度测量到水文监控,从道路导航到自动控制,它们的数据传输和消息也没有特定的标准,因此没法提供统一的安全保护体系。

(3) 核心网络的传输与信息安全问题。核心网络具有相对完整的安全保护能力,但是由于物联网中节点数量庞大,且以集群方式存在,因此在数据传播时,大量机器的数据发送会导致网络拥塞,产生拒绝服务攻击。此外,现有通信网络的安全架构都是从人通信的角度设计的,并不适用于机器的通信。使用现有安全机制会割裂物联网机器间的逻辑关系。

(4) 物联网业务的安全问题。因为物联网设备可能是先部署后连接网络,而物联网节点又无人看守,所以如何对物联网设备进行远程签约信息和业务信息配置就成了难题。另外，庞大且多样化的物联网平台必然需要一个强大而统一的安全管理平台，否则独立的平台会被各式各样的物联网应用所淹没。但如此一来，如何对物联网机器的日志等安全信息进行管理成为新的问题，并且可能割裂网络与业务平台之间的信任关系，导致新一轮安全问题的产生。在这些特殊的安全问题中，比较严重的是信息安全风险。由于物联网的前端部署量非常庞大，前端环境非常恶劣。重大的国防设施安全往往和物联网紧密相关，物联网布局的开放性和多样化导致对其防护的脆弱。作为国家的重要基础设施，物联网是被攻击的重要对象之一。

2.2.3　通信传输

农业生产过程中会产生大量的信息数据，感知设备及时获取该信息之后需要通过某种通信途径将数据发送到本地机房或远程服务器，供农业管理人员进行信息处理分析。一般常用的通信方式可以分为有线数据通信和无线数据通信两种。有线数据通信利用光纤电缆和导线作为导电材料介质。与无线数据通信技术相比，有线数据通信的最大优点是传输数据稳定高速。有线数据通信已经成为日常生活中最为常用的传输方式。在农业通信应用中，常用的有线数据通信有 RS232/422/485。在设施农业领域的早期应用中，采用 RS232/422/485 连接计算机和变量系统是一种有效易行的方案。

无线通信技术比有线通信技术含金量更高，在很多地方也更加实用。与有线数据通信相比，无线设备更方便。例如，现在市面上有很多无线终端产品，常见的有手机和蓝牙耳机等。由于在农业实际生产和应用中，通过铺设大量的电缆进行传输信息，以实现监控区域的有效覆盖，这将导致农业设施内的交叉电缆，维护成本高。这些因素极大地限制了有线数据通信在农业生产中的普及和应用。但无论是有线数据通信还是无线数据通信，它们在农业中所承担的功能都是一样的，既通过信号传输实现农业生产信息的快速整合。

2.2.4　处理分析

数据的处理分析主要指借助数据来指导决策。完整数据处理分析可以分为明确分析目标、数据收集、数据清理、数据分析、数据报告、执行与反馈。

(1) 明确分析目标：首先数据分析的目的性极强，区别于数据挖掘的找关联、分类、聚类等。数据分析更倾向于解决现实中的问题。

(2) 数据收集：数据分析区别于数据挖掘的第一点就是数据来源。数据分析的数据可能来源于各种渠道，如数据库、信息采集表、走访等各种形式的数据，只要是和分析目标相关，都可以收集。而数据挖掘则偏向于数据库数据的读取。

(3) 数据清理：数据分析的数据来源相比于数据挖掘直接从数据库调取的数据更加杂乱无章，很多情况下数据可能是从某些分析报告里获得的。那么这些数据的格式、字段都不统一，在数据分析之前需要根据项目的目的进行归类、整合。

(4) 数据分析：数据分析是全流程最重要的过程。目前，针对农业大系统复杂、不确定、模糊、随机等诸多特点，最新的数据处理方法、建模与优化技术已经全面应用于其中。以智能优化算法(遗传算法、免疫算法等)及其在农业系统中的应用为基础，许多学者先后提出了多种数学分析与处理方法，包括灰色理论、模糊数学理论、人工神经网络模型、数学规划、时间序列分析模型、回归分析、混沌分析理论、分维与分形、集对分析与粗糙集理论、投影寻踪技术、物元可拓理论、小波分析等。

(5) 数据报告：使用通俗易懂的语言完成结果总结，通常数据分析环节需要专业的数据分析师应用大量的数学公式进行推导证明，但是数据分析的目的是找出一个定性或定量的结论，而非数学建模。

(6) 执行与反馈：数据分析处理得到确切结果之后，需要进行实践验证和优化反馈，验证数据结果是否达到既定目标，并总结影响结果准确性的关键因素，进而针对问题进行优化改进。

2.3　农业物联网关键技术

近年来，物联网的关键理论、技术和应用成为业界和学术界的研究热点，涵盖了从信息获取、传输、存储、处理直至应用的全过程。物联网应该具备三个特征：一是全面感知，即利用 RFID、传感器等随时随地获取物体的信息；二是可靠传递，通过各种电信网络与互联网的融合，将物体的信息实时准确地传递出去；三是智能处理，利用云计算、海计算、模糊识别等各种智能计算技术，对海量数据和信息进行分析和处理，对物体实施智能化的控制。农业物联网中的关键技术也主要集中在传感器网络技术、嵌入式技术、路由技术、身份识别技术、通信技术(近程、远程)、智能处理技术等方面。

2.3.1　传感器网络技术

传感器网络是由许多在空间上分布的自动装置组成的一种计算机网络。这些装置使用传感器监控不同位置的环境状况(如温度、湿度、气体含量、声音、振动、压力、运动或污染物)。无线传感器网络的发展最初起源于战场监测等军事应用，而如今无线传感器网络被应用于很多民用领域，如农业生产、环境与生态监测、健康监护、家庭自动化以及交通控制等。无线传感器网络是物联网中感知事物、传输数据的重要手段，可以构成物联网重要的触角和神经。无线传感器网络是由部署在监测区域内大量的微型传感器节点组成，通过无线通信方式形成的一个多跳的自组织的网络系统，其目的是协作地感知、采集和处理网络覆盖区域中感知对象的信息，并发送给观察者。无线传感器网络在农业信息化领域中，如现代农业、智能化专家管理系统、远程监测等方面得到了广泛的应用。

基于无线传感器网络的现代农业控制系统可以实现环境的实时在线监测。系统由无线传感器网络、无线网关和监测中心三部分组成。分布在监测区域的传感器节点采集环境数据，数据包括土壤温度、湿度、大气气压、风速以及作物生长情况等。传感器的类型可以根据需要监测的农田参数进行选择，如温湿度传感器、大气压力传感器、光照强度传感器等。传感器节点以 ZigBee、LoRa 自组网方式构成传感器网络，并通过一跳或多跳的无线通信方式将数据发送至无线网关。无线网关接收传感器节点传送来的数据，通过其他外部的网络(Internet 或 GPRS)将数据传送到监测中心。监测中心负责对目标监测区域发出各项环境指标的查询请求命令，并对收集上来的数据进行分析处理，为农业专家决策以及农田变量作业处方提供主要数据源和参数。

目前，全国已在多个省份建立起设施农业数字化技术、大田作物数字化技术和数字农业集成技术等综合应用示范基地。一些先进的农用传感器也在应用实验阶段。例如，电化学离子传感器，用于土壤中氮、磷、钾和重金属含量的快速检测；生物传感器，用于禽流感快速检测、致病性细菌检测；气敏传感器，用于食品品质、气体污染、排放监测等。

今后，农业传感器技术将朝着微型化、低功耗、高可靠性的方向发展，能否降低构建传感器网络的成本和传感器的功耗，延长传感器网络的生命周期是传感器网络能否在农业中得到广泛应用的关键。此外，如何提高传感器网络的可靠性也将是研究的重心。现有的无线传感器网络空间范围查询处理算法能量消耗较大，且当节点失效时，查询处理过程易被中断，无法返回查询结果。刘亮等[5]提出一种能量高效的算法 ESA，减少了传感器节点发送的数据消息数目，降低算法分发查询消息消耗的能量。同时，设计一种利用节点冗余恢复查询处理过程的算法，降低了算法因节点失效而中断的概率。

2.3.2　嵌入式技术

嵌入式系统是以应用为中心，以计算机技术为基础，软件、硬件可裁剪，适应应用系统对功能、可靠性、成本、体积、功耗严格要求的专用计算机系统。嵌入式系统由微处理器及嵌入式软件组成，自身是一个能够独立运行的系统，并且可以作为一个部件嵌入到其他应用中。在应用层面，嵌入式系统在智能消费设备、工业控制、航天与交通、信息家电、智能家居、网络与通信系统、机器人及环境监测等方面都有着广阔的应用。

嵌入式技术起源于通用微型计算机技术，但是经过长期的发展已经进入了与通用计算机技术不同的新发展方向。通用计算机不断朝着追求总线速度及存储容量的方向发展，人们使用的计算机处理器主频越来越高，硬盘容量越来越大；而低功耗、高可靠性及嵌入性能则成了嵌入式系统的主流发展方向。

随着嵌入式系统执行的任务越来越多、程序越来越复杂，为了提高系统中央处理器(central processing unit, CPU)及其他资源的使用效率，使用嵌入式操作系统对任务进行调度成了最佳的选择，操作系统能够将 CPU 的资源进行统一管理，为上层应用软件提供访问硬件接口，有的操作系统还提供图形用户界面、文件系统等支持。不同于通用计算机系统，在嵌入式领域有多种操作系统可以供用户选择，如常用的嵌入式 Linux、风河 VxWorks、微软 WindowsCE 及 μC/OS-Ⅱ等嵌入式操作系统。其中嵌入式 Linux 是遵循通用公共许可协议(GPL 协议)源代码公开的嵌入式操作系统，无需缴纳许可费用即可免费使用，并且嵌入式 Linux 内核可以依据需要任意裁剪，支持大多数的 32 位、64 位 CPU，在全球有着大量的开发人员及相关的技术论坛，开发者在使用中能够在网络上找到各种常用的硬件驱动，开发过程中遇到的技术问题可以在技术论坛中得到解答，但是嵌入式 Linux 并不是一个严格意义上的实时操作系统，除此之外运行完整的嵌入式 Linux 需要 CPU 支持内存管理单元。VxWorks 是美国风河系统公司设计的高性能嵌入式实时操作系统，同样具有内核可以裁剪、高效率任务调度的特点，该系统还支持 TCP/IP 网络协议，并且具有非常高的可靠性，在军事及航空、航天等高可靠性要求的方面都能看到 VxWorks 的身影，但是此操作系统源代码并不开放，支持的 CPU 型号较少，需要专门的技术人员进行开发与维护，授权费用较高。WindowsCE 是 Microsoft 公司推出的针对嵌入式领域的 32 位嵌入式操作系统，因为与个人计算机上广泛使用的 Windows 操作系统非常类似，所以程序的开发流程也非常类似，程序调试工具的使用也相对方便，硬件驱动程序较多，支持 x86、ARM、MIPS、SH 等架构的 CPU，但是此操作系统的源码也没有开放，开发人员难以进行更加深入的定制，整个系统相对于其他的嵌入式操作系统比较庞大，许可费用也比较高。μC/OS-Ⅱ嵌入式操作系统是 Micrium 公司设计的嵌入式实时操作系统，由于它开源、代码简洁，已经被移植到各种型号的 8 位至 32 位的处理器上，并且对于研究与学习是完全开源免费的，用户可以通过购买相关书籍得到全部的源代码。

2.3.3　无线路由技术

无线路由技术主要是指无线路由选择算法，按照无线路由选择算法能否随网络的拓扑结构或者通信量自适应地进行调整变化进行分类，无线路由选择算法可以分为静态路由选择算法和动态路由选择算法。

(1) 静态路由选择算法又称非自适应路由选择算法，这是一种不测量、不利用网络状态信息，仅仅按照某种固定规律进行决策的简单的路由选择算法。静态路由选择算法的特点是简单和开销小，但是不能适应网络状态的变化。静态路由选择算法主要包括扩散法和固定路由表法。静态路由是依靠手工输入的信息来配置路由表的方法。它具有以下几个优点：减小了路由器的日常开销；在小型互联网上很容易配置；可以控制路由选择的更新。但是，静态路由在网络变化频繁出现的环境中并不会很好地工作。在大型的和经常变动的互联网，配置静态路由是不现实。

(2) 动态路由选择算法又称自适应路由选择算法，是依靠当前网络的状态信息进行决策，从而使路由选择结果在一定程度上适应网络拓扑结构和通信量的变化。它的特点是能较好地适应网络状态的变化，但是实现起来较为复杂，开销也比较大。动态路由选择算法一般采用路由表法，主要包括分布式路由选择算法和集中式路由选择算法。分布式路由选择算法是每一个节点通过定期与相邻节点交换路由选择状态信息来修改各自的路由表，这样使整个网络的路由选择经常处于一种动态变化的状况。集中式路由选择算法是在网络中设置一个节点，专门收集各个节点定期发送的状态信息，然后由该节点根据网络状态信息，动态的计算出每一个节点的路由表，再将新的路由表发送给各个节点。

2.3.4 身份识别技术

农业物联网需要在感知层中对大量的物体进行个体标识，即身份识别技术。RFID 标签技术已成为物联网中对物体感知识别的主要技术，并且通过与互联网、通信等技术相结合，可实现全球范围内物品跟踪与信息共享。

RFID 是一种非接触式的自动识别技术，它通过射频信号自动识别目标对象并获取相关数据，识别过程无须人工干预。RFID 系统由电子标签、读写器和中央信息系统三个部分组成，电子标签可分为依靠自带电池供电的有源电子标签和无自带电源的无源电子标签。RFID 系统的工作原理是当电子标签进入读写器发出的射频信号覆盖的范围内后，无源电子标签凭借感应电流所获得的能量发送到存储在芯片中的产品信息，有源电子标签主动发送某一频率的信号来传递自身的产品信息。当读写器读取到信息并解码后，将信息送至中央信息系统进行数据处理。

RFID 技术在农产品质量安全监管中的应用越来越普及，在农产品质量安全追溯中的研究也取得了一定进展。RFID 技术在农产品可追溯系统的应用可深入农产品原料、产品加工、物流销售等各方面。在农畜产品饲养环节上，RFID 技术可以用来标注动物、记录和控制瘟疫等，主要有项圈电子标签、纽扣式电子耳标、耳部注射式电子标签以及通过食道放置的瘤胃电子标签等方式来记录动物的信息。耿丽微等[6]提出并建立一种基于无线射频识别技术的奶牛身份识别系统。该系统通过采用瘤胃式动物电子标识来为每头奶牛建立一个永久性的数码档案，实行一畜一标，并通过采用 RFID 技术以及单片机与 PC 的通信技术对存储奶牛信息的电子标签进行远距离识别，从而及时的实现对每头奶牛的监控与管理。研究结果表明 RFID 系统读卡器的识读率为 100%，识读距离可达 8m 以上。任守纲等[7]设计了基于无线射频识别技术的肉品销售跟踪及追溯体系，包括跟踪系统和追溯系统。跟踪系统通过在销售节点上的产品电子代码系统，对附有无线射频识别芯片标签的肉品信息进行跟踪。追溯系统通过对象名解析服务(object name service, ONS)服务器，查出肉品销售相关节点实体标记语言(physical markup language, PML)服务器的地址，进而获得肉品的流通信息，接着将这些信息与节点的地理信息相结合，通过 GIS 软件进行直观展示。罗清尧等[8]采用超高频无线射频识别技术，设计了适合生猪胴体的 RFID 标签，开发了电子标签在线读写系统，实现了生猪屠宰流水线上猪胴体的 RFID 标识和远距离自动识读。通过生猪溯源耳标信息采集、RFID 胴体标签信息与屠宰厂 Internet 溯源数据记录系统的自动关联，实现了生猪屠宰过程中溯源关键点的生猪屠宰标识信息的可靠采集、传输与处理等。

随着物联网的发展，RFID 技术面临着成本问题、识别准确度、作业环境影响、编码系统全球标准化、隐私权和安全性等方面的挑战。同时，发展高可靠性，更为先进的身份识别技术，如 DNA 生物身份识别技术与物联网技术的结合等，将会成为研究的热点。

2.3.5　近程通信技术

近程通信(near field communication, NFC)，也叫近距离通信或短距离通信。NFC 是一项利用 13.56MHz 的频率的电波作 10cm 以内短距离通信的技术。它是由日本索尼公司与荷兰皇家飞利浦电子公司共同开发的，它们开发的 NFC 规格已经得到国际标准组织的认可，成为 ISO/IEC 18092。

现阶段短距离无线传输标准和方式主要包括蓝牙(Bluetooth)、红外(Infrared, IR)、无线局域网(wireless local area networks, WLAN)、跳频技术(ZigBee)、射频识别技术和超宽带(ultra wide band, UWB) 技术等短距离无线通信技术。因为现代农业自身的特点，所以其对通信技术也有一定的要求，主要可以归纳为：①实时性，即能够及时地把信息传递给各个终端，使得控制终端能够及时作出判断，并做出反应；②可靠性，即要保证各个终端接收的信息都是准确无误的，不会被一些外在的因素干扰；③交互性，即不单只是单个终端可以与控制终端有信息交互，各个终端之间都可以进行信息的交互。只有满足了以上这三个最基本要求的无线通信技术，才是最适合精确农业的。

1. 蓝牙技术

蓝牙技术是 1988 年由爱立信、IBM、诺基亚、英特尔等公司共同推出的，主要用于通信和信息设备的无线连接。蓝牙是一种短距离无线通信规范，其标准是 IEEE 802.15，在 2.4GHz 频带工作，传输范围在 10~100m，传输速率可以到 1Mbit/s。蓝牙采用高速跳频和时分多址等先进技术，为固定设备或者移动设备建立的一个特别的通信连接环境。基于蓝牙技术的设备有主设备和从设备的区别，主设备负责设定跳频序列，从设备必须与主设备保持同步，若要用蓝牙技术来组网，则是一个通过主设备到从设备形成的一点到多点的连接。蓝牙可以实现双工通信，这无疑表明在精确农业中，蓝牙技术是可以应用的，因为在精确农业中的设备应该是要能互相进行信息交互的，所以蓝牙技术是满足交互性这一特点的。但是蓝牙技术信号容易受到干扰，这在精确农业中是个比较严重的问题，由于地域和耕种农作物的不同，可能会遇到很多意想不到的问题。

2. 红外技术

红外通信是一种利用红外线进行点对点通信的无线通信技术，它同蓝牙技术一样被众多的硬件和软件平台所支持。它是通过红外脉冲和电脉冲之间的相互转换实现无线的数据收发，并取代了点对点的线缆连接。红外技术的传输速率可达16M，并且保密性很强，可以看出，如果将红外技术应用到精确农业当中，一定能够满足安全性和可靠性。但红外技术有个致命的局限性，就是相互通信的设备之间必须是点对点的，即设备之间通信必须是对准的，并且只能是两台设备之间的连接，这就限制了其自身在精确农业中的作用，由于在实际的农田当中，可能由于作物本身或者别的一些原因致使设备之间并不能直接对准，从而导致信息无法传递

3. 无线局域网技术

无线局域网是基于 IEEE 802.11 标准的无线局域网，在局域网环境中可以使用不必授权的 ISM 频段中的 2.4GHz 或者 5GHz 射频波段进行无线连接。无线局域网有着诸多优点，概括起来有以下几方面：移动性、易于规划管理、易于调整、故障定位比较轻松准确、容易扩张。但由于无线局域网靠电波进行传输，这些电波是通过无线发射装置进行发射的，只要有障碍物阻碍电磁波的传输就会影响网络的性能。在精确农业中，无线局域网的应用也就有了一定的局限性，对于那些种植高大作物的农田影响更为严重。

4. ZigBee 技术

ZigBee 技术是最近发展起来的一种近距离无线通信技术，它是以 2.4GHz 为主要频段，数据传输速率为 20~250kbit/s，采用直接序列扩频(direct sequence spread spectrum, DSSS)技术[9]。ZigBee 技术无须注册，传输距离可以从标准的 75m 到扩展后的几百米，甚至几千米。目前该技术已经可以作为模块解决方案用于大规模生产中，主要侧重于对能源管理有较高要求的领域，并且近两年还开始跟物联网一样用于智能家居中，如家电遥控等。既然基于 ZigBee 无线传感技术可以在家电等领域广泛地应用，因此有理由相信该技术也可以为精确农业搭建一个很好的技术平台，可以很好地收集局域农田内的各种作物信息，结合传感器等一些技术，能够很好地反应作物的一些信息。综上所述，ZigBee 技术在一定程度上是符合精确农业的各种技术要求的，有很好的应用前景。

5. 射频识别技术

射频识别技术是一种非接触式的自动识别技术，可利用射频信号自动识别目标对象并获取相关数据。射频识别技术是一种内建无线电芯片的技术，芯片中可存储一系列的信息，利用这种技术生产的产品可以做得特别小，而且可以让产品黏附在需要辨别的物体上，以非接触的方式快速读取存储的信息。射频识别技术被列为21世纪最有前途的重要产业和应用技术之一，尽管射频识别技术非常惹人注目，但它的市场前景不被看好，这是由于它不但标签成本太高，而且目前国内外还没有一个统一的标准，尽管如此也不能就此认为射频识别技术不适合应用在精确农业中。因为射频识别技术的组成部分由应答器、阅读器和应用软件系统组成，可以想象到这是一种很简单、便于操作的设施，如果应用到农田中，将会给农业耕作带来多大方便，所以其在精确农业中有很大的应用潜力。

6. 超宽带技术

超宽带技术是一种以高速率著称的无载波通信技术，利用纳秒级至微秒级的非正弦波窄脉冲传输数据，并通过正交频分调制或者直接排序将脉冲扩展到一个频率范围内，在较宽的频谱上传送极低功率的信号。超宽带技术与传统通信方式最大的区别在于，它是一种不用载波而采用时间间隔很短(小于1ns)的脉冲进行通信。UWB技术拥有数据传输速率快、功耗低、安全性高等众多优点，并且其发送功率比较小，通信设备之间可以用很小的功率就能实现通信。虽然超宽带技术被民用的时间还不太长，但由于其众多出众的优点，让人们对其应用在精确农业中有了很大的期待。

就传输距离而言，有线传输方式也能够实现短距离传输，有线传输方式优于无线传输方式，但考虑到精确农业中环境因素的影响较多，如果采用有线传输方式很有可能致使线缆破裂等问题，给生产中增加很多不必要的麻烦，因此无线通信更加适合在精确农业中应用。就传输速率而言，有线传输速率明显高于无线传输速率，无线传输方式大多局限于数据与命令的传输，但现有的无线通信技术完全可以满足精确农业中设备间的信息传递，并且随着技术的提高，无线传输速率一定会有进一步的提高，能够进一步满足精确农业的需求。就经济利益而言，无线传输明显可以节约大量的经济支出，光纤作为有线传输的主要介质，目前是网络建设的主要材料，但由于其价格昂贵，施工过程复杂，让其在精确农业中很难实现推广，而无线传输只需要在无线传输收发端分别安装设备即可。

另外还有两方面因素严重制约着有线传输方式在精确农业中的应用，一方面，有线传输方式可能无法触及农田中的各个测量点，容易受到地域的限制，并且传输线路的保护措施不能很到位，无法预测在长期暴露在阳光、潮湿等恶劣天气下线缆的情况；另一方面，有线传输方式接入点单一，仅可以与固定终端设备及控制端相连，这就意味着如果采取这种传输方式将会限制设备的移动，无法动态的测量各个区域内作物的生长情况。

通过上述比较，可以很明显地看出有线传输方式应用到精确农业中的局限性较多，虽然无线传输方式也有很多的瓶颈。例如，应用蓝牙技术则会受限于价格偏高、通信距离短；若是应用 ZigBee 技术则会受限于网络信号相对较弱，但相比较而言还是无线传输方式更加适合应用在精确农业中。

2.3.6　远程通信技术

远距离无线通信技术主要包括 GPRS 技术和卫星遥感技术。

1. GPRS 技术

GPRS 技术属于移动通信技术领域的重要组成部分之一。无论是在数据传输方面还是在技术处理方面，都具有明显的优势。①随着社会经济的快速发展，以及现代信息技术发展脚步的加快，GPRS 技术在不断调整和优化网络结构中加快了信号覆盖速度和数据运行速度。其网络覆盖信号基本不存在"盲区"。②登录时间短。由于移动通信技术具有速度快、传输效率高、等待接入时间短等优势，在精准农业中得到广泛推广与应用。根据实践表明，在接入网络到登录成功所花费的时间不超过2s。除此之外，该技术还具有实时提供在线功能。用户可以在第一次登录之后通过记住登录密码功能节约下一次登录时间，且长期在线，不会被迫下线。这样不仅可以为用户提供便利，还可以促使网络管理更加简单、快捷。该技术的运行模式主要是根据流量计费为主，无论是用户接受资料或者发送数据包，都是根据数据包的数量和占用资源的流量计费。

根据实践表明，GPRS 上述的特点一般适用于间歇性、突发性、频率性、小流量的数据传输。与此同时，该技术也适用于大流量的数据传输，尤其适用于现代精准农业领域。全球导航卫星体系是我国农业生产中应用最为普遍的一个系统，我国现代化农场中，大部分的联合收割机安装了 GPS 系统。联合收割机作为作业机械中的一种，不仅可以促使 GPS 精准定位的实现，还可以帮助农业生产者快速有效地计算出农作物的产量数据，农场主根据有效完整的产量数据，利用计算机加工、分析、整理数据信息，从而在计算机中呈现出一幅彩色的图形，为构建农业信息化技术提供理论基础，最终达到农业生产自动化、信息化的目的。

2. 卫星遥感技术

卫星遥感技术主要是通过卫星的传感器测得目标物体的信息数据，再通过处理系统对所获得的目标信息数据进行分析、判读，识别目标的通信技术。换言之，遥感技术主要依托于超高的分辨率传感器对目标实现探测的目的。利用遥感技术对不同的农作物生长期实行全方位、多角度的监控，目的是避免农作物发生灾害。传感器、指挥体系和载体是组成遥感技术的三大成分，指挥体系、传感器、载体与 GPS 系统的组合可以提升农机技术水平，不仅可以确保遥感技术数据的精确度，还可以降低农作物遭受自然灾害破坏的影响。该技术覆盖的信息量较大、处理信息数据的速度快、分辨率高，因此将其引入精准农业领域，可以提高收集相关信息数据的速度以及数据信息的精确性和完整性。

第二篇　农业用水安全

第3章 农业水质监测硬件系统

3.1 设计与实现目标

为了满足农业水质监测及控制的需求，需要研制一套具有多参数测量，数据精度良好，可工作在野外的水质远程监测及控制系统[10,11]，并且该系统具有电脑端、触摸屏端、手机端三位一体的实时监控功能。

最终完成的水质监测子系统所要达到的指标如下。

(1) 系统采用太阳能供电，可完全工作在野外。

(2) 系统可测水质 pH、氨氮含量、溶氧量、盐度、浊度、温度、电导率。

(3) 测量范围分别是：pH 为 2～13、氨氮含量为 0.05～1000mg/L、溶氧量为 0～20.0mg/L、盐度为 0～50‰(0～5%)、浊度为 0～3000NTU、温度为−20～120℃、电导率为 0～2000μs/cm。

(4) 数据分析时间在 1min 之内，水质精度优于 4%，无线传输距离大于 1 万 km，系统控制延时≤1.5s。

3.2 子系统整体介绍

本书给出了一种基于 PLC 的农业水质远程智能化监控系统整体设计方案。研制的农业水质远程智能化监控系统，可以工作在无人值守的情况下，实现采样点水质的自动轮询采样、检测、分析、数据上传、数据备份、实时监控、超标留证并报警以及历史数据查询等功能。

为了满足以上功能，本书设计的水质远程智能化监控系统采用西门子 PLC S7-200 作为主控模块。系统从功能结构上可以划分为硬件部分和软件部分，各个功能部分如图 3.1 所示。其中硬件部分包括水质传感器、调理电路、太阳能、EM235、PLC S7-200 和 DTU 等部分；软件部分包括云服务平台、组态软件和手机 APP 等模块。

各类水质传感器采集水质的温度、pH、氨氮含量、溶氧量、浊度、盐度、电导率等信息，传感器将各类水质信息送给各类水质处理电路。经过各类水质处理电路

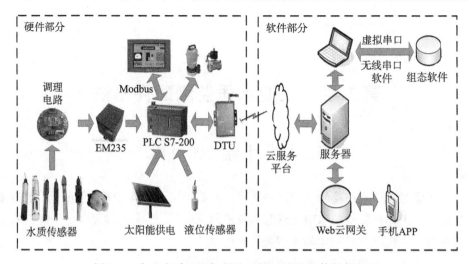

图 3.1　农业水质远程智能化监控系统的整体结构框图

处理成适合 EM235 采集的模拟信号后，EM235 模块将各类的模拟信号转换成相应的数字信号传送给主控模块 PLC 进行处理。PLC 将 EM235 模块转换的数字信号通过不同的水质算法转换成相应的水质参数。一方面，PLC 将各类水质参数通过 MCGS 工业触摸屏显示出来；另一方面，将水质信息打包处理，通过 Modbus 协议送给远程传输模块 DTU 进行数据发送，DTU 将水质数据发送到服务器端，通过组态技术和安卓端应用软件实现数据的显示。管理人员可根据水质信息，通过现场的触摸屏、PC 端组态软件、手机端安卓应用软件实现对系统的控制。

3.3　系统相关模块及技术介绍

3.3.1　PLC 处理器

　　1969 年美国数字设备公司研制出了世界上第一台 PLC，并在美国通用汽车公司的汽车生产线上首次应用成功，实现了工业生产的自动化。随着电子技术和计算机技术的发展，PLC 也在不断完善中。近年来，PLC 集电控、电仪、电传为一体，性能更加优越，已成为自动化工程的核心设备。广泛应用在各种机械设备和生产过程的自动控制系统中，PLC 在其他领域，如民用和家庭自动化的应用中也得到了迅速发展。PLC 仍然处于不断发展中，其功能不断增强，更为开放。

　　德国西门子公司生产的 PLC 在我国有着广泛的应用，其中 S7 系列的 PLC 具有通信能力强、速度快、可靠性高等优点。S7-200、S7-1200、S7-200 SMART 是小型 PLC，S7-300/S7-400 和 S7-1500 是大中型 PLC。本书以西门子公司的 S7-200 系列小型 PLC 为主要介绍对象。S7-200 具有极高的可靠性、丰富的指令集和内置的集成功能、强大的通信能力和品种丰富的扩展模块，可以单机运行，用于代替继电器控制系统，也可以用于复杂的自动化控制系统。由于它有极强的通信功能，在网络控制系统中也能发挥其作用，S7-200 以其极高的性能价格比，在国内占有很大的市场份额。

S7-200 系列 PLC 的基本构成模块包括 PLC 主机、编程设备、人机界面和根据实际需要增加的扩展模块。PLC 本身含有一定数量的 I/O 端口，同时还可以扩展各种功能模块。S7-200 系列 PLC 主机外观如图 3.2 所示(以 CPU 224XP 为例)。

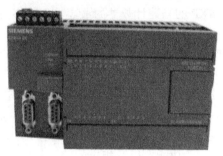

图 3.2   S7-200 系列 PLC 主机

PLC 主机可以单独完成一定的控制任务，它包括 CPU 模块、基本输入/输出和电源三部分，其中 CPU 模块是 PLC 主机的主要部分。CPU 模块包括中央处理单元、电源和数字 I/O 点，这三部分都集成在一个紧凑、独立的设备中。CPU 模块负责执行程序，以便对工业自动化控制任务或过程进行控制。输入部分从现场设备中采集信号，这些采集信号经过 CPU 模块执行程序处理，处理后得到的信号传送给输出部分，此时输出部分则输出控制信号控制工业过程中的设备。

S7-200 的 CPU 模块主要包括 CPU 21X 和 CPU 22X。CPU 21X 系列主要包括 CPU 212、CPU 214、CPU 215 和 CPU 216；CPU 22X 系列包括 CPU 221、CPU 222、CPU 224、CPU 224XP 和 CPU 226。这里重点介绍 CPU 22X 系列产品，各 CPU 模块的技术指标见表 3.1。

表 3.1   CPU22X 系列产品

型号	本机数字量 I/O /本机模拟量 I/O	扩展模块数量	用户程序存储器/KB	用户数据存储器/KB	RS-485 通信口/个	外形尺寸 /(mm×mm×mm)
CPU 221	6DI/4DO —	—	4	2	1	90×80×62
CPU 222	8DI/6DO —	2	4	2	1	90×80×62
CPU 224	14DI/10DO —	7	12	8	1	120.5×80×62
CPU 224XP	14DI/10DO 2AI/1AO	7	16	10	2	140×80×62
CPU 226	24DI/16DO —	7	24	10	2	196×80×62

现代的工业生产复杂多样，它们对控制的要求也各不相同。可编程控制器由于具有以下特点而深受人们欢迎。

1. 功能强

(1) S7-200 有 6 种 CPU 模块，最多可以扩展 7 个扩展模块，扩展到 256 点数字量 I/O 或 45 路模拟量 I/O，最多有 24KB 用户程序存储空间和 10K 用户数据存储空间。

(2) 集成了 6 个有 13 种工作模式的高速计数器，以及两点高速脉冲发生器/脉冲宽度调制器。CPU 224XP 的高速计数器的最高计数频率为 200kHz，高速输出的最高频率为 100kHz。

(3) 直接读、写模拟量 I/O 模块，不需要复杂的编程。CPU 224XP 集成有 2 路模拟量输入，1 路模拟量输出。

(4) 使用 PID 调节控制面板，可以实现 PID 参数自整定。

(5) S7-200 的 CPU 模块集成了很强的位置控制功能，此外还有位置控制模块 EM253。使用位置控制向导可以方便地实现位置控制的编程。

(6) 具有配方和数据记录功能，以及相应的编程向导，配方数据和数据记录用存储卡保存。

2. 抗干扰能力强，可靠性高

PLC 的生产厂家在硬件方面和软件方面采取了一系列的抗干扰措施，采用抑制感应电动势的措施，提高了它的可靠性，因此可直接安装于工业现场而稳定可靠地工作。目前，各种可编程控制器的平均无故障时间都大大超过了 IEC 规定的 10 万小时。而且为了适应特殊场合的需要，有的可编程控制器还采用冗余设计和差异设计，从而进一步提高了其可靠性。

3. 编程方便，易于使用

PLC 的编程可采用与继电器电路极为相似的梯形图语言，直观易懂，深受现场电器技术人员的欢迎。近年来又发展了面向对象的顺控流程图语言，也称功能图，使编程更加简单方便。PLC 中有大量相当于中间继电器、时间继电器和计数器等的"软元件"。用程序代替硬接线，可使安装接线工作量少。设计人员只要有 PLC 就可以进行控制系统设计，并可在实验室进行模拟调试。

4. 强大的通信功能

S7-200 的 CPU 模块有一个或者两个标准的 RS-485 端口，可用于编程或通信，不需要增加硬件就可以与其他 S7-200、S7-300/S7-400 PLC、变频器和计算机通信。S7-200 可以使用 PPI、MPI、Modbus RTU 从站、Modbus RTU 主站和 USS 等通信协议，以及自由端口通信模式。

通过不同的通信模块，S7-200 可以连接到以太网、互联网和现场总线

PROFIBUS-DP、AS-i，可以使用 S7 协议、USS 协议和 TCP/IP 协议。通过 Modem 模块 EM 241，可以用模拟电话线实现与远程设备的通信。STEP 7-Micro/WIN 提供多种与通信有关的向导。

PC AccessV1.0 是专门为 S7-200 设计的 OPC 客户机，并且有内置的客户机测试功能。

5. 维护方便、维护工作量小

PLC 具有完善的自诊断、数据存储及监视功能。PLC 对于其内部工作状态、通信状态、异常状态和 I/O 点等的状态均有显示。工作人员通过它可以查出故障原因，便于迅速处理。

3.3.2　EM235 模块

EM235 模块是德国西门子公司生产的 S7-200 PLC 常用的模拟量扩展模块，它实现了 4 路模拟量输入和 1 路模拟量输出功能。CPU 对扩展模拟量的访问是通过 AIWx 和 AQWx 进行编程，而无须其他任何额外操作。

如果输入的模拟信号是电压信号，该模拟信号的正极接入 X+，负极接入 X–。如果输入的信号是电流信号，需要将 EM235 模块的 RX 和 X+短接后，将电流信号接入模块的正端，未用到的通道需要全部短接。其具体的接线图如图 3.3 所示。

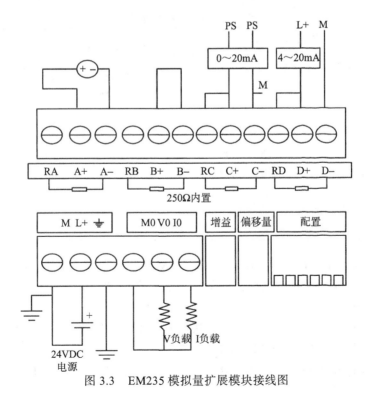

图 3.3　EM235 模拟量扩展模块接线图

　　EM235 模块可将电压值或者电流值转换成数字量,它有两类输入模式,一类是单极性输入;另一类是双极性输入。其电压输入峰值最大不超过 10V、电流输入峰值最大不超过 20mA。EM235 具有较高的分辨率,通过极性选择,可把模拟量转换成 -32000～+32000 或 0～+32000 的数字量。表 3.2 给出了 EM235 的常用技术参数。

表 3.2　EM235 的常用技术参数

模拟量输入点数	输入范围	数据格式	分辨率
4	电压(单极性) 0～10V 0～5V 0～1V 0～500mV 0～100mV 0～50mV 电压(双极性) ±10V ±5V ±2.5V ±1V ±500mV ±250mV ±100mV ±50mV ±25mV 电流 0～20mA	双极性 全量程范围 -32000～+32000 单极性 全量程范围 0～32000	12 位 A/D 转换器

　　通过对 EM235 模块 DIP 开关的设置,便可完成上述参数的选择。EM235 扩展模块,开关 1~6 可选择输入模拟量的单/双极性、增益和衰减。其具体设置如表 3.3 所示。

表 3.3　EM235 极性选择表

EM235 开关						单/双极性选择	增益选择	衰减选择
SW1	SW2	SW3	SW4	SW5	SW6			
—	—	—	—	—	ON	单极性	—	—
—	—	—	—	—	OFF	双极性	—	—
—	—	—	OFF	OFF	—	—	X1	—
—	—	—	OFF	ON	—	—	X10	—
—	—	—	ON	OFF	—	—	X100	—
—	—	—	ON	ON	—	—	无效	—
ON	OFF	OFF	—	—	—	—	—	0.8
OFF	ON	OFF	—	—	—	—	—	0.4
OFF	OFF	ON	—	—	—	—	—	0.2

　　由表 3.3 可知,DIP 开关 SW6 档决定了 EM235 模块的极性选择,SW4 档和 SW5 档决定 EM235 模块的增益选择,而 SW1 档、SW2 档和 SW3 档共同决定了 EM235 模块的衰减选择。

　　通过 DIP 开关可以设置 EM235 模块的极性输入,不同的 DIP 组合决定了不同的量程输入,其具体的设置如表 3.4 所示。

　　在使用 EM235 模块前,首先应对其校准,通过电位器 OFFSET 和 GAIN 进行调节，其具体的设置步骤如下。

(1) 切断 EM235 模块开关电源，根据实际需要选择输入范围。

(2) 接通 PLC 和 EM235 模块电源，使模块进入稳定运行阶段。

(3) 使用标准的电压源将零信号值输入到模块相应通道。

(4) 通过 PLC 的监控状态读取其数字量值。

(5) 微调 OFFSET，使通道数据为零或为所需要的数字量。

(6) 将满量程信号输入 EM235 模块，通过监控状态读取数字量。

(7) 微调 GAIN，使通道数据为 32000 或为所需要的数字量。

(8) 必要时，重复上述校准过程。

表 3.4　EM235 量程选择表

极性	SW1	SW2	SW3	SW4	SW5	SW6	满量程输入	分辨率
单极性	ON	OFF	OFF	ON	OFF	ON	0~50mV	12.5μV
	OFF	ON	OFF	ON	OFF	ON	0~100mV	25μV
	ON	OFF	OFF	OFF	ON	ON	0~500mV	125mV
	OFF	ON	OFF	OFF	ON	ON	0~1V	250μV
	ON	OFF	OFF	OFF	ON	ON	0~5V	1.25mV
	ON	OFF	OFF	OFF	OFF	ON	0~20mA	5μA
	OFF	ON	OFF	OFF	OFF	ON	0~10V	2.5mV
双极性	ON	OFF	OFF	ON	OFF	OFF	±25mV	12.5μV
	OFF	ON	OFF	ON	OFF	OFF	±50mV	25μV
	OFF	OFF	ON	ON	OFF	OFF	±100mV	50μV
	ON	OFF	OFF	OFF	ON	OFF	±250mV	125μV
	OFF	ON	OFF	OFF	ON	OFF	±500	250μV
	OFF	OFF	ON	OFF	ON	OFF	±1V	500μV
	ON	OFF	OFF	OFF	OFF	OFF	±2.5V	1.25mV
	OFF	ON	OFF	OFF	OFF	OFF	±5V	2.5mV
	OFF	OFF	ON	OFF	OFF	OFF	±10V	5mV

3.3.3　DTU 模块

数据传输单元(data transfer unit, DTU)是专门用于将串口数据转换为 IP 数据或将 IP 数据转换为串口数据，通过无线通信网络进行传送的无线终端设备。DTU 广泛应用于气象、水文水利以及地质等行业。

为了实现本书所研制的水质监控系统的监控需求，实现手机端和设备之间的远距离无线通信，本书所研制的系统采用北京天同诚业科技有限公司的 GPRS DTU 相关产品，该产品能实现远距离设备之间的一对一、一对多通信，通过 GPRS DTU

设置软件将 DTU 设置为点对点传输的透明传输模式，并采用 Modbus RTU 报文传输模式，使得本书所研制的系统具有了无线远程传输的功能，并能很好地实现系统手机端的控制功能。

　　COMWAY 无线串口软件与 GPRS DTU 配合使用，可以帮助用户建立远端串口设备和用户计算机之间的无线通信信道。此无线通信信道是基于北京天同诚业科技有限公司设立在专业机房中的集群服务器系统，该系统向用户永久免费提供电信级无线数据通信服务。广泛使用的具有 RS-232/485 等串行通信接口的设备，如 PLC、RTU 和各种仪表、传感器，均可利用 COMWAY DTU 经 GPRS 网络与一台连接到 Internet 的 PC 实现无线数据通信。仅需在用户的计算机中安装 COMWAY 无线串口软件，用户即可使用原来基于串口通信的应用程序来处理远端串口设备的数据。无需公网固定 IP 地址，也无需设置网络端口映射和动态域名，用户只需专注于应用系统的搭建。拥有 COMWAY 无线串口系统，就等于拥有了"无限延长的串口线"，能够方便地实现用户现场设备和计算机之间的无线对接。

　　COMWAY GPRS DTU 配置软件是北京天同诚业科技有限公司提供的用于 DTU 参数配置的工具软件，常用的参数设置均可通过此软件实现，更多复杂 DTU 功能的设置还需用户查阅《COMWAY 扩展 AT 指令》，通过 AT 指令配置实现。图 3.4 给出了 GPRS DTU 配置软件的设置。这里需要注意波特率以及串口号的选择。

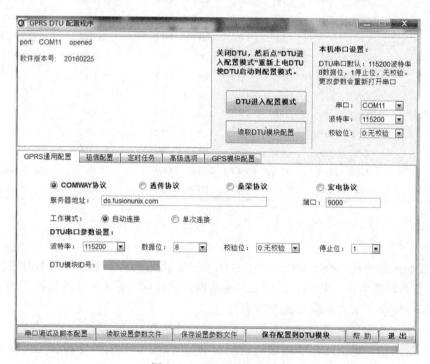

图 3.4　GPRS DTU 设置

3.3.4　Modbus 协议

Modicon 公司提出一种 Modbus 通信协议，该协议是一种报文传输协议，经过多年的发展，Modbus 协议已经成为一种行业标准并广泛应用于控制领域。Modbus 通信协议有 ASCII 和远程传输单元(remote terminal unit, RTU)两种报文传输模式[12,13]。PLC 可以使用 Modbus 协议实现不同网络设备之间的互联，本书所研制的水质远程智能化监控系统的远程数据传输和控制功能都是基于 Modbus 协议所实现的。

Modbus 协议地址与 S7-200 PLC 地址有着一一对应关系，对应关系如表 3.5 所示。

表 3.5　Modbus 协议地址与 S7-200 PLC 地址对应关系

Modbus 协议地址	PLC 地址
000002	Q0.1
000003	Q0.2
...	...
000127	Q15.6
000128	Q15.7
010001	I0.0
010002	I0.1
010003	I0.2
...	...
010127	I15.6
010128	I15.7
030001	AIW0
030002	AIW2
030003	AIW4
...	...
030032	AIW64
040001	HoldStart
040002	HoldStart+2
040003	HoldStart+4
...	...
04XXXX	HoldStart+2X(xxxx−1)

本书所采用的 Modbus 通信协议为 Modbus RTU 报文传输模式，RTU 模式的报文格式：地址–功能码–信息数据–CRC 校验，具体如下。

(1) 地址：Modbus 地址，长度为 1 个字节。

(2) 功能码：Modbus 功能代码，1 个字节。Modbus 协议支持的功能码共 16 条

(1～16)，其中西门子 Modbus RTU 协议库支持最常用的 8 条。

(3) 信息数据：长度为 N 个字节，信息数据的格式与功能码有关。

(4) CRC 校验：循环冗余校验，其长度为 2 个字节。

PLC 编程软件 STEP 7 可以安装西门子公司的 Modbus RTU 通信指令库，使用该指令库可以简化 Modbus RTU 通信的开发，使得本书所研制的水质监控系统的数据传输以及控制功能更加准确和及时。

3.3.5　MCGS 组态软件

监视与控制通用系统(monitor and control generated system, MCGS)是一套基于 Windows 平台，用于快速构造和生成上位机监控系统的组态软件系统[14]。可运行于 Microsoft Windows 95/98/Me/NT/2000 等操作系统。

MCGS 为用户提供了解决实际工程问题的完整方案和开发平台。能够完成现场数据采集、实时和历史数据处理、报警和安全机制、流程控制、动画显示、趋势曲线和报表输出以及企业监控网络等功能。使用 MCGS 可以在短时间内轻而易举地完成一个运行稳定、功能全面、维护量小，并且具备专业水准的计算机监控系统的开发工作。

MCGS 具有操作简便、可视性好、可维护性强、高性能以及高可靠性等突出的特点，已成功应用于石油化工、钢铁行业、电力系统、水处理、环境监测、机械制造、交通运输、能源原材料、农业自动化、航空航天等领域。经过各种现场的长期实际运行，系统稳定可靠。

MCGS 软件系统包括组态环境和运行环境两个部分。组态环境相当于一套完整的工具软件，帮助用户设计和构造自己的应用系统；运行环境则按照组态环境中构造的组态工程，以用户指定的方式运行，并进行各种处理，完成用户组态设计的目标和功能。图 3.5 为 MCGS 软件系统环境组成。

图 3.5　MCGS 软件系统环境组成

MCGS 组态软件由"MCGS 组态环境"和"MCGS 运行环境"两个系统组成。两部分互相独立又紧密相关，两者关系及组成如图 3.6 所示。

MCGS 组态环境是生成用户应用系统的工作环境，由可执行程序 McgsSet.exe 支持，其存放于 MCGS 目录的 Program 子目录中。用户在 MCGS 组态环境中完成动画设计、设备连接、编写控制流程、编制工程打印报表等全部组态工作后，生成扩展名为.mcg 的工程文件，又称为组态结果数据库，其与 MCGS 运行环境一起，构成了用户应用系统，统称为"工程"。

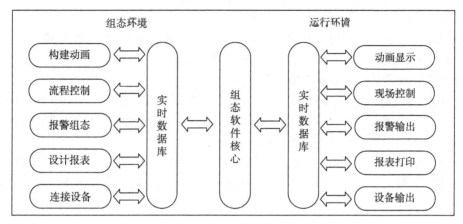

图 3.6　MCGS 软件系统组成

　　　　MCGS 运行环境是用户应用系统的运行环境。由可执行程序 McgsRun.exe 支持，其存放于 MCGS 目录的 Program 子目录中，在运行环境中完成对工程的控制工作。

　　　　MCGS 组态软件所建立的工程由主控窗口、设备窗口、用户窗口、实时数据库和运行策略五部分构成，每一部分分别进行组态操作，完成不同的工作，具有不同的特性，图 3.7 为 MCGS 软件系统的五大组成部分。

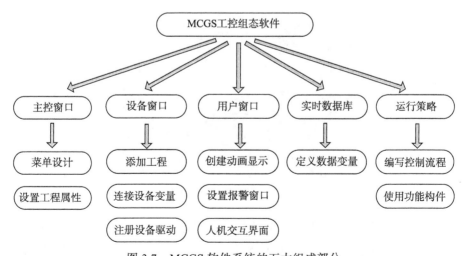

图 3.7　MCGS 软件系统的五大组成部分

(1) 主控窗口：是工程的主窗口或主框架。在主控窗口中可以放置一个设备窗口和多个用户窗口，负责调度和管理这些窗口的打开或关闭。主要的组态操作包括定义工程的名称，编制工程菜单，设计封面图形，确定自动启动的窗口，设定动画刷新周期，指定数据库存盘文件名称及存盘时间等。

(2) 设备窗口：是连接和驱动外部设备的工作环境。在本窗口内配置数据采集与控制输出设备，注册设备驱动程序，定义连接与驱动设备用的数据变量。

(3) 用户窗口：本窗口主要用于设置工程中人机交互的界面，如生成各种动画显示画面、报警输出、数据与曲线图表等。

(4) 实时数据库：是工程各个部分的数据交换与处理中心，它将 MCGS 工程的各个部分连接成有机的整体。在本窗口内定义不同类型和名称的变量，作为数据采集、处理、输出控制、动画连接及设备驱动的对象。

(5) 运行策略：本窗口主要完成工程运行流程的控制。包括编写控制程序(if…then 脚本程序)，选用各种功能构件，如数据提取、定时器、配方操作以及多媒体输出等。

3.4　水质传感器及其采集电路

3.4.1　温度传感器及采集电路

铂热电阻的工作原理是利用铂丝的电阻率随温度的变化而改变这一基本原理设计的[15]。铂金属具备耐高温、温度特性好以及寿命长的特性。图 3.8 所示为系统所采用的温度传感器实物图。

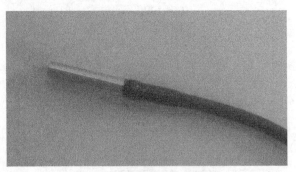

图 3.8　温度传感器实物图

温度变送器实际测量电路中，测的是铂电阻的电压量，从而导出相应的电压值和温度之间的函数关系。考虑到 PLC 及 EM235 的性能，本书所研制的水质监控系统使用 SBWZ 型温度变送器,该变送器采用 24V 电压供电,测量的温度范围为–50～100℃，并将 Pt100 的阻值线性转换成 0～10V 电压量。图 3.9 所示为系统所采用的温度传感器与温度变送器实物图。

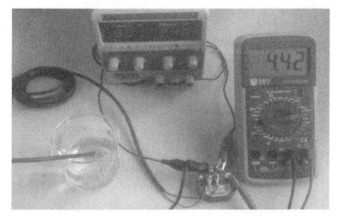

图 3.9　温度传感器与温度变送器实物图

系统通过标准的温度计和电压表测得了 Pt100 及其温度变送器在 5～50℃范围内的实测电压值，如表 3.6 所示。

表 3.6　5～50℃范围内温度变送器测得的电压值

温度/℃	电压/V	温度/℃	电压/V
5.1	4.00	30.9	5.52
10.2	4.31	35.0	5.90
15.3	4.64	40.3	6.22
20.6	4.91	45.1	6.55
25.9	5.21	50.2	6.87

相比于其他测温元件，铂热电阻具有抗腐蚀效果良好的优点，适用于农业用水域温度的测量工作，故采用 Pt100 作为水质监控系统的测温元件。

3.4.2　酸碱度传感器及采集电路

酸碱度(pH)传感器的输出信号为微小的电压信号，用于检测液体的酸碱度[16]。其原理是利用电化学原理测定被测溶液中的两个电极之间的电位之差，其中一个测量电极的电位随氢离子浓度改变而改变，另一个参考电极具有固定的电位，这样就构成了一个原电池。为了提高系统 pH 的测量精度，本书采用的 pH 传感器为上海雷磁公司生产的 E-201-C 型 pH 复合电极，该电极是将 pH 指示电极和参比电极组合在一起的电极。

由于该 pH 复合电极的内阻比较高，一般内阻比较小的设备检测不到该电压的变化，为了准确测得该 pH 复合电极的电压信号，需要设计相应的 pH 调理电路，以满足 EM235 模块的模拟信号采集需求。图 3.10 为本书所设计的 pH 传感器采集电路原理图。

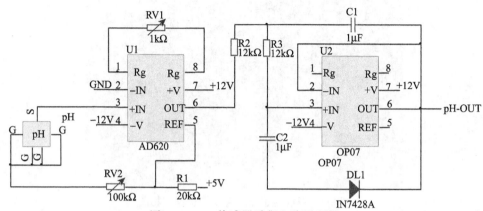

图 3.10　pH 传感器采集电路原理图

在该电路中，AD620 组成信号放大电路，其中 1、8 引脚与 RV1 相连，2 引脚接地，3 引脚接传感器的输出信号，4、7 引脚分别接电源的−12V 和+12V，5 引脚接 5V 基准电压，RV2 起增益调节作用，OP07 起电压跟随作用。图 3.11 为本书所设计的 pH 调理电路 PCB 板。

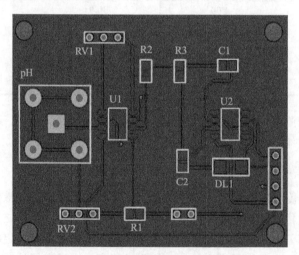

图 3.11　pH 传感器调理电路 PCB 板

3.4.3　氨氮传感器及采集电路

氨氮含量是反映水体污染的一个重要指标。游离态的氨氮达到一定的浓度会对水生生物产生毒害作用，在不同的温度和 pH 条件下，氨在水中的溶解度是不同的，pH 越高，游离的氨含量比例就会越高。在一定的条件下，水中的氨和铵离子会相互转化，并存在一个平衡方程式：

$$NH_3+H_2O \longrightarrow NH_4^++OH^-$$

测定水中的氨氮含量方法有很多种，如光谱分析法、电极法、纳氏试剂分光光度法以及滴定法等[17]。为了适应现场的快速检验要求，本书采用氨气敏电极法。氨气敏电极为复合型电极，该复合电极是以 pH 玻璃电极为指示电极，Ag/AgCl 电极为参比电极。氨气敏复合电极的结构图如图 3.12 所示。

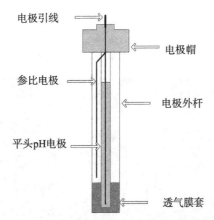

图 3.12　氨气敏复合电极结构示意图

Ag/AgCl 电极作为参比电极放在盛有 0.1mol/L 的氯化钠内充溶液的塑料电极杆内，下端紧贴疏水半透膜，使内部电极与外部溶液相隔离，半透膜与 pH 玻璃电极之间有一层很薄的液膜。当水中的 pH 大于 11，铵盐会转换为氨气，并透过半透膜使得氯化铵电解液发生如下反映：

$$NH_4^+ \longrightarrow NH_3^++H^+$$

从而导致氢离子的浓度发生变化，通过 pH 电极便可测得该变化，并且该变化是线性变化的。

由于氨气敏电极实测为液体的 pH，本书所设计的氨氮传感器处理电路如图 3.13 所示。

为了保证高阻抗的匹配，该处理电路由前端信号放大电路和后端信号跟随电路组成，前端 AD620 为双通道、低噪声、可变增益放大器，起信号放大作用，其中 4 引脚和 7 引脚分别接电源的-12V 和+12V，1 引脚和 8 引脚接变阻器 RV10，该变阻器起增益调节作用，经过前端处理电路处理后，后端经过 OP07 低噪声、非斩波稳零的双极性运算放大器集成电路进行电压跟随，处理后的信号经 6 引脚输出。图 3.14

为本书所设计的氨氮传感器处理电路 PCB 板。

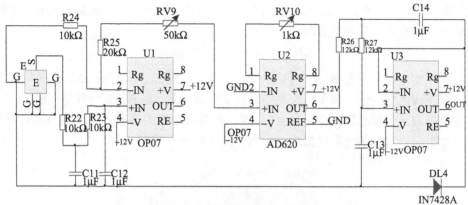

图 3.13　氨氮传感器处理电路

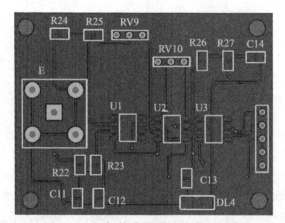

图 3.14　氨氮传感器处理电路 PCB 板

3.4.4　溶解氧传感器及采集电路

溶解氧(dissolved oxygen, DO)是指溶解于水中分子状态的氧。DO 是水中生物生存的重要条件,当溶氧量小于 3mg/L 时,鱼类就会产生窒息反映,同样 DO 对于农作物的根部发育有着重要的作用。

DO 的监测方法有碘量法、电化学探头法和荧光熄灭法[18]。为了提高水质的监测速度和电极的使用寿命,本书选用电化学探头法中的原电池原理来测量水质的溶氧量,该方法属于薄膜氧电极,它相当于一个原电池,本书所用到的 DO 传感器如图 3.15 所示。

在膜的两侧,氧气的扩散速率是和氧气在膜两侧的压力之差成比例关系的。由于氧气在阴极消耗较快,可认为其压力为零,氧气透过膜的扩散量与膜外部的氧气绝对压力成正比例关系。

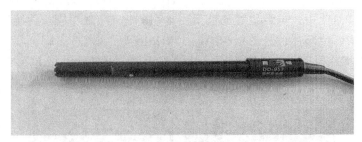

图 3.15　DO 传感器

原电池法氧电极一般使用铅(Pb)作为阴极，银(Ag)作为阳极，电解液为氢氧化钾溶液，阳极氧化反应如下：

$$2Pb+2KOH+4OH^- - 4e \longrightarrow 2KHPbO_2+2H_2O$$

阴极还原反应如下：

$$O_2+2H_2O+4e \longrightarrow 4OH^-$$

由于电极输出的信号非常微弱，为了获得电极上的信号，并将此信号转换成适合 EM235 采集的电压量，必须设计相应的传感器调理电路。图 3.16 为本书所设计的 DO 传感器处理电路。

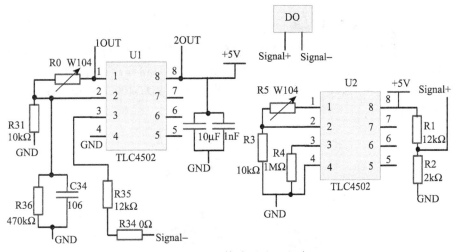

图 3.16　DO 传感器处理电路

本书所使用的的传感器为上海仪电科学仪器股份有限公司生产的溶氧量传感器 DO-957，该传感器是电化学传感器，通常情况下，DO-957 型溶氧量传感器的输出电压为毫伏级，并且输出阻抗大于 14MΩ。通过图 3.16 所示的传感器调理电路能把 DO 传感器信号调理成 0～5V 的电压，从而保证 EM235 模块的采集。该调理电路由 5V

电压供电。在 U1 中，电源经过滤波后由 8 引脚输入，3 引脚接传感器信号的负端。在 U2 中，传感器信号的正端经过 12kΩ 电阻后接入 8 引脚。其中 R0 和 R5 起调整放大增益值的作用。本书所设计的 DO 传感器处理电路 PCB 板如图 3.17 所示。

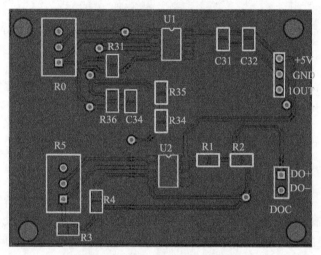

图 3.17　DO 传感器调理电路板

3.4.5　盐度传感器及采集电路

盐度传感器的原理是利用盐分离子能够导电的特性来测量盐度，离子的含量直接影响着液体的导电性。本书所使用的的传感器为北京博海志远科技有限公司生产的 SDT-300 工业在线数字型盐度传感器，图 3.18 为 SDT-300 工业在线数字型盐度传感器实物图。

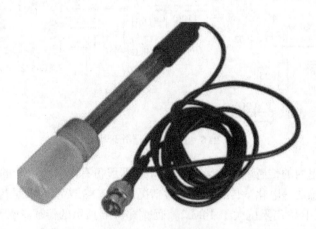

图 3.18　SDT-300 工业在线数字型盐度传感器

SDT-300工业在线数字型盐度传感器可在环境温度为 0~60℃，相对湿度≤90% 的环境下工作，其具体的技术指标见表 3.7。

表 3.7 SDT-300 工业在线数字型盐度传感器技术指标

技术指标	参数
测量范围	0~50‰；0~60℃
分辨率	0.01‰
精度	2%，±0.3℃
自动温度补偿	0~100℃
螺纹尺寸	1/2NPT
电极常数	10.0
通信接口	485 通信接口，标准 MODBU RTU 通信协议
信号输出	光电耦合器隔离保护 4~20mA 信号输出，模拟电压输出
输出负载	负载 < 300Ω(4~20mA)

3.4.6 浊度传感器及采集电路

浊度是评价水透明程度的量度，其浑浊程度称为浑浊度。根据测量原理，浊度的测量有透射光测定法、散射光测定法、表面散射光测定法和透射光–散射光比较测定法等几种，其中较为常用的是散射光测定法[19]。

一束光射入到水中，假设该光束的波长一定，由于水中的不透光物质使得光束产生了散射，然而散射的程度是与水的浊度值成比例关系的，通过传感器测定与入射垂直方向的散射光强度，便可以得到水质的浊度。根据测定的散射光与光束入射的角度，可分为垂直散射式、前向散射式和后向散射式三种方式，如图 3.19 所示。

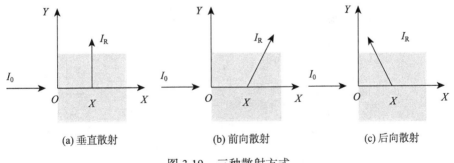

(a) 垂直散射　　　　　　　(b) 前向散射　　　　　　　(c) 后向散射

图 3.19 三种散射方式

其工作原理是当一束光通过被测水样时，其 90°方向的散射光强度 I_R 可以用式(3.1)表示：

$$I_R = \frac{KNV^2}{\lambda^4} I_0 \tag{3.1}$$

式中，I_0 为入射光强度；N 为单位容积的微粒数；V 为微粒体积；λ 为入射光的波长；K 为系数。在一定条件下，可假设 λ 和 V 为常数，因此在 I_0 不变的情况下，散射光强度 I_R 与浊度成正比，浊度的测量转换成散射光强度的测量。

浊度传感器采用光学原理，在传感器的内部使用红外对管，当红外线通过水体时，水质浊度越高，透过的光便越少，根据水的透光率和散射率便可计算出浊度值。图 3.20 为本系统所采用的浊度传感器实物图。

图 3.20 浊度传感器

图 3.21 为本书所设计的浊度传感器放大电路原理图。该电路中采用 LMV358 双运算放大器，其中 8 引脚接+5V 电源，4 引脚接地，Dout 为数字信号输出，RP1

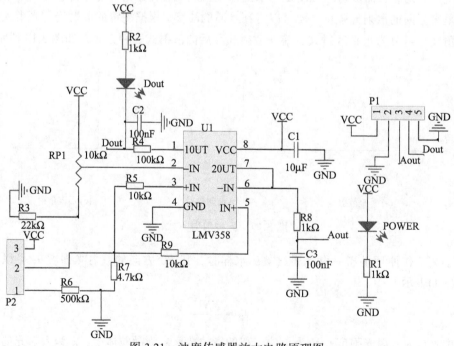

图 3.21 浊度传感器放大电路原理图

为电位器调节触发阈值,当浊度达到设置好的阈值后,Dout 指示灯会被点亮,传感器模块输出由高电平变成低电平,Aout 为模拟信号输出,输出电压范围为 0~4.5V。

本书所设计的浊度传感器处理电路 PCB 板如图 3.22。

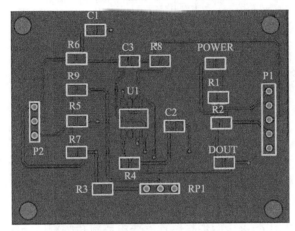

图 3.22　浊度传感器放大电路 PCB 板

3.4.7　电导率传感器及采集电路

电导率是用数字表示液体的传导电流的能力,通常用它表示水的纯度。目前电导率的测量方法有超声波测量法、电磁式测量法以及电极式测量法。电极式传感器结构比较简单,其传感器包含两个距离固定的电极,电极间是被测溶液。在测量时,在两端电极间加一个固定的电压,其间将会有微弱电流通过,以此测量水的导电率。图 3.23 为本系统所采用的电导率传感器。

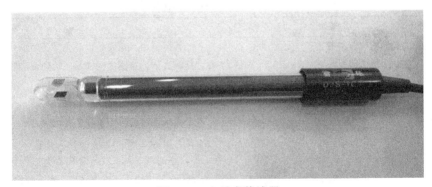

图 3.23　电导率传感器

为了提高电导率的测量效率,综合考虑,本书采用上海仪电科学仪器股份有限公司生产的 DJS-1C 型铂黑二极片式电导电极,经过电阻分压后便可得到适合

EM235 模块采集的模拟信号。图 3.24 为本书所设计的电导率传感器处理电路。

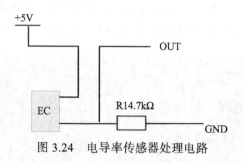

图 3.24　电导率传感器处理电路

3.5　系统外部接线方案及智能功能设计方案

3.5.1　PLC 外部接线方案

本书所研制的 PLC 水质监控系统具有远程控制和监测的功能，为了满足 PLC 与 DTU 模块及工业触摸屏之间的通信，本书研制的系统选用德国西门子公司生产的 S7-200 PLC，CPU 型号为 224XP。该型号的 CPU 自带两路 RS485 串口，满足了 PLC 与触摸屏及 DTU 之间的通信接口。另外该型号的 PLC 自带 14 点输入和 10 点输出，满足了系统所需要的全部 I/O 资源。

系统的控制功能部分主要是对电磁阀、水泵以及报警灯等设备进行控制，输入点主要是接收液位传感器的信号。根据相应的功能，表 3.8 给出了 PLC 水质监控系统的接口资源分配情况，并说明了该资源口在系统中的详细功能。

表 3.8　I/O 资源口分配表

类型	名称	PLC 资源口	功能
输入点	液位传感器 1	I0.0	检测备用水箱是否已经注满备用水
输入点	液位传感器 2	I0.1	在智能模式下，检测监测箱是否达到设定的水位
输入点	液位传感器 3	I0.2	在智能模式下，检测监测箱是否把用水全部排出
输入点	智能选择开关	I0.3	选择开启智能循环监测模式
输出点	备用水箱水泵	Q0.0	从水源地将用水注入备用水箱
输出点	监测箱水泵	Q0.1	从备用水箱中吸取部分用水
输出点	监测箱排水水泵	Q0.2	将不合格的水送入水质超标预留箱内进行保存
输出点	不合格水箱进水阀	Q0.3	将备用水箱里的不合格用水排入到不合格水箱
输出点	报警灯	Q0.4	驱动报警灯产生报警
串口 1	DTU	PORT 1	与 DTU 进行数据通信
串口 2	触摸屏	PORT 2	与 MCGS 工业触摸屏进行数据通信

PLC 的输出类型有继电器输出和晶体管输出两种类型,这两种类型输出差别较大。继电器是一种电子控制器件,由输入回路和输出回路组成,通常应用于自动控制电路中,它实际是利用小电流去控制大电流的一种"开关"。

晶体管属于电子元器件,其原理是用基极电流控制集电极和发射极的导通,属于无触点元件。

因为继电器输出和晶体管输出的工作原理截然不同,所以它们所接入的驱动负载也有区别,继电器类型可以接交流 220V 或者 24V 的负载,没有极性要求,晶体管只能接 24V 负载,有极性的要求。继电器型输出可接 2A 左右的电流负载,而晶体管则只有 0.2~0.3A。

综合考虑本系统的各个功能,本书选用继电器类型输出型号的 PLC,但是因为本书用到的水泵和电磁阀中最大的一个水泵在正常工作时的额定电流为 10A,所以本系统需要使用中间继电器来间接控制系统中的大功率水泵和电磁阀。系统所采用的继电器为欧姆龙 MY2N-J 型继电器,该型号继电器最大输出电流可达 15A 左右,满足了本书所采用大功率水泵的要求。图 3.25 给出了 PLC 与继电器和水泵之间的逻辑接线图。

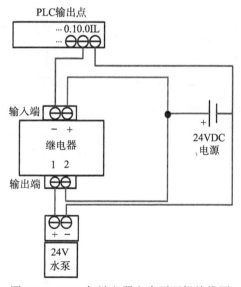

图 3.25　PLC 与继电器和水泵逻辑接线图

PLC 输出点为继电器型,IL 接入 24V 的负极,Q 点闭合时会与 IL 相接通,呈现导通状态。欧姆龙 MY2N-J 型继电器采用 24VDC 供电,这里采用的水泵同样为 24VDA 供电,当继电器输入端有电源接入时,此时继电器吸合,1 引脚和 2 引脚闭合,呈现导通状态。从而通过中间继电器间接性的来控制水泵的工作,保障了 PLC 输出点的安全。图 3.26 给出了 PLC 水质监控系统的各功能逻辑接线图。

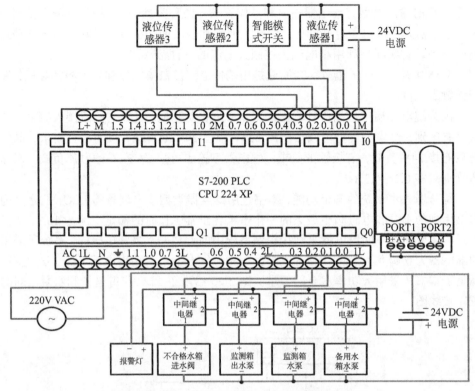

图 3.26　PLC 水质监控系统的各功能逻辑接线图

　　液位传感器采集各类水箱内的水位信息,这部分内容将在本章的智能监控功能中展开介绍,这里需要注意 PLC 的两个公共端 1L 和 2L 需要连接在一起。另外 DTU和触摸屏通过 RS485 接口分别接入 PLC 的 PORT1 口和 PORT2 口。

3.5.2　EM235 外部接线方案

　　本书所研制的系统需要监测水质的七类参数,每类水质传感器经过调理电路的处理后都转换成 0～5V 或者 0～10V 的标准电压量,因此本书所设计的水质监测系统采用两个 EM235 模块,并将其设置成单极性输入模式下满量程 0～10V 电压信号输入。其具体的 DIP 设置如图 3.27。

　　完成 EM235 模块设置后便可直接与 PLC 相连,各类水质传感器的模拟输出信号便可接入相应的输入端,其中盐度、电导率、浊度、氨氮含量、pH、DO 均为 0～5V 的电压输入量,温度为 0～10V 的电压输入量。图 3.28 给出了各类水质传感器、水质调理电路、EM235 模块以及 PLC 之间的关系。

　　由于 S7-200 PLC CPU 224XP 自带两路模拟输入,地址分别为 AIW0 和 AIW2,本系统所采用的两个 EM235 模块模拟采集量的地址从 AIW4 开始,AIW4 输入温度模拟信号量,AIW6 输入氨氮模拟信号量,AIW8 输入 pH 模拟信号量,AIW10 输入 DO 模拟信号量，AIW12 输入盐度模拟信号量，AIW14 输入电导率模拟信号量，AIW16 输入浊度模拟信号量，未用到的输入端口应短接，其逻辑接线图如图 3.29。

图 3.27　EM235 模拟量扩展模块 DIP 设置实物图

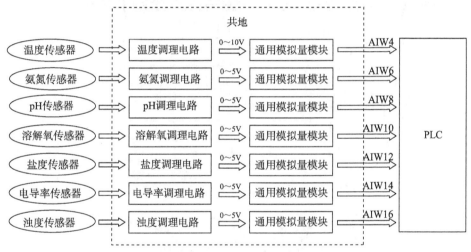

图 3.28　模拟采集关系图

这里应特别注意，在给调理电路和 EM235 模块提供电源时，必须使这两部分的电源共地。如果不共地，将会产生一个波动很大的共模电压，从而影响 EM235 模块的模拟量采集，为了消除这种波动，得到稳定的模拟量和数字量，需要将各传感器调理电路的电源负极和 EM235 模块的电源负极共同接地，图 3.29 中已经用粗线连接。

图 3.30 给出了系统 EM235 模块的实物接线图，图中用纸带标注了模拟输入量端口所对应的传感器信号。

水质传感器信号经过调理电路的处理和 EM235 模块的转换便可得到各类水质传感器的数字信号，经过 PLC 梯形图从 AIW4～AIW16 地址中读出，再通过各类水质算法便可得到相应的水质参数。

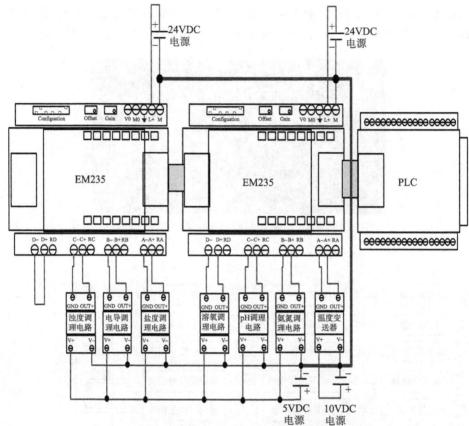

图 3.29　EM235 模块与传感器调理电路接线逻辑图

图 3.30　EM235 模拟量扩展模块实物接线图

3.5.3　智能监测功能设计方案

本书所研制的系统主要有两类功能模式,一种是需要工作人员参与的监控模式;另一种是无需工作人员参与的智能循环监控模式。在现场的监控模式下,本系统可实现水样采样、水质检测、数据上传、超标报警、实时曲线显示及历史数据查询等功能。这些需要工作人员通过手机、现场的触摸屏或者电脑端组态实现用水的控制。智能循环监控模式则只需要设定好系统水质报警的阈值和循环监测的时间，系统便可智能的进行水质采样、监测、超标报警、数据上传和水质分类。如图 3.31给出了系统的功能图。

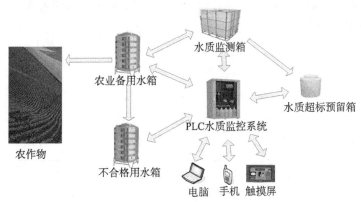

图 3.31 PLC 水质监控系统的功能图

在对农业灌溉时，为了保证农业用水的安全性，必须对农业用水进行水质监测。本书研制的 PLC 水质监控系统集监测和控制为一体，由图 3.31 可知，在农业用水之前，系统通过控制水泵将农业备用水箱里的水吸入到水质检测箱进行检测，如果水质合格没有报警，农业备用水便可直接通过系统进行灌溉，如果系统产生报警，这表明水质检测箱及农业备用水箱里面的水产生了污染，这时系统将水质检测箱里不合格的水质送入到超标预留箱内等待检验人员进行水质化验。同样，农业备用水箱里面的水也可通过系统送入到不合格水箱，不合格的水质不能进行农业灌溉，可用作其他用途。上述功能都可以通过手机、电脑、现场的触摸屏进行控制，手机和电脑端为大于 1 万公里的远距离通信。

为了使系统更加智能，本书研制的系统可工作于智能模式下，智能模式一旦开启，便不需要工作人员进行参与，通过预先设定好的监测时间，系统会循环监测，在该模式下，水质监测箱会循环自动的对备用水箱进行吸水监测，合格的水质会自动排入备用水箱，一旦系统发生了报警，不合格水质会自动排入超标预留箱，并产生报警，工作人员可从现场或者手机端、电脑端接收到报警信息，并采取相应的措施。系统一旦产生报警，PLC 将会锁住灌溉用水的水泵，防止有误操作对农作物产生有害的影响。

3.5.4 智能监控功能设计方案

农业用水关乎农业的发展，农业水质监测应该贯穿农业用水的始终，因此应该时刻监测农业用水的质量。为了减少劳动力，本书研制的 PLC 水质监控系统可选择工作在智能模式下，该模式可以全天候的循环监测水质，从水质样本的吸取，到水质检验，再到水质分类，无需操作人员进行参与。智能模式下的水质监测开启前需要设定好水质报警上下限值、水质监测时间、水质监测循环时间。

PLC 水质监测智能模式流程图如图 3.32 所示。智能模式下的参数配置操作简单，只需在编写好的触摸屏手动输入即可，这里的触摸屏设置及相关技术将会在组态软件设计部分给出展示。

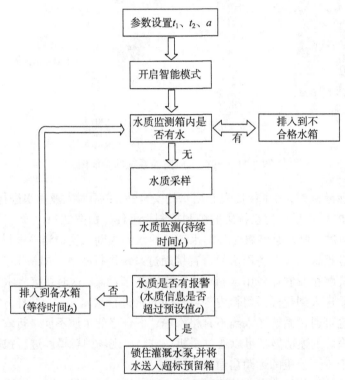

图 3.32　PLC 水质监测智能模式流程图

图 3.32 中，t_1、t_2 分别为水质监测持续时间和水质监测的循环时间，循环时间即为等待多长时间进行一次循环。a 为一组数值，分别为温度上下限值、氨氮含量上下限值、pH 上下限值、DO 上下限值、电导率上下限值、浊度上下限值、盐度上下限值。在设定好这些参数后，系统进行第一次循环时，首先检验水质检测箱中是否有水，如果有水，不必检验必须要把这些水排除，这是由于这些水质并不代表当前水箱里面的水质。水排除后再次检验是否有水，确保水质检测箱内没有水质残留，确认无误后，系统智能开启水质采样水泵进行水质采样，通过浮球开关检验水样是否达到采样容积。水质采样完毕后，系统开启检验模式，由于水质检测箱中由无水

状态转换为有水状态，这种变化会对传感器产生较大的变化，甚至会产生报警，然而这种报警并不是水质不合格所产生的。因此，需要等待水质采样完毕后进行持续的监测水质质量，持续时间为 t_1，t_1 经过试验分析应不少于 30s。等待水质传感器稳定后，如果产生了报警，说明水质不合格。报警是水质的七类参数其中一个超过设定值，这就代表水质备水箱内存在问题，PLC 会锁住相应的水泵，防止有误操作对农作物产生危害，并将不合格的水质样本送入到水质超标预留箱内等待化验人员处理。如果在持续 t_1 时间内没有任何的报警，说明水质合格，水质检测箱内的水质样本会送入备水箱内，并等待 t_2 段时间，这里的 t_2 设置可以比较随意，但不应太长，因为如果过长水质备水箱内产生了污染将不会被及时发现。等待 t_2 时间后，系统又开始进行样本采样及检验流程，从而实现了对水质的循环监测。

另外，由于本书采用的传感器比较多，加之水质传感器之间会相互影响，如氨氮传感器和 pH 传感器在同一水质监测箱内会导致 pH 急剧下降，水质监测箱的设计也是智能模式的核心设计部分之一。图 3.33 为本书设计的水质监测箱的示意图。

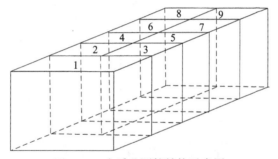

图 3.33　水质监测箱结构示意图

水质监测箱分 9 个水室，其中 1 号水室为水泵安放室、2 号水室为温度采集室、3 号水室为氨氮含量采集室、4 号水室为 DO 采集室、5 号水室为 pH 采集室、6 号水室为盐度采集室、7 号水室为电导率采集室、8 号水室为是浊度采集室。各个水室之间是不通的，这就解决了各个传感器之间相互干扰的问题，每个水室都有一个进水口和一个出水口。水质监测箱通过一个总的水泵完成各个水室的水质采样，通过另外一组水泵完成排水。图 3.34 为本书设计的水质监测箱实物图。

其中 9 号水室放有一高一低的长杆形浮球开关，其结构示意图如图 3.35 所示。

把 A 型浮球传感器设置成常闭型，B 型浮球传感器设置成常开型，并将 A 型浮球传感器安置在水质监测室最低端，B 型浮球传感器安放在水室中央位置。当水室中没有水时，A 型浮球传感器的浮球落下，1、2 端处于导通状态，并给 PLC 一个电压信号。当水室中注满水时，B 型浮球传感器的浮球端子浮起，1、2 端处于导通状态，并给 PLC 一个电压信号。两个浮球之间的距离 d 为水室注满水时的高度。

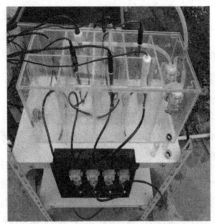

图 3.34　水质监测箱实物图

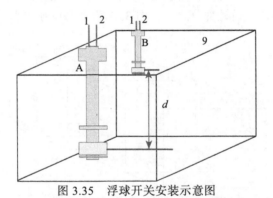

图 3.35　浮球开关安装示意图

　　智能模式下的核心设计是相关算法和软件的设计，在本章系统软件设计与实现部分将会给出智能模式的相关算法及部分核心程序。经过两个浮球开关的组合，通过相应的算法和软件编程便可完成 PLC 水质监控系统的智能监控功能。工作在智能模式下的 PLC 水质监控系统减少了工作人员的工作量，在一定程度上提高了农业水质监测的效率。

3.6　系统软件设计与实现

3.6.1　水质采集功能及其相关算法

　　本章前面已经介绍了 EM235 模块，PLC 经过相应的地址便可读出各类水质传感器的数字信号，通过相应的水质算法便可得出各水质参数。在 PLC 状态表监控下更容易查看 EM235 模块转换的各类水质传感器数字量，如图 3.36 所示。

	地址	格式	当前值	新值
1	AIW4	有符号	+15648	
2	AIW6	有符号	+6344	
3	AIW8	有符号	+9928	
4	AIW10	有符号	+5616	
5	AIW12	有符号	+32	
6	AIW14	有符号	+7296	
7	AIW16	有符号	+4384	

图 3.36　PLC 状态表监控

　　为了使系统水质数据测量更加准确，要对 EM235 模块进行输入校准，通过设置 OFFSET 和 GAIN 电位器进行调节。首先切断 EM235 模块的电源，使用一个标准的电压源，将零值的电压信号送到一个输入通道，在 PLC 的监控状态下读取该通道所对应的数字量，调节 OFFSET(偏置)电位计，直到读数为零。再将标准的 10V 电压信号接到另外一个输入通道，在 PLC 监控状态下读取相应通道的数字量。调节 GAIN(增益)电位计，直到读数为 32000。最后利用标准的温度计实际测量 80 组水质温度数据，在 PLC 的状态监控下读取温度所对应的数字量，表 3.9 为部分温度数据测量结果。

表 3.9　　温度实验测量结果

T标/℃	数字量	T标/℃	数字量
10.7	12499.3	30.3	16631.3
12.3	12912.5	32.2	17044.5
14.1	13325.7	34.0	17457.7
16.8	13738.9	36.9	17870.9
18.2	14152.1	38.2	18284.1
20.5	14565.3	40.0	18697.3
22.1	14978.5	42.2	19110.5
24.1	15391.7	44.3	19523.7
26.2	15804.9	46.2	19936.9
28.3	16218.1	48.9	20350.1

注：T标为温度标准值；数字量为温度测量值转化的数字量。

　　利用曲线拟合得到温度线性函数以及斜率，其关系如图 3.37 所示。

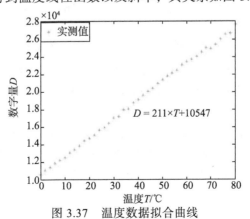

图 3.37　温度数据拟合曲线

图 3.37 中横坐标表示温度值，纵坐标表示 EM235 采集的数字量，当 AIW4 的值为 15648 时，则根据式(3.2)直接代入得出 T：

$$T = (AIW4 - 10547)/211 \tag{3.2}$$

计算得到的温度值为 25.7℃，在改变溶液温度的情况下使用标准的温度计与本系统研制的测温系统进行数据分析，并测量 20 组不同温度下的数据，表 3.10 给出了 20 组在标准温度计下和系统测得的温度数据。

表 3.10　温度实验结果

T 标/℃	T 测/℃	误差
10.17	10.33	0.16
10.81	10.65	−0.16
12.71	12.45	−0.26
11.69	11.76	0.07
49.07	48.94	−0.13
21.21	21.05	−0.16
19.21	19.07	−0.14
20.17	20.31	0.14
20.01	19.91	−0.10
30.15	30.35	0.2
30.41	30.28	−0.13
32.51	32.41	−0.10
29.69	29.82	0.13
39.69	39.86	0.17
41.24	41.39	0.15
49.20	49.27	0.07
42.51	42.68	0.17
52.01	52.15	0.14
51.11	51.11	0.00
49.07	48.93	−0.14

实验结果中，温度测量值的绝对误差小于±0.26℃，平均相对误差约为 0.618%，具有较高的测量精度。

水质的浊度、pH、氨氮含量、DO、盐度和电导率等传感器受溶液温度的影响比较大，仅使用 EM235 模块采集到的数字量不能准确获取水质参数。为了使水质参数更加精准，本系统的水质算法采用曲面拟合的方式对水质的浊度、pH、氨氮含量、DO、盐度和电导率等传感器进行温度补偿。

本书以浊度为例，使用本节中得到的水质温度数据 T，加入到上述传感器调理电路输出的电压信号 U 与浊度值 TUR 之间的关系式中，可得出经过温度补偿的浊度值。浊度值、传感器输出电压 U 和温度 T 之间的关系表达式：

$$TUR = f(U, T) \tag{3.3}$$

对式(3.3)进行二次曲面拟合，其关系表达式：

$$TUR = \alpha_0 + \alpha_1 U + \alpha_2 T + \alpha_3 U^2 + \alpha_4 UT + \alpha_5 T^2 + \varepsilon_1 \tag{3.4}$$

式中，$\alpha_0 \sim \alpha_5$ 为式中的常系数，如果已知水质传感器经过调理电路处理后的电压 U 与温度 T 时，代入式(3.4)中便可得出准确的水质浊度值。

接着计算二次拟合方程的各个常系数。

为了计算式(3.4)中的各个常数，首先在浊度值的范围内选定 n 个标定点，然后在温度传感器的工作范围内选定 m 个标定点，并记录浊度传感器调理电路的输出，各个标定点的输入值如下：

TUR_i：TUR_1，TUR_2，TUR_3，…，TUR_n；

T_i：T_1，T_2，T_3，…，T_m；

U_i：U_1，U_2，U_3，…，$U_{m \times n}$。

依据最小二乘法原理，拟合方程的常系数值应该满足均方误差最小，如式(3.5)所示：

$$\Delta_k = TUR_k - TUR(U_k, T_k) \tag{3.5}$$

式(3.5)中将(U_k, T_k)代入二次曲面拟合方程，计算得到的 $NTU(U_k, T_k)$ 与标定值 NTU_k 之间应存在误差 Δ_k，其中 $k = 1，2，…，m \times n$。为满足均方误差最小，式(3.6)计算得到的均方误差 R_1 应最小。

$$
\begin{aligned}
R_1 &= \frac{1}{m \times n} \sum_{k=1}^{m \times n} [TUR_k - (\alpha_0 + \alpha_1 U_k + \alpha_2 U_k + \alpha_3 U_k^2 + \alpha_4 U_k T_k + \alpha_5 T_k^2)]^2 \\
&= R_1(\alpha_0, \alpha_1, \alpha_2, \alpha_3, \alpha_4, \alpha_5)
\end{aligned} \tag{3.6}
$$

为了得到完整的二次曲面拟合方程，依据多元函数求极值的方法，分别对常系数 $\alpha_0 \sim \alpha_5$ 求偏导数，并且令其导数为零就可以计算得到各个常系数。

系统使用标准浊度计作为标准测量仪对本系统所测的浊度进行标定。将浊度仪、水质监控系统的浊度传感器、温度传感器同时放入装有待测液体的烧杯中，通过往烧杯中添加 SiO_2 改变浊度，记录每次浊度改变后的标准浊度值、温度传感器数据 T 和浊度调理电路输出电压 U，通过 150 次记录得到的部分数据见表 3.11。

将实验测量得到的 150 组实验数据随机选取 130 组代入式(3.4)中计算二次拟合方程的各个常系数 $\alpha_0 \sim \alpha_5$，得到二次曲面拟合方程如式(3.7)所示：

$$
\begin{aligned}
TUR &= -4353 + 5742 \times U + 1.038 \times 10^{-13} \times (T - 1120) \times U_2 \\
&\quad -1.924 \times 10^{-14} - 6.238 \times 10^{-16}
\end{aligned} \tag{3.7}
$$

式(3.7)表示的二次曲面拟合方程的函数图像如图 3.38 所示。

表 3.11　实验数据

U/V	T/℃	TUR/NTU	U/V	T/℃	TUR/NTU	U/V	T/℃	TUR/NTU
4.24	10.31	2.9	4.12	12.41	2.0	2.33	32.51	3000.3
2.54	10.42	3017.6	2.43	19.69	3000.6	2.31	29.69	3017.6
4.22	11.21	3.2	3.40	21.11	2000.0	3.32	31.11	2000.2
3.51	10.17	2011.2	4.12	22.01	4.3	3.72	29.07	1001.2
3.92	10.81	1000.1	3.81	20.62	1003.2	4.03	30.62	2.0
2.54	12.71	3000.2	4.01	30.72	4.1	3.91	39.07	2.1
4.21	11.69	2.4	3.31	31.24	2000.2	2.21	40.62	3017.2
3.55	10.51	2000.2	4.00	29.24	3.2	3.92	40.41	2.0
3.91	11.31	1001.2	4.02	30.15	0.6	3.21	40.15	2011.2
4.26	12.01	4.1	3.91	41.24	4.1	2.22	41.11	3000.0
2.41	20.71	3017.6	3.62	49.20	1001.2	3.61	40.72	1000.0
4.11	21.21	3.0	3.22	42.51	2010.3	3.9	39.69	0.2
4.17	19.21	3.2	3.11	50.01	2000.3	3.12	49.07	2011.2
3.41	20.17	2001.2	2.13	52.41	3017.6	3.81	50.62	2.9
3.82	20.01	1000.9	3.81	49.69	3.2	3.52	49.07	1001.1
3.82	51.11	2.1	3.51	52.01	1000.0	2.12	51.11	3000.1

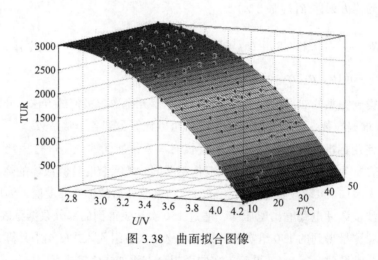

图 3.38　曲面拟合图像

　　为验证本方法对温度补偿的有效性，将曲面拟合时并没有使用的剩余 20 组实验数据中的溶液温度 T 与电压 U 代入曲面拟合方程式(3.7)求得 20 组 TUR 测量值并与实验中记录的 TUR 标准值作对比，结果如表 3.12 所示。

　　实验结果中，使用二次曲面拟合公式计算所得到 20 组浊度测量值的绝对误差小于±5.1NTU，平均相对误差约为 3.921%，具有较好的测量精度。

表 3.12　实验结果

U/V	T/℃	TUR 标/NTU	TUR 测/NTU	误差
3.51	10.17	2011.2	2007.0	-4.2
3.92	10.81	1000.3	1003.4	3.1
2.50	12.71	3000.0	2996.4	-3.6
4.21	11.69	2.3	1.0	-1.3
3.52	49.07	1001.1	1002.4	1.3
4.11	21.21	3.9	3.7	-0.2
4.10	19.21	3.2	2.9	-0.3
3.41	20.17	2001.2	2002.4	1.2
3.82	20.01	1000.9	1003.0	2.1
4.02	30.15	0.6	0.6	0.0
3.71	30.41	1000.9	998.5	-2.4
2.33	32.51	3000.7	3004.1	3.4
2.31	29.69	3017.6	3013.4	-4.2
3.90	39.69	0.2	0.2	0.0
3.91	41.24	4.1	4.3	0.2
3.62	49.20	1001.2	998.0	-3.2
3.22	42.51	2010.3	2014.4	4.1
3.51	52.01	1000.1	997.8	-2.3
2.12	51.11	3000.9	3006.0	5.1
3.12	49.07	2011.2	2009.9	-1.3

注：TUR 标表示用标准的测量仪器测得的标准值。TUR 测表示用本文所研制的仪器实验测得的实验值。

3.6.2　循环监测功能

本章已经给出 PLC 水质监控系统在智能模式下的功能，本小节将给出智能模式下的相关算法和梯形图。表 3.13 为智能监控模式下程序软元件分配表。

表 3.13　程序软元件分配表

符号	地址	注解
定时器 1	T37	监测时间
定时器 2	T32	循环时间
计数器 1	C0	水泵排水标志位
计数器 2	C1	在排水过程中锁住报警信号
锁泵标志	M4.1	在水质检测 t_1 时间标志排水泵的状态
进入水质监测标志	M0.0、M0.1	标志水质检测箱内是否注满水，M0.0 和 M0.1 有四种组合：00、01、10、11 分别表示两个浮球开关的四种状态。
水质检测箱进水泵	Q0.1	水质检测箱进水泵
水质检测箱排水泵	Q0.2	水质检测箱排水泵
智能模式开关	I0.1	是否开启智能模式
顶端长杆型浮球开关	I0.3、Q0.4	检验水质检测箱是否注满水
底端短杆型浮球开关	I0.2	检验水质检测箱是否排尽水
报警指示灯	M4.0、Q1.1	水质是否合格

智能模式需要手动开启，在这里增加一个按钮，它与 I0.1 相关联，VW450 与 VW400 变量分别与智能模式下的水质监测时间 t_1 和智能循环时间 t_2 相映射，经过两个乘法指令转换成整数倍的时间存放到 VW300 和 VW350 中。定时器 T33 和 T37 起到定时作用，这里的输入时间与 t_1、t_2 有直接的联系。计数器 C0 和 C1 作为标志位，记录各个水泵之间的状态。

如图 3.39 为在智能模式开启前对监测时间 t_1 和循环时间 t_2 进行设置。

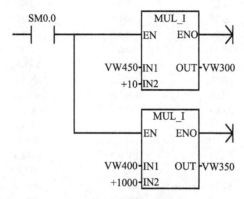

图 3.39　时间设置梯形图

在设置好水质报警的上下限值后开启智能模式，顶端传感器处于常闭导通状态，水质监测排水泵也处于常闭导通状态，此时梯形图导通，水质监测箱进水泵开始工作，如图 3.40 所示。

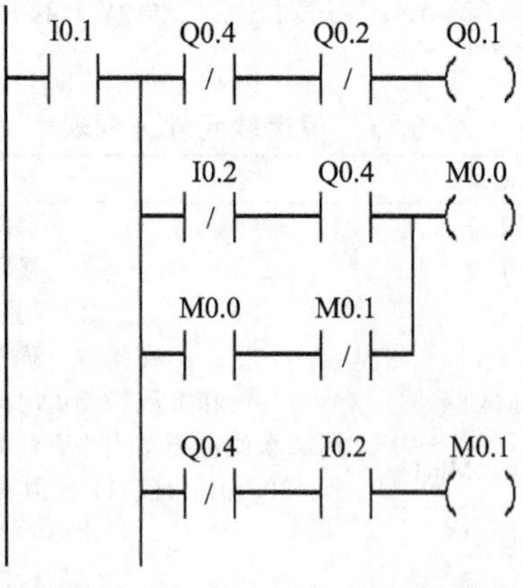

图 3.40　水质检测箱注水梯形图

在注水的过程中，通过梯形图程序锁住报警信号，如图 3.41 所示。此时的报警信号是由于水质监测箱内没有水而产生的，并不是由于水质不合格产生的。

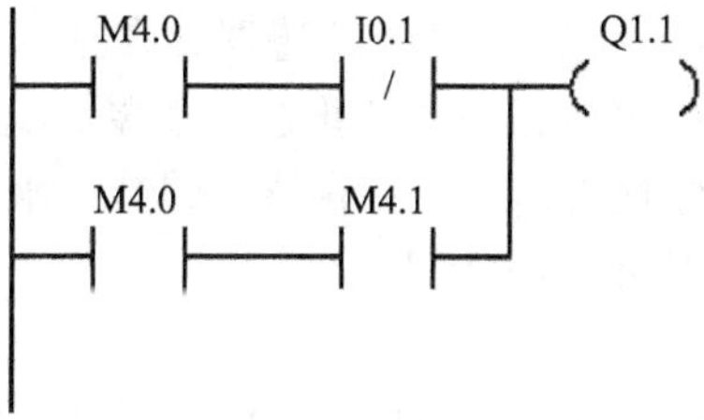

图 3.41 报警灯信号上锁梯形图

水质监测箱内注满水后，液位浮球开关会发生变化，在等待 1s 后，开始进入水质监测时间 t_1，此时解除对报警信号的锁定，开始监测水质情况，如图 3.42 所示。

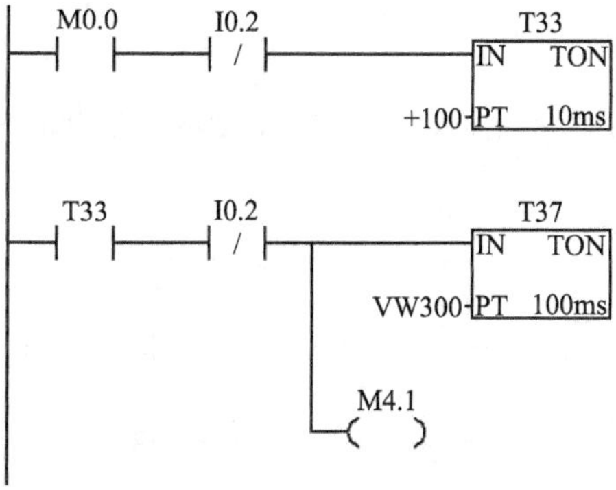

图 3.42 系统进入水质监测状态

在执行 t_1 段时间内，如果有报警现象产生，此时会发生报警，并锁住排水泵和灌溉水泵，防止不合格水质对作物产生影响，如果没有报警产生，此时水质检测箱排水泵开始工作，如图 3.43 所示。

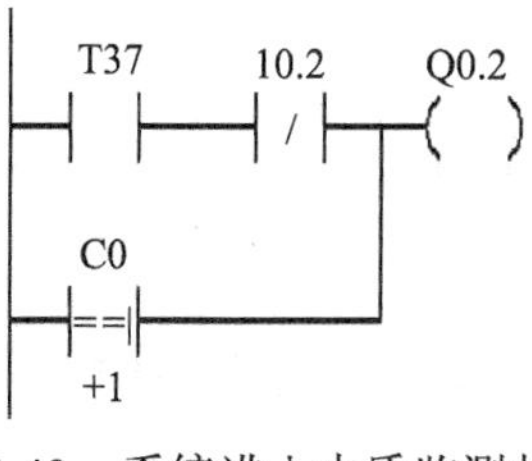

图 3.43 系统进入水质监测状态

为了防止 T37 复位导致排水的终止，这里利用一个 C0 计数器进行上锁，如图 3.44 所示。

在排水过程中如果产生了报警现象，也必须把水质检测箱内的水排出去，这是由于水质监测箱内的水质在经过 t_1 段时间后已经确认为合格水质，此时的报警信号是由于排水泵的工作产生的。例如，DO 传感器，在排水过程中，由于较大的水花会产生有误的数据从而产生报警，为了防止这种现象，这里利用计数器 C1 来锁住排水泵的工作状态，并锁住报警信号。一直持续到其排水完毕，也就是短型液位传感器复位后再解除锁定，其梯形图如图 3.45。

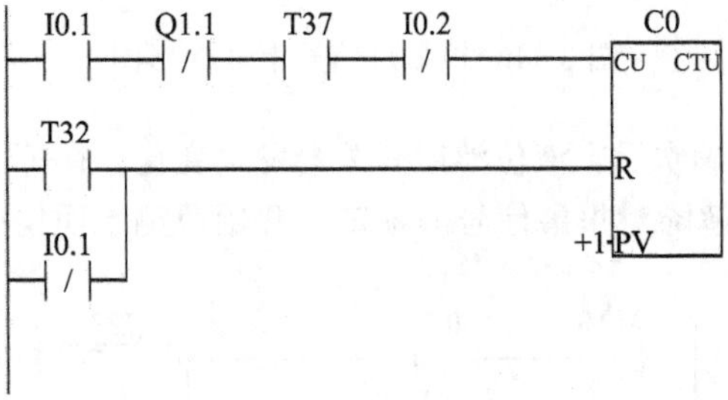

图 3.44　排水泵上锁(C0 计数器)状态梯形图

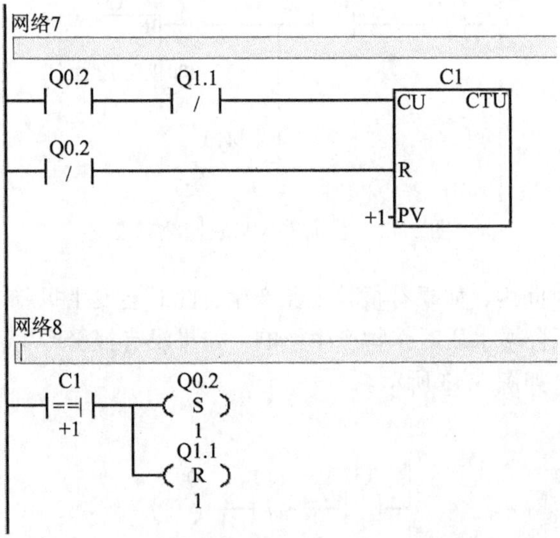

图 3.45　排水泵上锁(C1 计数器)状态梯形图

等待排水结束后，底端液位浮球开关复位导通，进入 t_2 时间段，其梯形图如图 3.46 所示。

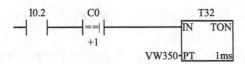

图 3.46　系统进入 t_2 时间段梯形图

等待 T32 计时结束后，智能模式下的水质监测进入第二次循环。

3.6.3　远程监控功能

　　PLC 水质远程监控系统是一套具备远程传输功能的系统，在 3.5 节中已经给出水质算法通过梯形图的转换和浮点数计算等指令便可得出水质参数，但是这些水质参数的格式无法满足 Modbus 传输协议进行数据远程传输。必须对这些水质数据进行转换，使得各类水质参数转换为正确的格式才能实现数据的远程传输功能。在水质数据处理前首先认识 PLC 梯形图转换指令 RTA，RTA 实数转换 ASCII 指令将实数(IN)数值转换成 ASCII 字符。格式(FMT)指定小数点的位数，以及决定将小数点表示为逗号或点号及输出缓冲器占用的长度。转换结果置于从 OUT 开始的输出缓冲器中。ASCII 字符的结果数目(或者长度)范围为 3～15 个字符。

　　OUT 输出缓冲器的大小由 ssss 域制定(3～15 有效，0～2 无效)。nnn 决定了输出缓冲器中小数点的位数，nnn 域的有效范围为 0～5。如果不显示小数点，应将小数点右面的位数指定为 0。如果 nnn 的数值大于 5 或者指定的输出字符串长度太小(0～2)，RTA 指令无法存储转换的数值时，输出缓冲器会使用 ASCII 码的"空格键"字符填满。C 位决定小数点的显示方式，C=1 表示使用逗号，C=0 表示使用点。

　　图 3.47 给出了 RTA 指令的实例梯形图和调试状态表。

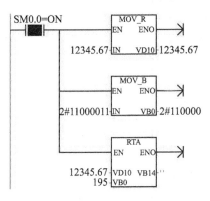

	地址	格式	当前值
1	VD10	浮点数	12345.67
2	VB0	二进制	2#1100_0011
3	VB14	ASCII	
4	VB15	ASCII	'.'
5	VB16	ASCII	'.'
6	VB17	ASCII	'1'
7	VB18	ASCII	'2'
8	VB19	ASCII	'3'
9	VB20	ASCII	'4'
10	VB21	ASCII	'5'
11	VB22	ASCII	'.'
12	VB23	ASCII	'6'
13	VB24	ASCII	'7'
14	VB25	ASCII	'0'

(a) 实例梯形图　　　　　　　(b) 实例梯形图指令程序状态监控表

图 3.47　RTA 指令的实例梯形图和调试状态表

　　通过 RTA 指令的实例调试，当 FMT(VB0)在不同值时给出了其状态表，如表 3.14。

　　由于水质数据为浮点型，Modbus 协议中的数据格式为 16 进制的 ASCII 码，因此应先对水质数据进行整数转换，为了防止小数位的丢失，首先进行乘法运算，其次将该浮点数四舍五入转换成整数，由该整数转换成实数，然后将实数进行除法运算得到真实的水质参数，最后通过 RTA 指令将实数型水质参数转换为 ASCII 型。

表 3.14　RTA 指令的实例调试监控表

FMT (VB0)	IN (VD10)	OUT									
		VB14	VB15	VB16	VB17	VB18	VB19	VB20	VB21	VB22	VB23
16#A0	12345.68	""	""	""	""	"1"	"2"	"3"	"4"	"6"	"."
16#0	12345.68	""	""	""	""	""	""	""	""	""	""
16#A2	12345.68	""	""	"1"	"2"	"3"	"4"	"5"	"."	"6"	"8"
16#A3	−1236.789	""	"−"	"1"	"2"	"3"	"6"	"."	"7"	"8"	"9"
16#AB	0.01	""	""	""	""	""	"0"	"."	"0"	"1"	"0"

　　这里以温度为例，假设温度数值为+23.342353 的浮点型数据，经过乘法运算后得到+23.342353×10=+233.42353，再将该温度值四舍五入得到+233 的整数类型，将该整数转换成实数后，进行除法运算恢复成真实的温度值，+23.3℃，最后将+23.3转换成 ASCII 型。这里利用 RTA 指令进行转换，FMT 的值为 16#51，转换成二进制为 01010001，表示一共转换成五位数据并保留小数点后一位。其具体的梯形图如图 3.48 所示。

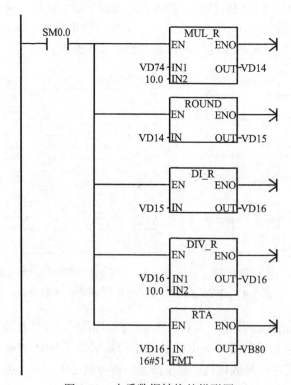

图 3.48　水质数据转换的梯形图

　　最后将转换好的水质数据存放到 VB80 中，通过 Modbus 协议便可获取该地址的数据，关于 Modbus 协议的确定将会在下节给出。

3.6.1 小节已经把水质参数处理成符合 Modbus 协议格式的数据，并存放在固定的地址中，现在只需要确定 Modbus 协议便可从这些变量地址中读出数据。要从存放水质参数的地址 VB80 VB106 中一次读取水质数据，需要确定 Modbus 的地址域、功能码以及校验码。

表 3.15 为西门子 Modbus RTU 协议库支持最常用的 8 条功能码。

表 3.15 Modbus RTU 常用的功能码

码	功能
01 (0×01)	读取单个/多个线圈的实际输出状态
02 (0×02)	读取单个/多个线圈的实际输入状态
03 (0×03)	读多个保持寄存器
04(0×04)	读单个/多个输入寄存器
05 (0×05)	写单个线圈(实际输出)
06 (0×06)	写单个保持寄存器
15 (0×0F)	写多个线圈(实际输出)
16 (0×10)	写多个保持寄存器

PLC 作为从站，其地址为 01，要读取已经转换好的水质数据，这里选用功能码 03(0X03)，在一个请求中读出 VB80 开始到 VB112 结束的 32 个 ASCII 字符，因为一个 ASCII 字符占一个字节，即 8 位，两个 ASCII 字符组成一个字，所以 VB80 在 Modbus 协议中的起始地址为 0x28，读取字的长度为 16，即为 32 个 ASCII 字符，其十六进制为 0x10。假设一组水质参数经过 RTA 指令转换为 ASCII 字符，并存放到 VB80 开始的地址变量中，其对应关系如表 3.16。

表 3.16 水质数据存放地址表

水质参数	存放起始地址	长度
温度	VB80～VB84	5
pH	VB85～VB88	4
DO	VB89～VB92	4
氨氮含量	VB93～VB97	5
电导率	VB98～VB102	5
盐度	VB103～VB105	3
浊度	VB106～VB110	5

因此 Modbus 协议为 01 03 00 28 00 10 C4 0E，其中 01 为从机地址，03 为功能码，00 28 为起始地址码，00 10 为数据长度，C4 和 0E 为 CRC 校验码，通过 CRC 校验工具便可有效获得 CRC 校验码，图 3.49 为 CRC 校验码的获取软件。

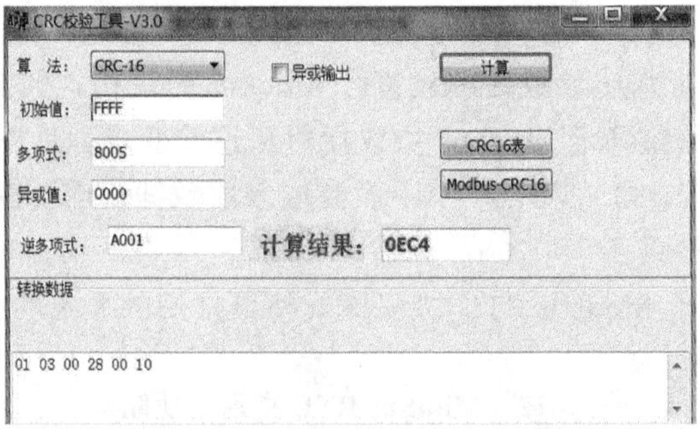

图 3.49　CRC 校验工具

利用表3.16和Modbus协议的相关知识可计算出PLC水质监测系统的其他Modbus协议指令。如表 3.17 给出了 PLC 水质监控系统最主要的 Modbus 协议指令。

表 3.17　系统常用的 Modbus 协议指令

内容	Modbus 协议指令
进水泵开	01 05 00 00 FF 00 8C 3A
进水泵关	01 05 00 00 00 00 CD CA
排水泵 1 开	01 05 00 01 FF 00 DD FA
排水泵 1 关	01 05 00 01 00 00 9C 0A
排水泵 2 开	01 05 00 02 FF 00 2D FA
排水泵 2 关	01 05 00 02 00 00 6C 0A

确定了 Modbus 协议后要完成远程传输及控制功能还需要对 DTU 进行设置，本书选用的 DTU 为北京天同诚业科技有限公司生产的相关产品，并采用其 DTU 设置软件和 COMWAY 云平台，电脑端通过虚拟串口从云平台读取数据或指令，手机端通过 API 来实现，手机端的应用开发由另外一名研究生完成，具体的设置还需要参考 DTU 产品说明书，本书就不再赘述。需要注意的是，虚拟串口映射到 COM2 口，如图 3.50 所示，在组态设计时要注意参数的设置。

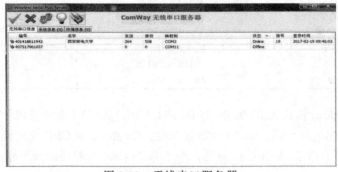

图 3.50　无线串口服务器

另外，除了对 DTU 设置外，还需要对 PLC 进行梯形图编写。这里使用西门子公司的 Modbus 协议库，运用 Modbus 从站协议指令中的 MBUS_INIT 和 MBUS_SLAVE 两条指令。其具体的梯形图如图 3.51 所示。

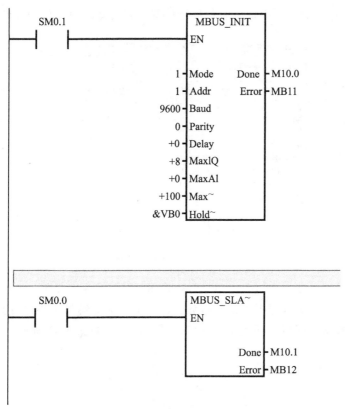

图 3.51　MBUS_INIT 和 MBUS_SLAVE 指令的设置

3.6.4　MCGS 软件设计

嵌入式通用监控系统(monitor and control generated system for embeded, MCGSE)是一种能够快速构造和生成监控系统的组态软件。通过对现场数据的采集处理、报警处理、报表输出、动画显示、流程控制等多种方式向用户提供实际工程解决方案，在自动化领域有着广泛的应用。

水质传感器的水质信号经过调理电路和 EM235 模块转换为数字信号，经过相关的水质算法得到各水质参数，通过 MCGS 工业触摸屏或者电脑端组态显示出来，并实现对 PLC 水质监控系统的控制。本书采用的触摸屏为北京昆仑通态自动化软件科技有限公司生产的 TPC7062TX 型触摸屏。

嵌入版本的 MCGS 组态软件和通用版本的 MCGS 组态软件设置基本相同，因此本节将以嵌入式版本为例，从一个工程的建立开始，给出 MCGS 触摸屏的设计。

在 MCGS 嵌入版组态环境中点击文件新建一个工程，并保存。在工作台中点击设备窗口，在设备工具箱中添加通用串口父设备，并添加设备 0-西门子 S7-200PLC。首先对通用串口父设备进行设置，其具体的设置如图 3.52 所示。

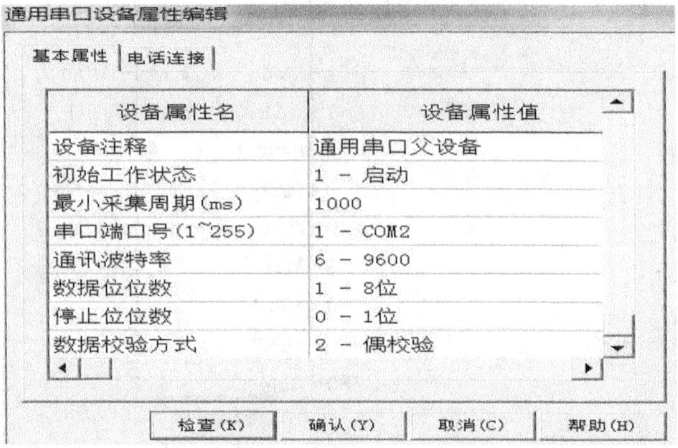

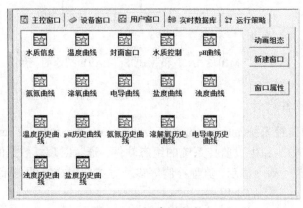

图 3.52　添加串口设备

这里主要是对波特率以及串口端号的设置，因为无线串口服务器虚拟串口映射到 COM2，所以为了从虚拟串口获得数据，这里的串口端号必须设置为 COM2。

在工作台用户窗口下新建用户窗口，其名称命名如图 3.53 所示。

图 3.53　新建用户窗口

在对用户窗口进行设置时，首先完成实时数据库相关变量的建立，这里的变量类型为数值型、开关型和组对象型。表 3.18 给出了工程中与动画和设备控制相关的变量名称。

表 3.18　MCGS 组态设计变量表

变量名称	类型	PLC 通道	注释
温度	数值型	VD74	存放水质温度数据
氨氮	数值型	VD70	存放水质氨氮数据
pH	数值型	VD50	存放水质 pH 数据
DO	数值型	VD60	存放水质 DO 数据
电导率	数值型	VD66	存放水质电导率数据
盐度	数值型	VD78	存放水质盐度数据
浊度	数值型	VD40	存放水质浊度数据
水泵 1	开关型	Q0.0	控制水泵 1 启动、停止
水泵 2	开关型	Q0.1	控制水泵 2 启动、停止
水泵 3	开关型	Q0.2	控制水泵 3 启动、停止
电磁阀	开关型	Q0.3	控制电磁阀启动、停止
温度报警上限	数值型	—	存放被设置的温度报警上限值
氨氮报警上限	数值型	—	存放被设置的氨氮报警上限值
pH 报警上限	数值型	—	存放被设置的 pH 报警上限值
DO 报警上限	数值型	—	存放被设置的 DO 报警上限值
电导率报警上限	数值型	—	存放被设置的电导率报警上限值
盐度报警上限	数值型	—	存放被设置的盐度报警上限值
浊度报警上限	数值型	—	存放被设置的浊度报警上限值
温度报警下限	数值型	—	存放被设置的温度报警下限值
氨氮报警下限	数值型	—	存放被设置的氨氮报警下限值
pH 报警下限	数值型	—	存放被设置的 pH 报警下限值
DO 报警下限	数值型	—	存放被设置的 DO 报警下限值
电导率报警下限	数值型	—	存放被设置的电导率报警下限值
盐度报警下限	数值型	—	存放被设置的盐度报警下限值
浊度报警下限	数值型	—	存放被设置的浊度报警下限值
循环时间	数值型	VW400	存放时间 t_2
监测时间	数值型	VW450	存放时间 t_1
报警灯	开关型	M4.0	控制报警灯是否开启
历史数据	组对象	—	组成员为各类水质信息

根据表 3.18 通过设备编辑窗口添加 PLC 相关通道,并对变量和通道相关联,图 3.54 给出了设备编辑窗口下添加 PLC 的通道,通过选择通道类型、通道地址以及数据类型完成数据变量和 PLC 地址通道的映射。

在设置好工程变量后,本书以温度数据为例,给出了温度数据显示组态的设置、温度数据超标报警组态的设置、温度实时曲线及历史趋势组态的设置。首先在水质信息窗口利用工具箱设置一个标签,并在属性中设置为显示输出,点击显示属性。

然后将表达式关联为温度，单位为℃，并将其输出格式设置为浮点型输出，保留小数点后一位，其具体的设置如图 3.55 所示。

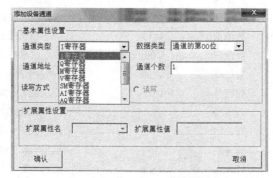

图 3.54　设置 PLC 相关通道

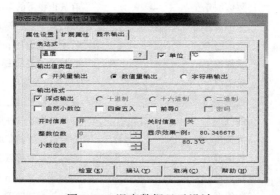

图 3.55　温度数据显示设计

在工具箱中添加两个输入框，其对应对象的名称为温度报警上限和温度报警下限，在运行时便可接收操作人员所输入的报警温度数据，这里需要注意温度报警上限和温度报警下限的输入范围。在工具箱内插入两个指示灯，一个显示由温度值过高所产生的高温报警；另一个显示由温度值过低所产生的低温报警。其中，红色指示灯闪烁效果设置为温度值>温度值报警上限；绿色指示灯闪烁效果设置为温度<温度值报警下限。以温度报警上限值为例，其具体设置如图 3.56 所示。

用上述方法完成其他水质参数的组态设计，其最后数据显示窗口界面如图 3.57 所示。

在温度实时曲线显示窗口添加数据实时曲线构件，在基本属性设置界面中增加 X 和 Y 方向的画线数目，并设置其颜色，在标注属性设置界面中设置时间格式、X 轴长度、标注间隔以及小数位。在笔画设置界面将曲线关联到温度值，便可完成温度曲线显示构件的设置。其具体的设置和曲线显示界面如图 3.58 所示。

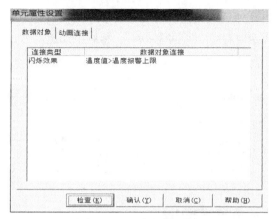

图 3.56　温度报警设置

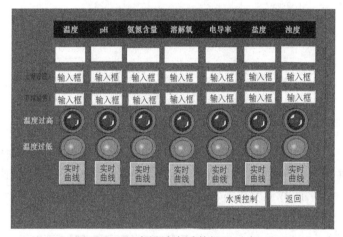

图 3.57　组态设计水质数据显示窗口

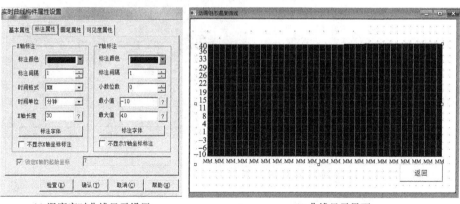

(a) 温度实时曲线显示设置　　　　　　　　　(b) 曲线显示界面

图 3.58　温度实时曲线显示设置和曲线显示界面

　　在实时数据库中添加历史数据，在属性设置界面中设置为组对象，并在存盘时间属性设置界面选择定时存盘，时间为 100s，然后添加组对象成员，其具体设置如图 3.59 所示。

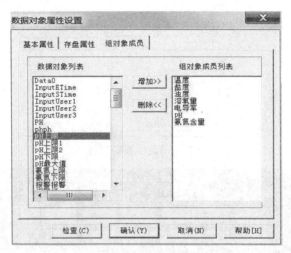

图 3.59　添加组对象

　　在用户窗口中双击"温度历史曲线"，在工具箱中添加历史曲线构件，在存盘属性设置界面中的存盘数据选择历史数据，曲线标识设置界面中，曲线内容设置为温度，在标注设置界面中设定时间格式以及曲线起始时间，温度历史曲线设置及显示界面如图 3.60 所示。以温度数据为例完成水质其他参数的实时曲线和历史曲线设置。

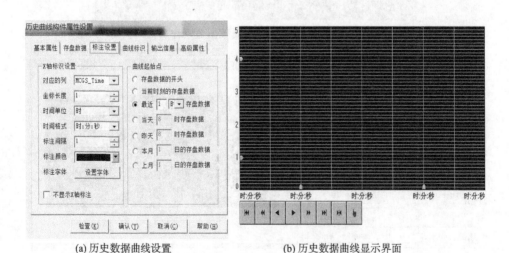

(a) 历史数据曲线设置　　　　　　(b) 历史数据曲线显示界面

图 3.60　温度历史曲线设置及显示界面

在用户窗口双击"水质控制"，添加四个按钮和两个输入框。完成对组态控制部分的功能设置。其中两个输入窗口分别与循环时间 t_2 和监测时间 t_1 相关联，需要注意的是，这里的输入时间单位为 s。四个按钮分别与 Q0.0、Q0.1、Q0.2 和 Q0.3 相关联，并在操作属性界面选择对对象的值进行取反操作。在工具箱中添加四个水箱，分别代表水源、水质监测箱、农业用水备用水箱、水质不合格水箱。并在工具箱中添加流动块，分别与 Q0.0、Q0.1、Q0.2 和 Q0.3 相关联，以 Q0.3 为例，其按钮设置及最后完成的水质控制组态界面如图 3.61 所示。

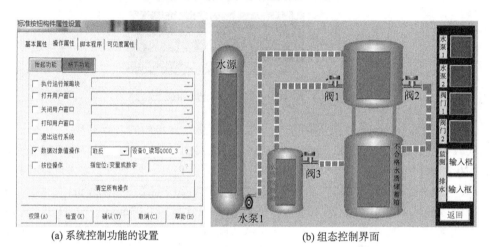

(a) 系统控制功能的设置　　　　　　　　　(b) 组态控制界面

图 3.61　按钮设置及最后完成的水质控制组态界面

利用 MCGS 组态软件完成下位机触摸屏的设置以及电脑端组态的设计，方便快捷地组建了优质高效的 PLC 水质远程监控系统，其具体的组态软件设计展示将会在 3.7 节给出展示。

3.7　水质监测系统测试及样机展示

3.7.1　Modbus 协议测试

本小节将利用网络串口助手，将 Modbus 协议通过虚拟串口 COM2 发送到云服务器，下位机通过 DTU 模块接收云服务器中的内容，并将反馈信息通过云端发送给虚拟串口 COM2，利用串口助手得到反馈回的信息以及下位机系统的动作便可检验 Modbus 协议的正确性。通过网络串口助手发送水质数据获取指令，这里需要注意，网络串口助手的端口号选择 COM2，波特率选择 115200，选择发送数据格式和显示格式为十六进制。图 3.62 给出了串口助手通过发送获取指令后得到的反馈信息。

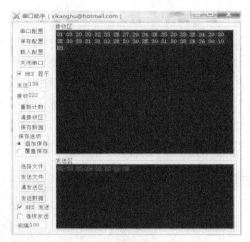

图 3.62　Modbus 数据获取协议的验证

　　通过发送 Modbus 数据获取指令，返回的信息包含水质的 7 类参数，其格式为 ASCII 类型：01 03 20 20 32 35 2E 37 20 34 2E 35 20 38 2E 34 20 30 2E 30 33 31 31 32 2E 30 30 2E 30 31 30 38 2E 36 00 10 B5。其中 01 为 PLC 从机地址，03 为功能码，20 表示空格，20 32 35 2E 37 表示温度值为 25.7℃，20 34 2E 35 表示 pH 为 4.5，20 38 2E 34 表示 DO 为 8.4，20 30 2E 30 33 表示氨氮含量为 0.03mg/L，31 31 32 2E 30 表示电导率为 112.0μs/cm，30 2E 30 表示盐度为 0.0，31 30 38 2E 36 表示浊度为 108.6NTU，00 10 B5 表示校验信息。

　　这里再发送一条水泵开启指令，由 3.6 节可知开启 1 号水泵的 Modbus 协议为 01 05 00 00 FF 00 8C 3A，通过串口助手发送该指令过后，PLC 水质监控系统的 1 号水泵开启，并通过串口助手返回状态信息，如图 3.63 所示。

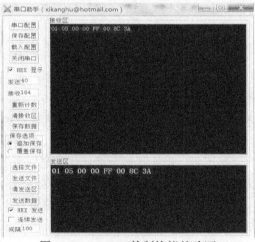

图 3.63　Modbus 控制协议的验证

通过发送开启指令，返回的信息为 16 进制的 ASCII 字符，01 05 00 00 FF 00 8C 3A，其中 01 为 PLC 从机地址，05 为功能码，写单个线圈(实际输出)，00 00 为 PLC 输出寄存器的地址，表示 Q0.0，FF 00 表示将该地址的寄存器置为高位，表示 Q0.0 闭合，水泵开始工作，8C 3A 表示校验信息。

通过网络串口助手很容易验证 Modbus 协议的正确性。经过多次测试，系统水质信息获取准确率高、系统控制延时性小，从而保证了系统无线远程传输的性能。

3.7.2　MCGS 组态测试

MCGS 组态包括嵌入式触摸屏的测试和电脑端组态测试最终完成的 PLC 水质远程监控系统触摸屏控制组态，如图 3.64 所示。图 3.64 中有四个按钮，可以实现对 PLC 水质监控系统的控制，两个输入框分别为智能模式下的监测时间和循环时间，这里可以输入设定时间。

图 3.64　系统触摸屏控制组态及控制功能测试

首先验证控制部分功能，按下右上角 1 号水泵按钮，此时 1 号水泵开始工作，触摸屏上的能流开始变动，监控水箱内不断有水注入。

然后将触摸屏切换到数据显示界面，该界面可显示水质的温度、pH、氨氮含量、DO、电导率、盐度和浊度参数，输入框可输入要设置的上下限报警值，如果产生报警，相应的指示灯会闪烁，并驱动报警灯。以温度为例，完成的系统水质数据显示界面及 MCGS 嵌入式触摸屏温度数据实时曲线如图 3.65。

　　通过 MCGS 通用版软件实现电脑端组态设计，其数据显示控制界面如图 3.66 所示。该界面可显示水质的温度、pH、氨氮含量、DO、电导率、盐度和浊度参数，查看水质实时曲线和历史曲线，并可以控制系统。

 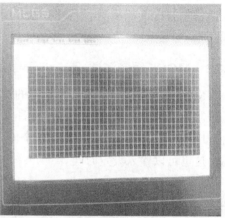

(a) 触摸屏数据显示界面　　　　　　　　　　　　　(b) 温度实时曲线

图 3.65　完成的系统水质数据显示界面及 MCGS 嵌入式触摸屏温度数据实时曲线

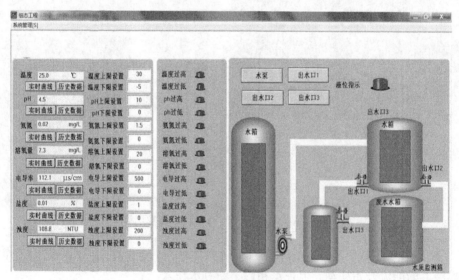

图 3.66　电脑端组态设计

　　电脑端组态可以查看水质的历史曲线变化情况。这里以温度为例，其历史曲线如图 3.67 所示。

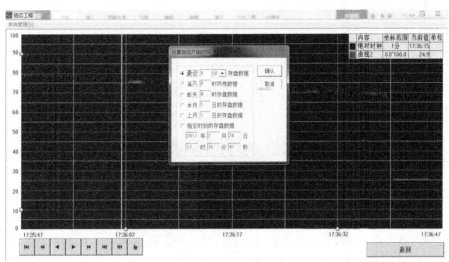

图 3.67　温度历史曲线

3.7.3　数据分析

　　本书使用标准的温度计、pH 测量仪器和电导率仪器对水质监测系统进行数据分析，并以温度、pH 和电导率为例给出了部分测量数据，其具体结果如表 3.19。

表 3.19　测试结果

T 标	T 测	误差	pH 标	pH 测	误差	K 标	K 测	误差
26.57	26.79	−0.22	7.20	7.37	0.17	191.85	183.21	8.64
27.34	27.28	0.06	9.20	9.29	0.09	228.31	226.65	1.66
27.51	27.54	−0.03	6.10	6.08	−0.02	219.94	222.14	−2.20
30.65	30.27	0.38	10.90	11.06	0.16	292.88	289.75	3.13
30.64	30.98	−0.34	10.40	10.26	−0.14	282.29	291.44	−9.15
30.96	31.23	−0.27	9.80	9.88	0.08	251.27	256.10	−4.84
31.67	31.62	0.05	5.20	5.14	−0.06	263.67	264.37	−0.70
35.74	35.53	0.21	1.30	1.35	0.05	308.52	301.12	7.40
39.78	39.91	−0.13	9.50	9.45	−0.05	236.53	243.44	−6.91
43.47	43.88	−0.41	8.30	8.34	0.04	200.35	210.87	−10.52

　　注：K 标表示用标准的仪器测得的电导率数值。K 测表示用本书研制的设备所测得的实验值。

　　本系统所测得的水质参数与标准的温度计、pH 测量仪器、电导率仪器进行误差分析。由表 3.19 可知，本系统的温度数据绝对误差小于 ±0.5℃，平均相对误差为 0.64%；系统的 pH 绝对误差小于 ±0.2，平均相对误差为 1.33%；系统的电导率绝对误差小于 ±15μs/cm，平均相对误差为 2.33%。以上测量数据的平均相对误差均小于 4%，满足系统所设计的要求，达到了项目的研发指标。

第4章　农业水质监测软件系统

4.1　软件设计的背景与意义

4.1.1　设计背景

水作为人类赖以生存的必备资源，其污染问题非常严重。据中华人民共和国环境保护部(环保部)发布的《2015中国环境状况公报》数据显示，全国现有城市黑臭污染水体多达2000条，全国967个地表水国控断面(点位)中，Ⅳ～Ⅴ类和劣Ⅴ类水质断面高达26.7%和8.8%。

面对水体环境严重污染的现状，环保部门、水利部门和普通大众日趋关注重点流域、农业用水及社区饮用水的水体环境质量，并逐渐将重要流域水质量监测和城市自来水水资源保护作为践行全民环保理念的重要工作。当前，以实验室化学分析为主导的传统水质监测方法已经很难满足人们对水质信息实时获取的急迫需求。

现阶段，随着物联网技术和现代通信技术在环保领域的深度融合应用，创新升级后的水质在线监测技术和系统已能较好地解决远程水质数据回传和水质检测信息化的问题。但是，现有系统的配套监测软件大都由Windows、MFC、LabVIEW、VC++、QT和组态王等PC端程序实现。该类软件不仅受限于底层硬件系统，而且专业性较强，操作过程烦琐，难以满足政府、企业及普通大众对水体环境的实时在线监测需求，因此系统普及率极低。

基于此，西安邮电大学物联网团队相关负责人于2014年申请并获批了陕西省教育厅服务地方专项计划项目(水质远程分析科学决策智能化环保系统的研制，项目编号:14JF022)。该项目从监测重要流域及城市社区水质方向着手，致力研发一套方便环保工作人员和普通大众群体的便携式、个性化水质实时监测系统。该系统主要由水质数据采集硬件系统(第3章已介绍)和智能移动设备客户端软件组成。该软件的研发符合时代潮流，迎合大众生活习惯，将进一步简化水质数据的获取途径，满足用户随时随地掌握水质信息的迫切需求。

4.1.2　设计意义

随着我国经济的持续快速发展和社会人口逐年增长等趋势，地表水环境受到了严重的破坏，且污染范围正在逐年扩大。重要流域水质的不断恶化不仅降低了水体的使用功能，制约了其周边农作物的产量和质量，加剧了我国水资源短缺的矛盾，还严重威胁着人民大众的生命安全，极大阻碍了我国可持续发展战略的有效实施。在这样的背景下，大力推动基于智能终端设备的水质在线监控平台或软件的研发，积极鼓励民众参与环境保护工作，不断提升国民环保意识等系列创新举措将对我国水资源管理和水体环境保护工作发挥巨大的作用。

此外，我国幅员辽阔，江河湖海众多，且农业用水遍及全国。加快水质监测系统的"智能化、智慧化"进程，实现全国水质数据实时在线监测，统一平台管理和各级数据共享等功能，对流域水体、污染源的实时管控和突发水质污染事故的预测预警等具有重要的社会意义。

本章设计的基于移动智能终端水质监控软件以 Android 系统为运行环境，可广泛应用于 Android 手机和 Pad 等移动终端设备，可以较好地解决现存问题。并且整套水质监控方案具有很强的可行性，只需将感知设备获取的水质数据传输到物联网云服务器，并通过数据分析中心服务器转发推送，即可在任何网络覆盖范围内通过 Android App 完成对目标水源地水质数据的实时监测和下位机节点的远程监控。因此，开发并推广 Android 手机水质远程监测软件，稳步开展实时监测、水质分析和全民环保等工作，不仅能够有效改善流域水体质量，提升百姓大众的幸福指数，而且可以保障我省乃至我国的农业用水安全并极大地促进农业产业增收。

4.2 软件整体介绍

4.2.1 软件框架介绍

本章设计开发的软件主要由移动智能手机客户端软件和自建云服务器端软件(详见第 5 章)两部分构成。移动智能手机客户端软件基于 Android 开源系统实现，通过设计网络数据爬虫算法实现对中华人民共和国环保部信息中心公开数据进行采集，采用 XML 文件解析算法和 SQLite 数据库语言集完成对全国重要流域和城市社区的水质信息的提取及分类存储，使用百度地图开发 API 实现实时水质数据的可视化和用户定位，采用 HTTP 通信协议实现手机客户端与私有云服务器之间的数据交换，最后借助 MPAndroidChart 开源图标库和转发分享算法实现数据报表的快速生成和一键转发。

4.2.2 整体功能介绍

本章在严格参考国家环境保护总局颁布的《地表水环境质量标准 GB 3838—2002》文件的前提下，借助物联网云平台和 Android 应用系统的独特优势，设计并给出一种基于网络数据爬虫技术的全国重点流域水质实时在线监测及数据可视化解决方案。该方案拟依托国控重点水系 148 个水文监测站、私有环保云服务器和用户自建水质在线监测设备等，并采用 Android 开源框架模型、Java 编程等技术，主要实现的功能包括全国重要流域水质数据信息实时采集功能、站点切换功能、水质等级分类功能、水质级别排名功能、监测数据可视化功能、水文数据分析功能、详细报表生成功能、监测图表社会化分享功能、用户 DIY 设备接入功能、用户个人信息展示及软件基础设置功能。

4.3　软件设计思想与方法

软件设计是指应用各种各样的技术和原理，并用它们定义一个设备、一个程序或系统的物理实现的过程[20]。软件设计可以使开发人员站在全局的高度上考虑问题，使用较少的成本，从较为抽象的层面上分析对比多种可能的系统实现方法和软件结构，从中选出最佳方案和最合理的软件结构，从而用较低成本开发出较高质量的软件系统。尽管软件设计与其他工程学科相比还处在幼年时期，如在方法更新、算法分析等方面仍然缺乏深度、适应性和定量性质。但现如今的软件技术已经存在，开发者在设计软件时需要参考与借鉴。一般而言，任意的软件工程产品或系统，在设计开发时，都要经历以下五个软件开发阶段[21]。

(1) 概要设计阶段：这个阶段的主要工作是解决如何将实际需求转换成软件框架，以及如何划分组成系统的物理元素(黑盒子级程序、需求文件、数据库、人工过程、其他计划文档等)问题。通常情况下，该阶段是确定软件的系统框架、软件的构成要素(子模块或功能模块)和每部分之间的关联关系。

(2) 详细设计阶段：这一阶段主要是对概要设计结果的进一步细化，其主要的任务是确定软件系统各组成成分内部的数据结构和算法过程。

(3) 方案规划阶段：在这一个阶段，分析员应该综合考虑各种可能实现的方案，并且从系统流程图、组成系统的物理元素清单、成本/效益模型和进度计划等多个角度分析，力求从中选出最佳方案。并根据概要设计阶段软件需求分析得出数据流程图，并设法将流程图中的各个模块成分进行同类分组。

(4) 系统实现阶段：该阶段主要侧重于编程实现数据库和软件各个子业务模块功能。程序实现系统中的功能方法：把模块组成良好的层次系统，顶层模块调用它的下层模块以实现程序的完整功能，每个下层模块再调用更下层的模块，从而完成程序的一个子功能，最下层的模块完成具体的功能。

(5) 软件测试阶段：该阶段主要完成对软件的各个子模块及整个系统的测试，如正确性测试、容错性测试、性能与效率测试和易用性测试等。

4.4　相关知识介绍

4.4.1　Java 语言概述

Java 是由 Sun Microsystems 公司推出的 Java 面向对象程序设计语言和 Java 平台的总称。由 James Gosling 和同事们共同研发，并在 1995 年正式推出。它是 1991 年为消费类电子产品的嵌入式芯片而设计的，最初被称为 Oak，1995 年更名为 Java。使用 Java 可以开发桌面应用程序、Web 应用程序、分布式系统和嵌入式系统应用程序等。

Java 作为一门面向对象编程语言，不仅吸收了 C++语言的各种优点，还摒弃了 C++语言中难以理解的多继承、指针等概念，因此 Java 语言具有功能强大和简单易用两个特征[22]。Java 语言作为静态面向对象编程语言的代表，极好地实现了面向对象理论，允许程序员以优雅的思维方式进行复杂的编程。

Java 具有以下特点。

(1) 简单性：相较于 C++语言，Java 取消了指针的语法，不需要关注内存分配和回收方面的问题。C++可以多继承，Java 类只能单继承(但支持接口之间的多继承，并支持类与接口之间的实现机制)，相对来说比较简单。

(2) 面向对象：程序员在使用 Java 语言进行编程时，更多的是注意数据和操纵数据的方法，而非实现过程。由于 Java 语言的面向对象具备抽象、封装、继承、多态等特性，在基于 Java 语言开发的系统中，类是程序的最小组织单元。

(3) 分布式：Java 语言支持 Internet 应用的开发，在基本的 Java 应用编程接口中有一个网络应用编程接口(javanet)，它提供了用于网络应用编程的类库，包括 URL、URLConnection、Socket、ServerSocket 等。Java 还具有远程方法激活机制，它是开发分布式应用的重要手段。

(4) 稳健性：Java 的稳健性主要体现在强类型机制、异常处理、废料自动收集等方面。

(5) 安全性：Java 中摒弃了使用指针操作内存的方法，取而代之的是通过对象的实例变量来实现，防止使用"特洛伊"等木马骗取私有成员变量。内置了诸如类型引用转换、自动垃圾收集、数组越界检查、空引用检查、异常结构化处理等安全特性。

(6) 可移植性：Java 体系结构的中立性决定了其的可移植性。另外，Java 还严格规定了各个基本数据类型的长度。Java 系统本身也具有很强的可移植性：Java 编译器是用 Java 实现的，Java 的运行环境是用 ANSI C 实现的。

(7) 多线程：运行中的程序都具备一个进程，每个进程包含一至多个线程。线程在所属的运行栈中独立执行，线程之间存在内存、数据等资源共享。Java 允许一个程序进程同时执行多个线程，并完成资源数据的共享操作，提供了丰富类与方法便捷用户创建和管理自定义的线程，从而极大地提高了程序开发效率，解决了 CPU 因等待资源而闲置的问题。

(8) 动态性：Java 是动态语言，能适应运行环境的变化。例如，很多类是从网络上获取的，实现了按需动态加载，有利于软件升级。

现有 Java 企业版(Java Enterprise Edition，JavaEE)、Java 标准版 (Java Standard Edition，JavaSE)和 Java 微机版(Java Micro Edition，JavaME)三种版本。

(1) JavaEE：平台企业版建立在 JavaSE 的基础上，它是一个为大企业主机级的计算类型而设计的 Java 平台。JavaEE 的核心是一组技术规范与指南，其中所包含的各类组件、服务架构及技术层次，均有共同的标准及规格，让各种依循 JavaEE 架构的不同平台之间存在良好的兼容性，JavaEE 的规范是这样定义 JavaEE 组件的：客户端应用程序和 Applet 是运行在客户端的组件；Java Servlet 和 Java Server Pages (JSP)是运行在服务器端的 Web 组件；Enterprise Java Bean(EJB)组件是运行在服务器端的业务组件。

(2) JavaSE：标准版本含有基本的 Java SDK、工具、运行时(Runtime)和 API，开发者可以用来编写、部署和运行 Java 应用程序和 Applet，另外，它还包括了早期的 Java 开发工具包，即 JDK(Java Development Kit)，如 JDK1.4、JDK1.8.x。

(3) JavaME：该版本是一种高度优化的 Java 运行环境，主要针对消费类电子设备，如蜂窝电话和可视电话、数字机顶盒、汽车导航系统等。

本书中第 5 章研究的私有云服务器和本章实现的 Android 客户端软件分别采用了 JavaEE 和 JavaSE 技术。当编辑并运行一个 Java 程序时，需要同时涉及 Java 编程语言、Java 类文件格式、Java 虚拟机和 Java 应用程序接口。使用文字编辑软件(如记事本、写字板、UltraEdit 等)或集成开发环境(Eclipse)在 Java 源文件中定义不同的类，通过调用类(这些类实现了 Java API)中的方法来访问资源系统，把源文件编译生成一种二进制中间码，存储在 class 文件中，然后再通过运行与操作系统平台环境相对应的 Java 虚拟机来运行 class 文件，执行编译产生的字节码，调用 class 文件中实现的方法来满足程序的 Java API 调用的需求。

4.4.2 Android 简介

Android 以全身绿色的机器人为 LOGO，中文名被国内用户称为"安卓"，是由 Google 和开放手持联盟(Open Handset Alliance，OHA)联合开发，共同推出的一个基于开放源码许可证的移动设备旗舰软件，自 2007 年 1 月 Android 1.0 beta 推出以来，先后更新了 Android1.1、Android1.5 Cupcake、Android1.6 Donut 等十余个版本。Android 操作系统基于 Linux 内核设计，使用了 Google 公司自己开发的 Dalvik Java 虚拟机。开发人员在 Android 平台上开发的全部应用软件都是基于 Java 编程语言实现。Android 操作系统已经成为全球最大的智能手机操作系统，其使用了软件堆层的架构。

Android 系统架构由五部分组成，从下到上共分为四层，各层功能如表 4.1 所示。

表 4.1 Android 系统框架各层功能概述

层级	组成部分	子系统/组件	描述
内核层	Linux Kernel	—	为 Android 的核心系统服务，如安全性、内存管理、进程管理、网络协议栈和驱动模型等提供依赖
系统运行库层	Android Runtime	核心库	既兼容大多数 Java 语言所需要调用的功能函数，又包括 Android 的核心库
		Dalvik 虚拟机	主要完成对生命周期、堆栈、线程、安全和异常的管理以及垃圾回收等重要功能
	Libraries	Surface Manager	管理访问显示子系统和无缝组合多个应用程序的二维和三维图形层
		Media Framework	基于 PacketVideo 的 OpenCORE，可以播放和录制多种主流的音频和视频格式以及静态图像文件
		SQLite	轻量级的关系数据库引擎
		OpenGL EState	基于 OpenGL ES 1.0 APIs 的实现，库使用硬件 3D 加速或包含高度优化的 3D 软件光栅
		FreeType	位图和矢量字体渲染
		WebKit	驱动 Android 浏览器和内嵌的 Web 视图
		SGL	2D 图形引擎
		SSL	为数据通信提供支持
		Libc	标准 C 系统库(libc)的 BSD 衍生
应用框架层	Application Framework	活动管理器	管理程序生命周期，提供通用的导航回退功能
		窗口管理器	管理来自于不同 Activity 以及系统的窗口
		内容提供者	使应用程序能访问其他程序的数据
		视图系统	丰富的、可扩展的视图集合，包括列表、网格等
		通知管理器	使所有的应用程序能够在状态栏显示自定义警告
		包管理器	实现应用包 APK 的解析、安装、更新、卸载
		电话管理器	用于管理手机通话状态，获取电话信息，侦听电话状态以及调用电话拨号器拨打电话
		资源管理器	提供访问非代码资源，如布局文件
		位置管理器	提供了一系列与地理位置相关的服务
		XMPP 服务	基于 XML 实现任意两个网络终端实时的交换结构化信息的通信协议
应用程序层	Applications	活动	一个 Activity 通常就是一个单独的屏幕，它可以显示控件和监听用户行为事件
		服务	负责更新数据源及触发通知响应
		广播接收器	通过创建和注册一个 Broadcast Receiver,应用程序可以监听符合特定条件的广播的 Intent，并响应
		内容提供商	提供共享的数据存储，用来管理和共享数据库
		意图	简单的消息传递框架
		通知	负责实现用户通知的框架

Android 开发中常用五大布局分别是 LinearLayout(线性布局)、RelativeLayout (相对布局)、AbsoluteLayout(绝对布局)、TableLayout(表格布局)和 FrameLayout(帧布局)。

(1) LinearLayout：线性布局是极为常用的布局策略，它会将它所包含的控件在线性方向上依次排列。每一个线性布局里又可通过 android:orientation 属性为其指定排列方式(垂直或水平)。

(2) RelativeLayout：相对布局可以理解为以某一个元素为参照物，来定位的布局方式。主要属性有：相对于某一个元素 android:layout_below、android:layout_toLeftOf，相对于父元素 android:layout_alignParentLeft、android:layout_alignParentRigh。

(3) AbsoluteLayout：绝对布局用 X、Y 坐标指定元素的位置，因为手机的屏幕大小与分辨率都千差万别，同一应用软件在不同环境运行时往往会出现位置错乱问题，所以其在极少的情况下被使用。

(4) TableLayout：每个 TableLayout 里面有表格行 TableRow，TableRow 里面可以具体定义每一个元素。

(5) FrameLayout：帧布局会默认把其他子控件放置到布局所在区域的左上角，由于这种布局方法没有任何定位方式，它应用的场景并不多。帧布局的大小由控件中最大的子控件决定，如果控件的大小一样，那么同一时刻就只能看到最上面的那个组件，后续添加的控件会覆盖前一个。

4.4.3　MySQL 数据库

MySQL 是一种开放源代码的关系型数据库管理系统 (relational database management system，RDBMS)，由瑞典 MySQL AB 公司开发，目前属于 Oracle 公司。RDBMS 是建立于关系模型基础之上，借助于集合和代数等数学概念和方法来处理数据库中的数据。MySQL 数据库系统最常使用的数据库管理语言——结构化查询语言(SQL)进行数据库管理。MySQL 是开放源代码的，任何开发者都可以在 General Public License 的许可下下载并根据个性化的需要对其进行修改。MySQL 由于其速度、可靠性和适应性而备受关注。大多数开发者认为，在不需要事务化处理的情况下，MySQL 是管理内容最好的选择。目前，MySQL 是世界上排名第一的开源数据库，被广泛应用于几千多家 ISV 和 OEM 的产品中。

该数据软件采用了双授权政策，分为社区版和商业版，由于其体积小、速度快以及总体拥有成本低等特点，一般中小型网站的开发都选择 MySQL 作为网站数据库。同时，由于其社区版性能卓越，搭配 PHP 和 Apache 可组成良好的开发环境。

从功能、性能以及其易用性方面将 MySQL 和其他主流的数据库进行比较，MySQL 数据库具有以下特点。

(1) 特点鲜明：数据以表格的形式出现，每行为各种记录名称，每列为记录名称所对应的数据域，许多的行和列组成一张表单，若干的表单组成一个数据库。

(2) 功能完整：尽管与专业数据库软件 PostgreSQL 暂时无法比拟，但完全可以满足人们的通用商业需求，能为开发者提供足够强大的数据存储服务。

(3) 高效易用：在软件安装方面，MySQL 安装包大小仅 100MB 左右，安装方法也比 Oracle 等商业数据库容易很多；在数据库创建方面，MySQL 仅仅需要一个简单的 CREATE DATABASE 命令即可在瞬间完成建库的动作，而 Oracle 数据库与之相比，创建一个数据库简直就是一个庞大的工程。

鉴于 MySQL 数据库软件的开源免费、功能完整和高效易用等特点及优势，本书构建的云服务器将采用 LATMP 组合开发方案，即以 Linux 作为操作系统，Apache HTTP Server 作为 Web 服务器，Tomcat 作为应用服务器，MySQL 作为数据库，PHP 作为服务器端脚本解释器，具体设计实现方案将在后续章节详细介绍。

4.4.4　SQLite 数据库

SQLite 是一个轻量级关系型数据库，早期是由 D.RichardHipp 为嵌入式设备定制的公有领域项目。SQLite 由 SQL 编译器、内核、后端以及附件四个部分组成。它通过利用虚拟机和虚拟数据库引擎，使得调试、修改和扩展 SQLite 的内核变得更加方便。所有 SQL 语句都被编译成易读的，可以在 SQLite 虚拟机中执行的程序集。

袖珍型的 SQLite 不仅可以支持高达 2TB 大小的数据库，而且实现了自给自足、无服务器、零配置、事务性的 SQL 数据库引擎。作为零配置数据库，用户不需要在系统中做任何配置。与其他主流数据库类似，SQLite 引擎并非一个单独的进程，它可以按应用程序需求进行静态或动态连接，其存储文件也可以被直接访问。

此外，由于 SQLite 数据库支持 NULL(空值)、INTEGER(整型值)、REAL(浮点值)、TEXT(字符串文本)和 BLOB(二进制对象)数据类型，支持 SQL92(SQL2)标准的大多数查询功能，支持 UNIX(Linux, mac OS-X, android, iOS)和 Windows(Win32, WinCE, WinRT)系统设备，且提供了简单易用的 API 接口，因此各类版本被广泛应用与 Apple、Google 和 Sun 等知名公司和 Mozilla、PHP 和 Python 等大型开源项目中。

针对本书中的实际限制和整体功能要求，作者借用 SQLite 的上述优势，选用 SQLite3 版本作为水质监测软件 Android 客户端数据库，本书主要用到的数据库操作语言(命令、子句、运算符、函数)及其具体描述如表 4.2 所示。

表 4.2　数据库操作语言

操作语言	描述
CREATE 命令	创建一个新的表，一个表的视图，或者数据库中的其他对象
ALTER 命令	修改数据库中的某个已有的数据库对象，比如一个表
DROP 命令	删除整个表，或者表的视图，或者数据库中的其他对象
INSERT 命令	创建一条记录
UPDATE 命令	修改记录

续表

操作语言	描述
DELETE 命令	删除记录
SELECT 命令	从一个或多个表中检索某些记录
Where 子句	指定从一个表或多个表中获取数据的条件
LIMIT 子句	限制由 SELECT 语句返回的数据数量
ORDER BY 子句	基于一个或多个列按升序或降序顺序排列数据
AND/OR 运算符	编译多个条件来缩小在 SQLite 语句中所选的数据
COUNT 函数	聚集函数是用来计算一个数据库表中的行数
SUM 函数	聚合函数允许为一个数值列计算总和
sqlite_version 函数	返回 SQLite 库的版本

4.4.5 网络数据爬虫技术

1. 爬虫原理

网络爬虫(Web crawler)，是一种按照一定的规则，自动地抓取万维网信息的程序或者脚本。爬虫技术一般由网络数据采集，信息处理和数据存储三个部分组成。鉴于其高效检索效率，近年来被广泛应用于海量数据检索和互联网搜索引擎。采用数据爬虫技术可以设计出高效的下载系统，从而实现在极短时间内将海量网页数据传送到本地数据库，并在本地形成网页的镜像备份文件，以便深入提取和分析。目前，爬虫框架较为成熟的方案有以下两种。

(1) 典型爬虫方案：该方案原理较为简单，首先从一个或多个种子网页链接统一资源定位符(uniform resource locator, URL)开始，将页面用正则表达式取出处理，得到原始页面上所有的 URL 后，存入队列、链表等特定数据结构，然后分别下载队列中的 URL 指向的页面。在抓取网页的过程中，不断从当前页面上抽取新的 URL 放入等待抓取的 URL 队列，直到满足用户预设的某一特定停止条件。

(2) 聚焦爬虫方案：该方案工作流程较为复杂，首先，需要根据一定的网页分析算法过滤与主题无关的链接，保留有用的链接并将其放入等待抓取的 URL 队列。其次，它将根据一定的搜索策略从队列中选择下一步要抓取的网页 URL，并重复上述过程，直到达到系统的某一条件时停止。最后，所有被爬虫抓取的网页将会被系统存贮，进行分析、过滤，并建立索引，以便之后的查询和检索；对于聚焦爬虫，这一过程所得到的分析结果还可能对以后的抓取过程给出反馈和指导[23]。

以本书研发的水质监测软件 Android 客户端设计为例，在实现全国水质数据和全国城市社区饮用水信息实时采集时，作者采用了聚焦爬虫技术方案，基本实现原理如图 4.1 所示。

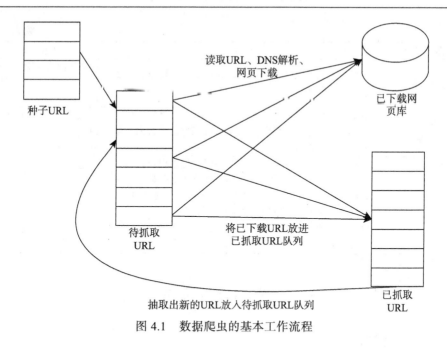

图 4.1　数据爬虫的基本工作流程

　　首先,按照水质监测软件的实际需求精心挑选一部分种子 URL,并将这些 URL 放入待抓取 URL 队列;其次,从待抓取 URL 队列中取出待抓取在 URL,解析 DNS,得到主机的 IP,并将 URL 对应的网页下载下来,存储到已下载网页库中;然后,将这些 URL 放进已抓取 URL 队列;最后,分析已抓取 URL 队列中的 URL,分析其中的其他 URL,并且将 URL 放入待抓取 URL 队列,从而进入下一个循环。值得注意的是,设计程序时需要预设一个退出机制或停止条件,当程序运行满足该条件时自动结束整个爬虫过程。

　　2. 抓取策略

　　抓取策略是程序或脚本在执行网页信息检索运算过程中所遵循的某一个(些)标准或规则。在网络爬虫系统中,抓取策略可以指导程序算法以某种信息过滤策略和优先提取算法快速、有效地排列出待抓取的 URL 队列。常见的抓取策略对比见表 4.3。

表 4.3　常见的抓取策略对比

抓取策略	原理描述	特点
深度优先遍历	从起始页开始,按照链接依次跟踪,处理完一条线路后,再转入下一个起始页,继续跟踪链接	易使爬虫系统陷入一个网站内部
宽度优先遍历	先抓取起始网页中链接的所有 URL 放入待抓取 URL 队列,然后选择其中的一个 URL,继续抓取在此网页中链接的所有网页,并将提新网页取到的链接直接放入待抓取 URL 队列的末尾	能够较好的搜索比较靠近网站首页的网页信息

续表

抓取策略	原理描述	特点
反向链接数	根据该网页被其他链接指向的数量来评价推荐的重要程度，并用该指标决定不同网页的抓取顺序	在真实网络环境中，易受广告链接和作弊链接的影响
非完全 PageRank	根据下载 URL 和待抓取 URL 队列中的网页链接构成网页集合，计算每个网页的 PageRank 值并正序排列，且将排序结果作为抓取顺序	算法适用于某个领域内熟知度较高的关键点应用场景
OPIC	算法开始前，给所有页面一个相同的初始现金，当下载了某个页面 P 之后，将 P 的现金分摊给所有从 P 中分析出的链接，并且将 P 的现金清空。对于待抓取 URL 队列中的所有页面按照现金数进行排序	易造成首页及栏目页过量抓取，导致抓取质量较差
大站优先	根据所属的网站信息对待抓取 URL 队列中的全部网页进行分类，待下载页面数多的网站优先下载	倾向于优先下载大型网站数据

4.5　客户端软件需求分析

4.5.1　功能性需求

本章设计实现的 Android 水质监测客户端软件以保障农业用水安全为目标，采用"先监测、后灌溉"的设计理念完成实际需求分析，并采用面向对象的分析方法，通过分析软件定位、组织架构和现有业务等，得出整体业务需求，概况为以下内容。

Android 客户端水质监测软件需要独立设计 App 功能导航策略和水质监测框架，解决水质数据实时采集、分类存储、可视化分析和数据共享等问题。在国家现有水质监测信息和知名企业公开数据的基础上，围绕环保在线监测软件建设目标，依据国家级、省级、市级、县级和环保行业现行标准和规范，整合现有物联网采集层水质信息感知设备和通信协议，搭建高效、可扩展的远程在线水质监测框架，实现切实可行的水质监测功能。

作者设计的水质监测软件以实时监测和数据可视化为主，以水文数据分析和水质预测为辅，具体功能需求如图 4.2 所示。

(1) 软件基础业务模块：主要包括程序框架搭建、软件启动、使用引导、登录退出功能和参数设置功能等。

(2) 数据采集解析模块：抓取环保部公开网页获得原始数据源，解析并采集全国 148 个重要流域断面、内陆湖泊的经度、纬度、河流名称、断面名称、所属流域、pH、氨氮含量、DO、高锰酸盐指数(COD_{Mn})和级别(Level)等地理位置和水质参数信息；同样，采集并解析亿家净水官方公开的全国省、市(直辖市)、县(区)和社区的名称，饮用水总溶解固体(total dissolved solids, TDS)值和余氯含量信息。

(3) 存储查询模块：完成软件数据库中用户信息表、流域信息表、河流信息表

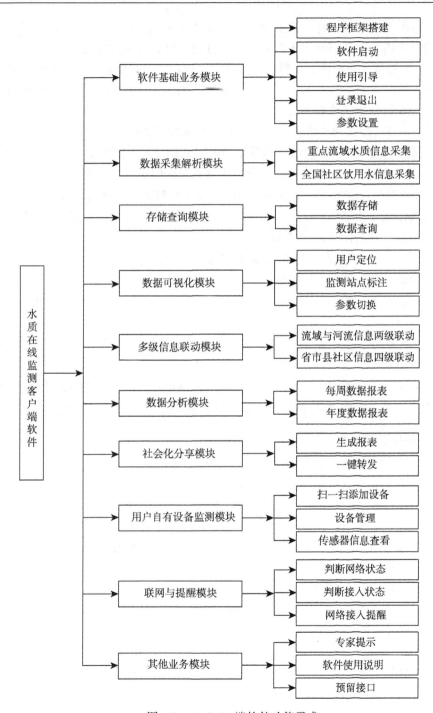

图 4.2　Android 端软件功能需求

和水质数据表的设计,将大量不同类型的数据信息准确存储到 SQLite 数据库中。使用数据库语言设计不同需求的数据返回方法,为展示模块提供有用信息。

(4) 数据可视化模块:该模块主要实现定位用户当前位置和标注水质监测站点的功能。采用百度基础地图包、百度定位接口和自定义标注方案将专业性较强的数据转化为通俗易懂的波形图表。

(5) 多级信息联动模块:一方面可实现流域级信息和河流级信息的联动,完成全国水文站点切换、所有河流每周数据报表和某条河流年度数据报表切换功能;另一方面可完成省级、市级、县级和小区级位置和饮用水信息的联动。

(6) 数据分析模块:本模块主要实现水质各参数指标等级判别与分类统计,全国范围内流域水质等级排名,周、年数据报表(水质等级占比、水质各参数变化趋势、监测站点监测详情)展示等功能。

(7) 社会化分享模块:调用 Android 系统自带的分享组件设计自定义分享方案,满足用户随时随地转发水质监测报表的业务需求。

(8) 用户自有设备监测模块:该模块主要满足对用户自有水质监测设备的绑定和管理。

(9) 联网与提醒模块:实现自动连接网络,优先使用 WIFI 热点、网络断开自动重连和请求失败多种方式自动提醒功能。

(10) 其他业务模块:该部分主要包含专家提示功能、软件使用说明、流域水质监测标准、小区饮用水水质知识普及和软件功能扩展预留接口等功能。

4.5.2 非功能性需求

4.5.1 小节中,Android 手机软件业务需求是本章研究的重要内容之一,为了保障上述业务的正常开展,还需要满足以下非功能性需求。

(1) 软件开发环境需求:客户端软件编写时需要使用 Java 语言,并在装有 64 位操作系统的电脑上搭建 Android 应用程序开发环境。具体需求软件包括 Java 开发工具箱,(Java SE Development Kit, JDK),Java 应用程序及 Android 开发的集成开发环境 (integrated development environment, IDE)-Eclipse,Android 应用程序所需的 API 库和构建、测试和调试 Android 应用程序所需的开发工具 Android SDK(software development kit)和 Android 应用的模拟创建,运行和调试的 ADT(android development tools)等。

(2) 硬件开发环境需求:为了保证 Android 软件开发和测试时运行的流畅度,本章需要一台能够兼容 Android 2.1 到 Android 6.0 各个版本,RAM 不小于 2G,ROM 不小于 4G 的智能手机。手机屏幕尺寸以 5.2 英寸和 6 英寸为主(1 英寸=2.54cm),屏幕分辨率以 1080 像素×1920 像素为主。

(3) 软件性能需求:满足规模化应用需求,能正常响应不小于 1000 人同时在线请求。在 2G、3G 接网模式下,用户操作响应时间小于 5s。在 4G 和 WIFI 接网模式下，页面加载和数据更新速度小于 2s。当客户端软件闪退或异常终止，可以及时输出错误运行的信息。

4.6　数据库设计

4.6.1　重点水系信息表

流域信息表主要用于定义和存储国家环保部对外公开的全国范围内重点水系的基础信息。表中字段 RiverId 表示不同水系的编号，其中 1000 表示松花江流域，1100 表示辽河流域，1200 表示海河流域，1300 表示淮河流域，1400 表示黄河流域，1500 表示长江流域，1600 表示珠江流域，1700 表示海南岛内河，1800 表示浙闽河流，1900 表示西南诸河，2000 表示内陆流域，2100 表示太湖流域，2200 表示巢湖流域，2300 表示滇池流域，2400 表示其他大型湖泊。具体字段命名及说明见表 4.4。

表 4.4　流域信息表

字段名称	含义说明
_id	自增长行数
RiverId	水系编号
RiverName	流域名称

创建流域信息表的指令集如下。

```
CREATE TABLE "Student" (
    "_id" TEXT (20) NOT NULL,
    "RiverId" TEXT (20) NOT NULL,
    "RiverName" TEXT (20) NOT NULL,
    PRIMARY KEY ("_id" )
);
```

4.6.2　监测站点表

监测站点表以 RiverChild 命名，以 RiverChildName 为主键，主要存储监测站点编号、监测站点名称、监测站点所属河流的名称、横断面信息、所属水系编号、经度信息、纬度信息和流域图等数据信息，各个字段名称和含义说明见表 4.5。其中 RiverChildId 为监测站点编号，取值范围 1～148，分别用来表示不同流域水质监测站点。

表 4.5　监测站点表

字段名称	含义说明
_id	自增长行数
RiverChildId	监测站点编号
RiverChildName	监测站点名称

续表

字段名称	含义说明
RiverName	监测站点所属河流的名称
RiverInfo	横断面信息
RiverId	所属水系的编号
Lat	经度信息
Lng	纬度信息
ImageId	流域图

创建监测站点表的指令集如下。

```
CREATE TABLE "Student" (
    "_id" TEXT ( 20 ) NOT NULL,
    "RiverChildId" TEXT ( 20 ) NOT NULL,
    "RiverChildName" TEXT ( 20 ) NOT NULL,
    "RiverName" TEXT ( 20 ) NOT NULL,
    "RiverInfo" TEXT ( 20 ) NOT NULL,
    "RiverId" TEXT ( 20 ) NOT NULL,
    "Lat" TEXT ( 20 ) NOT NULL,
    "Lng" TEXT ( 20 ) NOT NULL,
    "ImageId" TEXT ( 20 ) NOT NULL,
    PRIMARY KEY ( "_id" )
);
```

4.6.3　水质数据表

水质数据表以字段 RiverData 为表名，以水质监测站点名称字段 RiverChildName 为主键，主要存储流域、河流和湖泊的水文数据信息，具体字段命名及说明见表 4.6。

表 4.6　水质数据表

字段名称	含义说明
_id	自增长数据个数
RiverChildName	监测站点名称
Year	年
Week	周
pH	水质 pH 参数
DO	DO 参数
COD_{Mn}	高锰酸盐指数
NH_3N	氨氮含量
Level	水质等级
State	监测站点状态信息

表中字段 Level 代表水质等级，按照《中华人民共和国地表水环境质量标准》，依据地表水水域环境功能和保护目标，我国水质按功能高低依次分为 I ～ V 五类，各个等级划分标准见表 4.7。

表 4.7　水质等级划分标准表

序号	项目	Ⅰ类	Ⅱ类	Ⅲ类	Ⅳ类	Ⅴ类
1	pH(无量纲)			6～9		
2	DO	饱和率≥90%(或 7.5)	≥6	≥5	≥3	≥2
3	高锰酸盐指数 (COD_{Mn})	≤2	≤4	≤6	≤10	≤15
4	氨氮含量	≤0.15	≤0.5	≤1	≤1.5	≤2

创建水质数据表的指令集如下。

```
CREATE TABLE "Student" (
    "_id" TEXT ( 20 ) NOT NULL,
    "RiverChildName" TEXT ( 20 ) NOT NULL,
    "RiverChildName" TEXT ( 20 ) NOT NULL,
    "Year" TEXT ( 20 ) NOT NULL,
    "Week" TEXT ( 20 ) NOT NULL,
    "pH" TEXT ( 20 ) NOT NULL,
    "DO" TEXT ( 20 ) NOT NULL,
    "CODMn" TEXT ( 20 ) NOT NULL,
    "NH3N" TEXT ( 20 ) NOT NULL,
    "Level" TEXT ( 20 ) NOT NULL,
    "State" TEXT ( 20 ) NOT NULL,
    PRIMARY KEY ( "_id" )
);
```

4.6.4　省级数据表

省级数据表以省级(包括直辖市)编号 ProvinceId 为主键,定义了全国 31 个省份的信息,其中 100000～100030 分别代表北京、上海、浙江等。表中具体字段名称及含义说明见表 4.8。

表 4.8　省级数据表

字段名称	含义说明
_id	自增长数据个数
ProvinceId	省级编号
ProviceName	省级名称
TDS	总溶解固体含量
RC	水中余氯含量
Url	数据在云端存储的地址
Level	全国省级中的排名信息

创建省级数据表的指令集如下。

```
CREATE TABLE "Student" (
    "_id" TEXT ( 20 ) NOT NULL,
```

```
    "ProvinceId" TEXT ( 20 ) NOT NULL,
    "ProviceName" TEXT ( 20 ) NOT NULL,
    "TDS" TEXT ( 20 ) NOT NULL,
    "RC" TEXT ( 20 ) NOT NULL,
    "Url" TEXT ( 20 ) NOT NULL,
    "Level " TEXT ( 20 ) NOT NULL,
);
```

4.6.5　市级数据表

市级数据表以 City 命名，字段定义与省级数据表类似，其中 CityId 表示城市编号。例如：100031 为北京，100048 为上海，100066 为天津，100083 为重庆，100122 为安庆，103037 为玉溪。表中各个字段命名与代表意义见表 4.9。

表 4.9　市级数据表

字段名称	含义说明
_id	自增长数据个数
CityId	市级编号
CityName	市级名称
TDS	总溶解固体含量
RC	水中余氯含量
Url	数据在云端存储的地址
Level	在全国省级中的排名信息

创建市级数据表的指令集如下。

```
CREATE TABLE "Student" (
    "_id" TEXT ( 20 ) NOT NULL,
    "CityId" TEXT ( 20 ) NOT NULL,
    "CityName" TEXT ( 20 ) NOT NULL,
    "TDS" TEXT ( 20 ) NOT NULL,
    "RC" TEXT ( 20 ) NOT NULL,
    "Url" TEXT ( 20 ) NOT NULL,
    "Level " TEXT ( 20 ) NOT NULL,
);
```

4.6.6　县级数据表

县级数据表主要用于存储县级(包括县级市、区)编号，名称，所属市级编号，所属省级编号等信息。该表以 Area 命名，以县级编号 AreaId 为主键。县级编号具体表示：102915 代表昌宁县，102916 代表龙陵县，102917 代表隆阳区，102918 代表施甸县，102924 代表牟定县，102925 代表南华县。表中各个字段命名与代表意义见表 4.10。

表 4.10　县级数据表

字段名称	含义说明
_id	自增长数据个数
AreaId	县级编号
AreaName	县级名称
CityId	所属城市的编号
ProvinceId	所属省份的编号
TDS	总溶解固体含量
RC	水中余氯含量
Url	数据在云端存储的地址
Level	在所属县中的排名信息

创建县级数据表的指令集如下。

```
CREATE TABLE "Student" (
    "_id" TEXT ( 20 ) NOT NULL,
    "AreaId" TEXT ( 20 ) NOT NULL,
    "AreaName" TEXT ( 20 ) NOT NULL,
    "CityId" TEXT ( 20 ) NOT NULL,
    "ProvinceId" TEXT ( 20 ) NOT NULL,
    "TDS" TEXT ( 20 ) NOT NULL,
    "RC" TEXT ( 20 ) NOT NULL,
    "Url" TEXT ( 20 ) NOT NULL,
    "Level" TEXT ( 20 ) NOT NULL,
);
```

4.6.7　社区数据表

社区数据表字段定义方式与县级数据表类似，主要存储小区监测点名称，所属县的编号，所属城市的编号，所属省份的编号和饮用水数据等信息，详见表 4.11。表中字段 HouseName 可取：馨和家园、天宝华苑东门、海滨街道纪家园村村民委员会、京津新城桃园 8 区、三岔口村、钰华街道姜庄村村委会、宝星花园、五里台村、岳园小区东门等小区名称。

表 4.11　社区数据表

字段名称	含义说明
_id	自增长数据个数
HouseName	小区监测点名称
AreaId	所属县的编号
CityId	所属城市的编号
ProvinceId	所属省份的编号
TDS	总溶解固体含量
RC	水中余氯含量
Level	在所属小区中的排名信息

创建社区数据表的指令集如下。

```
CREATE TABLE "Student" (
    "_id" TEXT (20) NOT NULL,
    "HouseName" TEXT (20) NOT NULL,
    "AreaId" TEXT (20) NOT NULL,
    "CityId" TEXT (20) NOT NULL,
    "ProvinceId" TEXT (20) NOT NULL,
    "TDS" TEXT (20) NOT NULL,
    "RC" TEXT (20) NOT NULL,
    "Level" TEXT (20) NOT NULL,
);
```

4.7　软件业务功能实现

4.7.1　开发环境搭建

搭建软件开发环境是软件开发的重要环节之一，环境的正确搭建将为后续工作的有序开展奠定坚实的基础。对 Android 软件开发而言，搭建一个完整的开发环境需要经历以下五个步骤。

(1) 访问 http://www.oracle.com/technetwork/java/javase/downloads/index.html，选择电脑对应的版本下载 JDK，本例使用 Windows x64 jdk-8u20-windows-x64.exe，官方下载页面如图 4.3 所示。安装包将 JDK 和 JRE 安装到相同的目录，安装路径如图 4.4 所示。

Product / File Description	File Size	Download
Linux x86	135.24 MB	⬇ jdk-8u20-linux-i586.rpm
Linux x86	154.87 MB	⬇ jdk-8u20-linux-i586.tar.gz
Linux x64	135.6 MB	⬇ jdk-8u20-linux-x64.rpm
Linux x64	153.42 MB	⬇ jdk-8u20-linux-x64.tar.gz
Mac OS X x64	209.11 MB	⬇ jdk-8u20-macosx-x64.dmg
Solaris SPARC 64-bit (SVR4 package)	137.02 MB	⬇ jdk-8u20-solaris-sparcv9.tar.Z
Solaris SPARC 64-bit	97.09 MB	⬇ jdk-8u20-solaris-sparcv9.tar.gz
Solaris x64 (SVR4 package)	137.16 MB	⬇ jdk-8u20-solaris-x64.tar.Z
Solaris x64	94.22 MB	⬇ jdk-8u20-solaris-x64.tar.gz
Windows x86	161.08 MB	⬇ jdk-8u20-windows-i586.exe
Windows x64	173.08 MB	⬇ jdk-8u20-windows-x64.exe

图 4.3　Oracle 官方资源下载页面

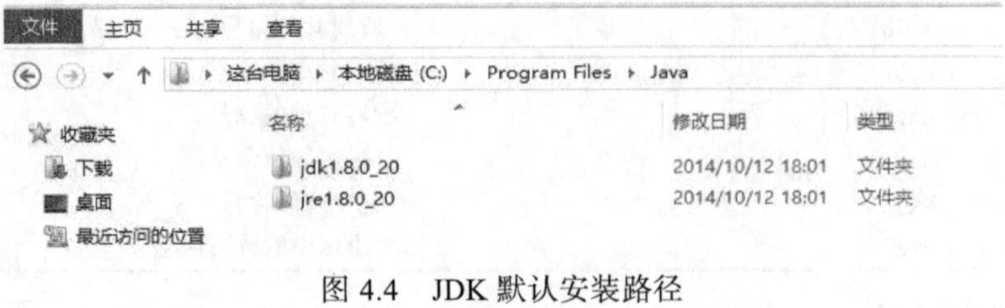

文件　主页　共享　查看			
← → ↑ 📁 ▸ 这台电脑 ▸ 本地磁盘 (C:) ▸ Program Files ▸ Java			
	名称 ^	修改日期	类型
☆ 收藏夹			
📁 下载	📁 jdk1.8.0_20	2014/10/12 18:01	文件夹
📁 桌面	📁 jre1.8.0_20	2014/10/12 18:01	文件夹
📁 最近访问的位置			

图 4.4　JDK 默认安装路径

（2）配置 JAVA_HOME 变量值为 JDK 在当前电脑上的安装路径：C:\Program Files\Java\jdk1.8.0_20，利用%JAVA_HOME%作为 JDK 安装目录的统一引用路径。在 Path 系统变量现有的基础上追加字符";%JAVA_HOME%\bin;%JAVA_HOME%\jre\bin"。

（3）访问 http://www.eclipse.org/downloads/，根据电脑环境选择 32bit 或 64bit 版本下载 Eclipse Neon 压缩包(如图 4.5)，下载后直接将解压包解压即可。

图 4.5　Eclipse 官方资源下载页面

（4）访问 http://developer.android.com/sdk/index.html 下载 SDK 的压缩包，本章应用的是 android-sdk.zip。解压后使用 Android SDK Manager 软件下载开发所需的 Android 开发包。

（5）通过 developer.android.com/sdk/installing/Installing-adt.html 下载 Eclipse ADT 插件，解压 eclipse-jee-luna-SR2-win32-x86_64.zip 压缩包后，将 Eclipse 与 Android sdk 进行关联。

4.7.2　软件代码结构与作用

Android 开发环境搭建完毕后，打开 Eclipse 软件设置文件存储路径为 D:\Android，在导航栏选择 File->New->Project 菜单项，创建工程名称为 Number1 的 Android Application Project 项目进行实际开发。开发完成后的项目代码结构如图 4.6 所示。

图 4.6　代码结构图

项目代码结构中，各个部分的功能和作用进行如下介绍。

(1) Android4.3.1：包括 android.jar、当前软件使用的 Android SDK 源码支持文件和接口。

(2) Android Private Libraries：存放 Android 私有的库，是 libs 里面的 jar 包的映射。开发者添加 jar 包到 libs 中，系统自动把 jar 加载到 Android Private Libraries 中。该文件在项目中表示放在 libs 中的 jar 包引用。

(3) Referenced Libraries：项目中使用的第三方库文件集合。

(4) src：该目录中存放的是该项目的源代码，包含了开发者创建的 Java 源代码文件。该目录里的文件是根据 package 结构管理的。本项目中，该文件夹下包含 com.hacker.number1 功能包、com.hacker.number1.adapter 内容适配器包、com.hacker.number1.database 数据库操作包、com.hacker.number1.entity 软件数据入口包、com.hacker.number1.global 全局数据包、com.hacker.number1.map 基础地图及定位包、com.hacker.number1.pager 软件框架实现包、com.hacker.number1.utils 自定义工具包、com.hacker.number1.view 自定义软件视图包、com.hacker.number1.service 系统服务包以及 google 开源 Zxing 二维码操作包，包中类的具体作用如表 4.12～表 4.21 所示。

表 4.12　com.hacker.number1 功能包

类名	功能说明
MainActivity	实现了自定义软件页面框架的功能，本程序从该文件开始运行
LoginActivity	实现了用户登录界面的全部功能
ClaenderActivity	用于完成创建自定义日历组件及监听处理用户选择日历的方法
ChangeLocActivity	用于实现监测站点切换业务
ChangeTimeActivity	完成了切换监测时间点的功能
MipcaActivityCapture	调用系统底层驱动完成了对手机摄像头、闪光灯等的操作业务
Share	调用系统分享接口实现了纯文字和多张图片实时转发分享等功能
NationActivity	完成全国水质监测站点的数据可视化功能
Screenshot	用于实现手机任意屏幕截取、生成和压缩长图等功能
SensorsActivity	用于完成用户设备和传感器节点操作
UserInfoActivity	用于实现用户信息查询、修改等操作
Wellcome	主要实现软件启动时的过渡动画和用户引导功能

表 4.13　com.hacker.number1.adapter 内容适配器包

类名	功能说明
ProvTDSDataAdapter	负责处理省级饮用水水质数据(TDS 和余氯含量)适配任务
AreaTDSDataAdapter	负责处理市级饮用水水质数据适配任务
CityTDSDataAdapter	负责处理县级饮用水水质数据适配任务

续表

类名	功能说明
HouseTdsDataAdapter	负责处理社区级饮用水水质数据适配任务
ContentAdapter	继承自 PagerAdapter 类完成框架级页面内容适配
LevelListViewAdapter	主要用于适配 ListView 中自定义 Item 元素
MyBaseAdapter	用于实现动态加载用户绑定设备
MySpinnerAdapter	负责完成下拉菜单中内容的个性化展示
WeekDataTableAdapter	用来处理周报内容的适配任务
YearDataTableAdapter	用来处理年报内容的适配任务

表 4.14　com.hacker.number1.database 数据库操作包

类名	功能说明
DBhelper	水质数据库操作类，主要实现水质数据的增加、删除、修改、查看等功能
DBManager	主要实现流域监测站点水质数据库创建和参数配置等操作
MyDBhelper	主要完成全国监测站点水质数据的存储、增加、修改、删除等操作
TDSDBhelper	主要完成全国小区水质数据的存储、增加、修改、删除等操作
TDSDBManager	主要实现城市社区水质数据库创建和参数配置等操作
User	实现用户信息的定义
UserDao	实现用户数据的创建、修改、查询等操作

表 4.15　com.hacker.number1.entity 软件数据入口包

类名	功能说明
EnumerateDeviceJSON	用于解析云端服务器 JSON 格式的设备数据
EnumerateSensorJSON	负责实现解析传感器相关的数据
JSONObjectData	主要处理 JSON 格式水质数据文件
Level	用于适配水质监测站点目录和饮用水监测点目录
LoginJSON	用于适配向服务器发送登录请求后服务器返回的数据包
Provice	用于实现省级地区饮用水水质数据的定义
City	负责处理市现省级地区饮用水水质数据的定义
Area	用于实现县级地区饮用水水质数据的定义
House	主要完成社区级地区饮用水水质数据的定义

表 4.16　com.hacker.number1.global 全局数据包

类名	功能说明
Global	用于存储软件程序中定义的静态全局变量，目的是方便后期开发人员对代码进行维护

表 4.17　　com.hacker.number1.map 基础地图及定位包

类名	功能说明
LocationApplication	用于实现初始化定位 sdk
LocationService	通过网络定位方式完成用户当前位置信息的获取和地图显示功能
Utils	工具类，用于实现定位出错提醒和判断出错原因等功能

表 4.18　　com.hacker.number1.pager 软件框架实现包

类名	功能说明
BasePager	BasePager 类为所有页面类的父类，重写了 Activity 类的全部方法，实现了自定义软件框架的搭建
CustomViewPager	继承 ViewPager 类，并重写 onTouchEvent()、onInterceptTouchEvent()和 CustomViewPager()方法，实现禁止左右滑动的 ViewPager
FirstPager	用于实现软件"流域"页面的水质数据动态展示、监测站点水质等级排名、专家提示和用户行为监测等功能
Secondpager	继承自 BasePager 类，通过使用 mpandroidchartlibrary-2-0-8.jar 开源图标库实现监测站点水质数据年报表、周报表、详细清单、调用生成长图和转发分享等功能
ThirdPager	通过使用自定义的 Spinner 类实现了"饮用水"页面中省、市、县、小区四级目录的联动和 128 万小区饮用水水质查询功能
FourthPager	用于实现软件"我的"页面全部功能，如不同权限的信息展示、在线用户已绑定设备查询、软件使用说明和水质普及等功能

表 4.19　　com.hacker.number1.utils 自定义工具包

类名	功能说明
NetWorkutils	用于实现网络类型、网络连接情况和网络可用状态的判别
Spfutils	二次封装了 SharedPreferences 类，使用应用程序内部轻量级的存储方案，主要用于实现存储和读取软件配置参数
TimeStrUtils	实现了字符串和时间戳相互转换的功能
ToastUtil	用于实现连续弹出 Toast 对用户操作进行提示

表 4.20　　com.hacker.number1.view 自定义软件视图包

类名	功能说明
CirclBar	用于实现圆形进度条旋转角度、控件大小、动画方式和刷新频率等
Loadingbar	用于使用 Dialog 对话框组件完成数据加载和页面过渡动画
RefreshListView	重写 ListView 的部分方法实现下拉刷新功能

表 4.21　com.hacker.number1.service 系统服务包

类名	功能说明
DownloadAreaData	使用网络数据爬虫模型和解析方法实现了对宜家净水官方网站公开数据的下载和反编译
DownloadCityData	
DownloadHouseData	
DownloadProvinceData	
DownloadNewestData	完成采集、下载和解析国家环境保护部信息中心的公开数据
GetData	主要负责发送网络请求和接收返回数据

此外，google 开源包中的 CameraConfigurationManager 类和 CameraManager 类属于 Android 的 framework 层。AutoFocusCallback 类定义了自动聚焦的回调函数。CameraConfigurationManager 类实现了配置摄像头相关的功能。FlashlightManager 类主要实现控制手机闪光灯的相关功能。PreviewCallback 类定义了预览的回调函数。com.mining.app.zxing.decoding 包主要用于解析二维码扫描结果，其中 DecodeThread 类中的线程会调用 DecodeHandler 中的 decode()函数来解析二维码图片。Com.mining.app.zxing 包定义了摄像头扫描页的扫描框的布局、刷新频率等其他相关信息。

(5) gen：存放应用软件自动生成的文件。

(6) assets：该目录主要存放软件项目中用到的外部资源文件。其与 res 的主要区别在于前者资源是以原始格式保存，且只能用编程方式读取。

(7) bin：工程的编译目录。主要存放一些编译时产生的临时文件和当前工程的.apk 文件，包括 class、资源文件和 dex 等。

(8) libs：该文件夹下存放当前工程所依赖的 jar 包。

(9) res：该目录用于存放应用程序中经常使用的资源文件，其中包括图片、布局文件以及参数描述文件等，如 anim、drawable、layout、menu、raw、values 等多个目录。

(10) AndroidManifest.xml：清单文件。该 XML 文件包含了 Android 应用中的元信息，是每个 Android 项目中的重要文件。在软件安装的时候被读取，文件中包含了 Android 中的四大组件的申明代码以及运行该 Android 应用程序需要的用户权限列表。

(11) ic_launcher-web.png：系统默认的应用程序图标。

(12) proguard-project.txt：代码混淆相关文件，合理配置该文件可以达到保护代码和精简编译后程序大小的作用。

(13) project.properites：该文件用于指定当前工程采用的开发工具包的版本。

4.7.3　主界面创建及页面切换策略

在 Android 软件开发中，主界面通常由 MainActivity.java 文件和 activity_main.xml 布局文件共同实现。软件主界面采用了 PageView+RadioGroup 策略实现了多屏切换和底部悬浮导航栏功能。具体流程进行如下介绍。

(1) 创建 MainActivity 类，调用 requestWindowFeature(int x)方法，并设置参数值为 Window.FEATURE_NO_TITLE,实现界面全屏模式。创建一个继承自 ViewPager 类的 CustomViewPager 类屏幕切换类，并将其设置为禁止滑动切换页面，防止后续多个滑动监听事件发生冲突，CustomViewPager.java 类代码片段如下。

```java
public class CustomViewPager extends ViewPager {
    public CustomViewPager(Context context) {
        super(context);
    }
    public CustomViewPager(Context context, AttributeSet attrs) {
        super(context, attrs);
    }
    @Override
    public boolean onTouchEvent(MotionEvent arg0) {
        return false;
    }
    @Override
    public boolean onInterceptTouchEvent(MotionEvent arg0) {
        return false;
    }
}
```

(2) 创建主界面布局文件,添加自定义 PagerView 和具有 4 个 RadioButton 子组件的 RadioGroup 控件，并使用 LinearLayout 的 android:orientation="vertical"属性进行垂直布局。在 styles.xml 文件中添加名为 BottomTabStyle 的自定义导航按钮样式。使用 RadioButton 的 style="@style/BottomTabStyle"属性为其绑定新样式。创建多个 selector 文件为该组按钮设置选中和未选状态，style.xml 程序文件如下。

```xml
<style name="BottomTabStyle">
    <item name="android:layout_width">wrap_content</item>
    <item name="android:layout_height">wrap_content</item>
    <item name="android:button">@null</item>
    <item name="android:layout_gravity">center_vertical</item>
    <item name="android:padding">5dp</item>
    <item name="android:drawablePadding">3dp</item>
    <item name="android:textColor">@drawable/btn_tab_text_
            selector </item>
    <item name="android:layout_weight">1</item>
    <item name="android:textSize">18sp</item>
    <item name="android:gravity">center</item>
</style>
```

activity_main.xml 程序文件如下。

```xml
<LinearLayout xmlns:android="http://schemas.android.com/apk/
                             res/android"
    xmlns:tools="http://schemas.android.com/tools"
    android:layout_width="match_parent"
    android:layout_height="match_parent"
    android:background="#fff"
```

```xml
android:orientation="vertical" >
<com.hacker.number1.pager.CustomViewPager
    android:id="@+id/vp_content"
    android:layout_width="match_parent"
    android:layout_height="0dp"
    android:layout_weight="1" />
<RadioGroup
    android:id="@+id/rg_group"
    android:layout_width="fill_parent"
    android:layout_height="wrap_content"
    android:background="@drawable/footer_bg"
    android:orientation="horizontal">
    <RadioButton
        android:id="@+id/rb_first"
        style="@style/BottomTabStyle"
        android:drawableTop="@drawable/first_btn_selector"
        android:text="@string/firstLable"/>
     <RadioButton
        android:id="@+id/rb_second"
        style="@style/BottomTabStyle"
        android:drawableTop="@drawable/second_btn_selector"
        android:text="@string/secondLable"/>
    <RadioButton
        android:id="@+id/rb_thrid"
        style="@style/BottomTabStyle"
        android:drawableTop="@drawable/thrid_btn_selector"
        android:text="@string/thridLable"/>
    <RadioButton
        android:id="@+id/rb_fourth"
        style="@style/BottomTabStyle"
        android:drawableTop="@drawable/fourth_btn_selector"
        android:text="@string/fourthLable"/>
</RadioGroup>
</LinearLayout>
```

(3) 为了达到点击底部导航栏上不同按钮实现四个页面跳转的目的，需要创建 BasePager 类、FirstPager 类、SecondPager 类、ThridPager 类、FourthPager 类以及对应的 XML 初始布局文件。其中，BasePager 类是其余四个类的父类，继承自 Activity 类，重写了 onStart()、onStop()、initData()、onPause()、onResume() 和 onDestroy() 等方法，其作用见表 4.22。

表 4.22　BasePager 类中重写的方法及其作用

方法名称	方法作用
onStart()	在 Activity 界面被显示出来的时候执行，用户可见。包括有另一个 Activity 覆盖其上，但没有完全覆盖，用户可以看到部分 Activity 但不能与它交互的情形
onStop()	当 Activity 被另外一个 Activity 覆盖，失去焦点并不可见时处于 Stoped 状态

续表

方法名称	方法作用
initData()	初始化数据
onPause()	当 Activity 被另一个透明或 Dialog 样式的 Activity 覆盖时的状态，此时它依然与窗口管理器保持连接，系统继续维护其内部状态
onResume()	当该 Activity 与用户能进行交互时被执行，用户可以获得 Activity 的焦点，能够与用户交互
onDestroy()	系统销毁 Activity 实例时，onDestory()方法被调用，此时资源空间等被回收
onActivityResult()	传递或接管参数
onActivityResult(int , int , Intent)	当新 Activity 关闭后，新 Activity 返回的数据通过 Intent 进行传递，平台会调用前面 Activity 的 onActivityResult()方法，把存放了返回数据的 Intent 作为第三个输入参数

父类 BasePager.java 代码片段如下。

```java
public class BasePager extends Activity{
    public Activity mActivity;
    public View rootView;          //布局界面
    public TextView tv_title;        //标题对象
    public FrameLayout fl_content;  //内容
    public ImageView iv_icon_left ;  //左上角图标
    public ImageView iv_icon;        //右上角图标
    public BasePager(Activity activity) {
        this.mActivity = activity;
        initViews();
    }
//初始化布局
public void initViews() {
    rootView = View.inflate(mActivity, R.layout.
            base_pager, null);
    tv_title = (TextView) rootView.findViewById
        (R.id.base_tv_title);
    iv_icon_left =  (ImageView) rootView.findViewById
        (R.id.iv_icon_left);
    iv_icon = (ImageView) rootView.findViewById(R.id.iv_icon);
    fl_content = (FrameLayout) rootView.findViewById
        (R.id.fl_content_base);
}
//初始化数据
public void onStart() {}
public void onStop() {}
public void initData() {}
public void onPause() {}
public void onResume() {}
```

```
public void onDestroy() {}
public void onActivityResult() {}
@Override
protected void onActivityResult(int requestCode, int resultCode,
        Intent data) {}
}
```

子类 FirstPager.java 代码片段如下。

```
public class SecondPager extends BasePager {
    private View view;
    public SecondPager(Activity activity) {
        super(activity);
    }
    //初始化布局
    public void initViews() {
        super.initViews();
        tv_title.setText(R.string.secondLable); //设置标题
        iv_icon.setVisibility(View.GONE);
        fl_content.removeAllViews();
        fl_content.addView(view);
    }
    //初始数据
    public void initData() {}
}
```

base_pager.xml 文件由自定义标题栏和 FrameLayout 组件按照线性垂直方式布局而成。自定义的标题栏由左侧图标、右侧图标和标题文本组成，分别用 ImageView 和 TextView 组件实现，程序代码片段如下。

```
<?xml version="1.0" encoding="utf-8"?>
<LinearLayout xmlns: android="http://schemas.android.com/
                                apk/res/android"
    android: layout_width="match_parent"
    android: layout_height="match_parent"
    android: orientation="vertical" >
    <RelativeLayout
        android: id = "@+id/main_top_title"
        android: layout_width = "match_parent"
        android: layout_height = "48dp"
        android: layout_alignParentTop = "true"
        android: background = "@color/theme"
        android: orientation = "horizontal"
        android: padding = "4dp" >
      <ImageView
            android: id="@+ID/iv_icon_left"
            android: layout_width="wrap_content"
            android: layout_height="wrap_content"
            android: layout_alignParentLeft="true"
            android: layout_marginLeft="5dp"
            android: layout_alignTop="@+id/iv_icon"
            android: src ="@drawable/left04" />
        <TextView
```

```
            android: id="@+id/base_tv_title"
            android: layout_width="wrap_content"
            android: layout_height="wrap_content"
            android: layout_centerInParent="true"
            android: text="标题"
            android: textColor="#fff"
            android: textSize="24sp" />
        <ImageView
            android: id="@+id/iv_icon"
            android: layout_width="wrap_content"
            android: layout_height="wrap_content"
            android: layout_alignParentRight="true"
            android: layout_centerVertical="true"
            android: layout_marginRight="10dip"
            android: src="@drawable/plus" />
    </RelativeLayout>
    <FrameLayout
        android:id="@+id/fl_content_base"
        android:layout_width="match_parent"
        android:layout_height="0dp"
        android:background="#fff"
        android:layout_weight="1">
    </FrameLayout>
</LinearLayout>
```

代码片段中，图像视图组件 ImageView 具有表 4.23 所示的多个属性。

表 4.23　ImageView 具有的属性

属性名称	属性作用
android: id	控件 id
android: layout_width	控件布局宽度
android: layout_height	控件布局高度
android: layout_alignParentRight	值为"true"时，控件的右边缘和父控件的右边缘对齐
android:layout_alignParentLeft	值为"true"时，控件的底边缘和父控件的左边缘对齐
android:layout_alignParentTop	值为"true"时，控件的底边缘和父控件的上边缘对齐
android:layout_alignParentBottom	值为"true"时，控件的底边缘和父控件的底边缘对齐
android: layout_centerVertical	值为"true"时，控件置于垂直方向的中心位置
android: layout_marginRight	控件布局居右
android:maxHeight	设置控件的最大高度
android:maxWidth	设置控件的最大宽度
android:scaleType	设置控件内部的图片的显示模式
android:tint	设置图片颜色，默认设置
android:tintMode	图片的颜色模式
android: src	用于设置 ImageView 所显示的 Drawable 对象的 id

代码片段中，图像视图组件 TextView 具有如表 4.24 所示的多个属性。

表 4.24　TextView 具有的属性

属性名称	属性作用
android:id	唯一的标识控件的 ID
android:capitalize	设置英文字母大写类型，值为 0 时不自动大写任何字母；值为 1 时大写每句的第一个字；值为 2 时大写每个单词的第一个字母；值为 3 时大写每一个字符
android:cursorVisible	使光标可见(默认值)或不可见。默认为 false
android:editable	如果设置为 true，指定 TextView 的一个输入法
android:fontFamily	字体系列(由字符串命名)的文本
android:gravity	对 view 控件本身来说的，是用来设置 view 本身的内容应该显示在 view 的什么位置，默认值是左侧
android:hint	提示文本显示文本为空
android:inputType	数据的类型被放置在一个文本字段。手机、日期、时间、号码、密码等
android:maxHeight	使得 TextView 至多到多少像素高
android:maxWidth	使得 TextView 至多到多少像素宽
android:minHeight	使得 TextView 至少有多少像素高
android:minWidth	使得 TextView 至少有多少像素宽
android:password	字段的字符是否显示为密码格式
android:phoneNumber	指定 TextView 是否具有一个电话号码的输入法
android:text	要显示的文字
android:textAllCaps	目前在所有大写的文本
android:textColor	文本颜色。可以是一个颜色值，形式为"#rgb"、"#argb"、"#rrggbb" 和 "#aarrggbb"
android:textColorHighlight	颜色选择的文本亮点
android:textColorHint	颜色的提示文字。可以是一个颜色值，形式为"#rgb"、"#argb"、"#rrggbb" 或 "#aarrggbb"
android:textIsSelectable	表示可被选择的非可编辑的文本的内容
android:textSize	文字的大小。文字推荐尺寸类型是"sp"的比例像素
android:textStyle	样式(粗体，斜体，BOLDITALIC)的文本
android:typeface	字体(正常，SANS，衬线字体，等宽)的文本

布局文件 base_pager.xml 的代码片段如下。

```
<?xml version="1.0" encoding="utf-8"?>
<LinearLayout xmlns:android="http://schemas.android.com/
        apk/res/android"
    android:layout_width="wrap_content"
    android:layout_height="match_parent"
    android:orientation="vertical" >
</LinearLayout>
```

(4) 创建内容适配类，重写 PagerAdapter.java 的部分方法，其代码片段如下。

```
public void addData(ArrayList<BasePager> data) {
    this.mPagerList.addAll(data);
    this.notifyDataSetChanged();
}
public Object instantiateItem(ViewGroup container,
        int position) {
    BasePager pager = mPagerList.get(position);
    container.addView(pager.rootView);
    return pager.rootView;
}
// 获取总 View 的数量。
public int getCount() {
  return mPagerList.size();
}
```

(5) 在 MainActivity 类中加载 activity_main.xml 布局文件，通过 findViewById() 方法从 R.java 文件中寻找出 id 对应的控件，并为 RadioGroup 组件添加 OnCheckedChangeListener()方法，从而实现组件的实例化和事件监听。创建无返回值的 initData()方法构建页面链表，并通过调用适配器完成页面内容加载和切换，MainActivity.java 示例代码片段如下。

```
private void initData() {
    ...
    // 实例化自定义的 ViewPager
    CustomViewPager mViewPager=(CustomViewPager)
            findViewById(R.id.vp_content);
    // 创建页面 List
    ArrayList<BasePager> mPagerList = new ArrayList
            <BasePager>();
    //加入页面
    mPagerList.add(new FirstPager(MainActivity.this));
    mPagerList.add(new SecondPager(MainActivity.this));
    mPagerList.add(new ThirdPager(MainActivity.this));
    mPagerList.add(new FourthPager(MainActivity.this));
    // 实现页面内容适配
    ContentAdapter contentAdapter = new ContentAdapter
        (MainActivity.this);
    contentAdapter.addData(mPagerList);
    mViewPager.setAdapter(contentAdapter);
    ...
    // 加载默认显示页
```

```
toPager(whichPage);
}
```

按照上述五个步骤创建的软件初始页面切换效果如图 4.7 所示。

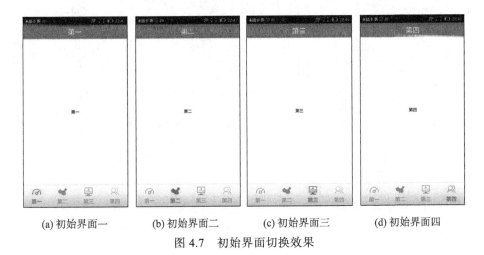

(a) 初始界面一　　(b) 初始界面二　　(c) 初始界面三　　(d) 初始界面四

图 4.7　初始界面切换效果

4.7.4　流域水质数据实时采集模块

流域水质信息实时采集模块主要由网络状态判别子模块、网络数据爬虫子模块和数据存储子模块三部分组成。在不同网络状态下，该模块不仅负责处理将特定网站上的相关网页数据进行有效抓取、实时下载、高效解析和分类存储等核心业务，而且负责实现数据库查询操作和数据更新、去重等非核心业务，整体业务流程如图4.8 所示。

图 4.8 阐述了该模块的整体业务流程及三个子模块之间的关系，三个子模块是由以下几个方面具体实现。

1. 网络状态判别子模块

在开发 Android 应用，涉及网络访问时，通常需要进行网络状态的检查，以提供给用户必要的提醒。一般可以通过 ConnectivityManager 类来完成该工作。ConnectivityManager 类需要执行以下几个主要任务：监听手机网络状态(包括 GPRS、WIFI 和 UMTS 等)，手机状态发生改变时发送广播，当一个网络连接失败时进行故障切换和为应用程序提供可用网络的高精度或粗糙的状态。在本书完成的水质监测软件中，该模块由 com.hacker.number1.utils 包中的 NetWorkUtils 类实现。NetWorkUtils 类内部通过定义 isNetworkConnected(Context context)方法、getNetworkType(Context context)方法、isMobileConnected(Context context)方法、isWifiConnected(Context context)方法和 ping()方法依次实现了判断是否有网络连接、判断当前网络连接类型、判断 MOBILE 网络是否可用、判断 WIFI 网络是否可

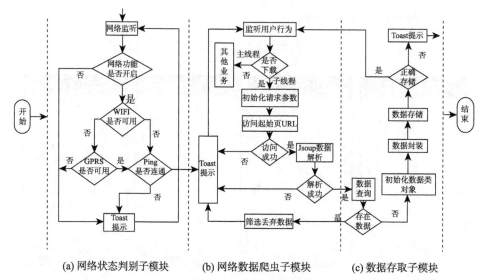

(a) 网络状态判别子模块　　　(b) 网络数据爬虫子模块　　　(c) 数据存取子模块

图 4.8　流域水质数据实时采集模块整体业务流程

用和判断当前网络是否真正可以上网等功能。使用上述方法进行网络判别时，需要在 AndroidManifest.xml 文件中添加接网和获取网络状态的权限。NetWorkUtils.java 程序代码如下。

```
/**
 * 这是一个工具类
 * 功能: 判断网络是否连接，判断连接后的网络是否真的可以上网
 */
public class NetWorkUtils {
    //检测网络是否可用
    public static boolean isNetworkConnected(Context context) {
        ConnectivityManager cm = (ConnectivityManager)
        context.getSystemService(Context.CONNECTIVITY_SERVICE);
        NetworkInfo ni = cm.getActiveNetworkInfo();
        return ni != null && ni.isConnectedOrConnecting();
    }
    /**
     * 获取当前网络类型
     * @return 0: 没有网络   1: WIFI 网络    2: WAP 网络  3: NET 网络
     */
    public static final int NETTYPE_WIFI = 0x01;
    public static final int NETTYPE_CMWAP = 0x02;
    public static final int NETTYPE_CMNET = 0x03;
    public static int getNetworkType(Context context) {
        int netType = 0;
        ConnectivityManager connectivityManager =
            (ConnectivityManager)
        context.getSystemService(Context.CONNECTIVITY_SERVICE);
```

```java
        NetworkInfo networkInfo = connectivityManager.
            getActiveNetworkInfo();
        if (networkInfo == null) {
            return netType;
        }
        int nType = networkInfo.getType();
        if (nType == ConnectivityManager.TYPE_MOBILE) {
            String extraInfo = networkInfo.getExtraInfo();
            if(!TextUtils.isEmpty(extraInfo)){
                if (extraInfo.toLowerCase().equals("cmnet")) {
                    netType = NETTYPE_CMNET;
                } else {
                    netType = NETTYPE_CMWAP;
                }
            }
        } else if (nType == ConnectivityManager.TYPE_WIFI) {
            netType = NETTYPE_WIFI;
        }
        return netType;
    }
// 判断是否有外网连接
public static final boolean ping() {
    String result = null;
    try {
            String ip = "www.baidu.com";
            Process p = Runtime.getRuntime().exec
                        ("ping -c 1 -w 20 " + ip);
            InputStream input = p.getInputStream();
            BufferedReader in = new BufferedReader
                        (new InputStreamReader(input));
            StringBuffer stringBuffer = new StringBuffer();
            String content = "";
            while ((content = in.readLine()) != null) {
                stringBuffer.append(content);
            }
            // ping 的状态
            int status = p.waitFor();
            if (status == 0) {
                result = "success";
                return true;
            } else {
                result = "failed";
                return false;
            }
    } catch (IOException e) {
        result = "IOException";
    } catch (InterruptedException e) {
        result = "InterruptedException";
    } finally { }
    return false;
}
```

```
}
```
AndroidManifest.xml 文件程序代码片段如下。
```
<!-- 用于访问 WiFi 网络信息, WiFi 信息会用于进行网络定位 -->
<uses-permission android:name="android.permission.
    ACCESS_WIFI_STATE" />
<!-- 这个权限用于获取 WiFi 的获取权限, WiFi 信息会用来进行网络定位 -->
<uses-permission android:name="android.permission.
    CHANGE_WIFI_STATE" />
<!-- 获取运营商信息, 用于支持提供运营商信息相关的接口 -->
<uses-permission android:name="android.permission.
    ACCESS_NETWORK_STATE" />
```

2. 网络数据爬虫子模块

网络数据爬虫子模块的开发以 5.4.5 小节介绍的方法原理为理论支撑, 在软件可以实现正常联网的前提下, 软件会根据用户设置的刷新时间定时启动后台服务程序, 并调用 DownloadNewestData.java 和 GetData.java 文件完成对网络数据的爬虫下载任务。

现以爬取中华人民共和国环境保护部数据中心公开发布的 2016 年第 1 周至第 52 周数据为例, 进行详细介绍。

(1) 指定初始 url, 本书示意网站截图如图 4.9 所示。

图 4.9　网页截图

(2) 使用 Google 查看该网页源码(water.jsp 代码如下所示)得到字段为 year 和 wissue, 为新 url。
```
...
<td width="12%" height="30" bgcolor="#FFFFEF" class="STYLE1">
    年度：</td>
<td width="12%" bgcolor="#FFFFFF">
<select ID="year" name="year" style="width: 100px !important">
    <option value="2017" >2017</option >
    ...
</select >
</td>
...
```
(3) 使用 GetData 类中定义的 receiveData(String url, String defaultCharset)方法进行网络请求。首先, 将封装好的 url 和网页编码格式传递给 receiveData()方法, 并实例化 HttpClient、HttpGet 和 HttpResponse 对象。然后, 使用 HttpClient 对象的

相关方法实现对服务器发送请求, 且使用 HttpResponse 类实例化后的对象将该方法返回的结果接收。最后, 通过 http.StatusLine.getStatusCode() 方法进行判别请求结果, 并将结果转换为 String 类型返回。GetData.java 的程序代码如下。

```java
public class GetData{
    // 访问指定网络
    public static String receiveData(String url, String
            defaultCharset){
        String res = "";
        HttpClient httpClient = new DefaultHttpClient();
        HttpGet httpGet = new HttpGet(URL);
        HttpResponse httpResponse;
        try {
            httpResponse = httpClient.execute(httpGet);
            if (httpResponse.getStatusLine().getStatusCode() ==
                HttpStatus.SC_OK)
            {
                    return  EntityUtils.toString(httpResponse.
                        getEntity(), defaultCharset);
                }else {
                    res = "失败";
                }
        } catch (Exception e) {
            e.printStackTrace();
        }
        return res;
    }
}
```

(4) 由于网络数据爬虫是一个耗时操作, 因此首先需要在爬虫实现类 DownloadNewestData 中创建一个新线程。然后, 利用 receiveData() 方法向目标网址发送 Get 请求的目的, 正常请求情况下, http://datacenter.mep.gov.cn 返回的 HTML 文件 DOM 树(document object model, 文档对象模型)如图 4.10 所示。

```
<table id="report1" cellSpacing=0 cellPadding=0 onmouseout="report1448574out()" style="width:935px;table-layout:fixed;border
    -collapse:collapse">
<colgroup>▓</colgroup>
<tr height=45 style="height:45px;">▓</tr>
<tr height=31 style="height:31px;">▓</tr>
<tr height=114 style="height:114px;">▓</tr>
<tr height=31 style="height:31px;">▓</tr>
<tr height=33 style="height:33px;">▓</tr>
<tr height=42 style="height:42px;">▓</tr>
<tr height=33 style="height:33px;">▓</tr>
<tr height=33 style="height:33px;">
    <td colSpan=2 class="report1_13" style="color:#00CCCC;">1</td>
    <td class="report1_5" style="display:none;"></td>
    <td rowSpan=18 class="report1_4">松花江流域</td>
    <td class="report1_6" style="color:#00CCCC;">
        <a href="javascript:openUrl('water/report_52weeks_waterplace_new1.jsp?waterplace=吉林溪浪口&year=2016&wissue=50')"
            style="font-family:宋体;font-size:12px;color:#00CCCC;font-weight:normal;font-style:normal;text-decoration
            :underline;">吉林溪浪口</a>
    </td>
    <td class="report1_4" style="color:#00CCCC;">松花江</td>
    <td onmouseover="report1448574over()" class="report1_4" style="color:#00CCCC;"></td>
    <td class="report1_4" style="color:#00CCCC;">7.56</td>
    <td class="report1_4" style="color:#00CCCC;">12.40</td>
    <td class="report1_4" style="color:#00CCCC;">3.30</td>
    <td class="report1_4" style="color:#00CCCC;">0.15</td>
    <td class="report1_4" style="color:#00CCCC;">II</td>
    <td class="report1_4" style="color:#00CCCC;">II </td>
    <td class="report1_14" style="color:#00CCCC;padding-left:2px;padding-right:2px;"></td>
</tr>
```

图 4.10   HTML 文件 DOM 树

接着利用 Jsoup.jar 中的 Jsoup.parse(String html)方法把该 HTML 文件解析为 Document，并调用 select(String cssQuery)方法从该 HTML 中找出 table id="report1" 的部分，调用 getElementsByTag(String tagName)方法，从中提取出所有"tr"标签，调用 text()方法提取出全部"td"标签的内容，使用类似的方法提取出其他重要信息。最后，设计筛选算法将无效的标签信息进行剔除。DownloadNewestData.java 文件程序代码如下。

```java
public class DownloadNewestData {
    private static final int FINISH = 0; // 表示下载并存储
    private static final int ISNEWEST = 2; // 表示下载并存储
    private static final int NONEWDATA = 3; // 表示下载并存储
    private static final int NONET = 4; // 表示网络不通畅
    private static final int FAILURE = 5; // 表示服务器错误
    private DBhelper dbhelper; // 数据库操作类,
    private Activity mActivity;
    private LoadingBar pd;
    private Dialog dialog;
    private String[] nums; // nums[1]存放年、nums[2]存放周
    public DownloadNewestData(Activity mActivity){
        this.mActivity = mActivity;
    }
    Handler handler = new Handler(){
        public void handleMessage(Message msg) {
            super.handleMessage(msg);
            switch (msg.what) {
            case FINISH:
                ToastUtil.showToast(mActivity,"数据更新完成");
                break;
            case ISNEWEST:
                ToastUtil.showToast(mActivity, "数据已是最新");
                break;
            case NONEWDATA:
                ToastUtil.showToast(mActivity,
                    "环保部本周没发布数据～");
                break;
            case NONET:
                ToastUtil.showToast(mActivity, "网络不通畅,
                    刷新失败...");
                break;
            case FAILURE:
                ToastUtil.showToast(mActivity,
                "服务器维护无数据返回...");
                break;
            default:
                break;
            }
        }
```

```
};
public void NewestDatas(){
    // 判断是否连接网络，没有连接网络直接返回 (适用于主线程)
    if (!NetWorkUtils.isNetworkConnected(mActivity)) {  //没联网
        ToastUtil.showToast(mActivity, "没有连接互联网，
        刷新失败...");
        return ;
    }
    // 有网络进行爬虫网站信息
    new Thread(new Runnable() {
        public void run() {
            // 每次登录软件有网，后台默认下载数据，并存入数据库
            dbhelper = new DBhelper(mActivity);
            boolean isSaved_flag = true; //默认存在
            String year_week;
            String pager_1_html = GetData.receiveData(url + 1,
                "utf-8"); //第一页
            if (pager_1_html.equals("失败")) { //服务器无数据返回
                Message message = new Message();
                message.what = FAILURE;
                handler.sendMessage(message);
                return ;
            }else{
                // 提取时间并判断该时间节点是否存在
                year_week = getTime(pager_1_html); //201602
                isSaved_flag = dbhelper.isSaved(year_week);
            }
            // 数据处理
            if (isSaved_flag) {
                Message message = new Message();
                message.what = ISNEWEST;
                handler.sendMessage(message);
                return ; //结束程序
            }else{  // 循环取出数据
                boolean haveData = true; // 默认本页有数据
                for(int pageNo = 1; pageNo < 6; pageNo++){
                    //第一页数据已下载
                    if(1 == pageNo){
                        haveData = getWhichPagerData(pager_1_html,
                            year_week);
                        // continue ;
                    }else{
                        String html = GetData.receiveData
                            (url + pageNo, "utf-8");
                        haveData = getWhichPagerData(html ,
                            year_week);
                    }
                    if (haveData == false && pageNo == 1) {
                        Message  message = new Message();
```

```
                         message.what   = NONEWDATA ;
                         handler.sendMessage(message);
                         break;
                    }
                if (haveData == false && (pageNo != 1)) {
                    Message  message = new Message();
                    message.what   = ISNEWEST ;
                    handler.sendMessage(message);
                    break;
                }
                if (pageNo == 5) {
                    Message message = handler.
                                        obtainMessage();
                    message.what = FINISH;
                    handler.sendMessage(message);
                }
            }//else

        }// if
    }}).start();
}
/**
* 获取数据表的时间
*/
public String getTime(String html){
    //解析网页源码,使用jsoup.jar包进行
    Document doc = Jsoup.parse(html);
    // 先找到时间数据
    Element timeDiv = doc.select("div[class=
                        report_description]").get(0);
    String timeString = timeDiv.text();
    nums = timeString.split("\\D+");
    return (((Integer.parseInt(nums[1]) *100) + (Integer.
            parseInt(nums[2])))+"");
}
/**
 *  提取有效信息
 */
public boolean getWhichPagerData(String html ,String year_week){
    if (html.equals("失败")) {
        Message message = new Message();
        message.what = FAILURE;
        handler.sendMessage(message);
        return false;
    }else{ //解析数据
        //解析网页源码,使用jsoup.jar包进行
        Document doc = Jsoup.parse(html);
        Element table = doc.select("table[class=
                        report-table]").get(0);
        Elements trs = table.getElementsByTag("tr");
```

```
    if (trs.size() > 5) {
        // 本页数据进行提取
        RiverDataInfo data = new RiverDataInfo();
        // 按照对象进行存储
        for(int i= 0; i < trs.size() - 1; i++){
            Element tr = trs.get(i+1);
            Elements tds = tr.getElementsByTag("td");
        if ((tds.size() > 0) && (tds.size() == 16)) {
            data.setRiverChildName(tds.get(5).text());
                    // name
            data.setYear(year_week); //year
            data.setWeek(nums[2]); //week
            data.setpH(TDS.get(8).text()); //ph
            data.setDO(TDS.get(9).text()); //do
            data.setCOD(TDS.get(10).text()); //cod
            data.setNH3N(TDS.get(11).text()); //nh3n
            data.setLevel(TDS.get(12).text()); //level
        }else{
            // 在这里实现数据异常的情况
        }
        // 数据存储，每次存储 1 个站点组数据
        dbhelper.saveWeekData(data);
    }// for
}else{
    return false;
}
}// else
return true;
}
}
```

软件实现数据爬虫时，程序中主要用到的信息抽取方法见表 4.25。

表 4.25　程序中主要用到的信息抽取方法

方法	方法描述
parse(File in, String charsetName, String baseUri)	用来加载和解析一个 HTML 文件
getElementById(String id)	通过 id 查找元素
getElementsByTag(String tag)	通过 Tag 查找元素
getElementsByClass(String className)	通过 Class 查找元素
getElementsByAttribute(String key)	通过 Attribute 查找元素
attr(String key)	获取属性
attr(String key, String value)	设置属性
attributes()	获取所有属性
text()	获取文本内容
html()	获取元素内 HTML
Element.select(String selector)	使用选择器语法来查找元素

3. 数据存储子模块

本模块主要由 com.hacker.number1.database 包中 DBManager 类和 DBhelper 类以及 com.hacker.number1.entity 包中 RiverDataInfo 类和 RiverChildInfor 类实现，负责处理数据库数据查重和网络数据存储等软件业务。使用自建的 DBManager 类实现水质监测客户端软件所需数据库创建。

应用程序设计过程中，网络数据爬虫子模块会产生大量有效水质数据信息需要进行分类存储，此时需要使用 DBhelper 类中的数据库操作方法完成业务需求。以子模块二中提取到的标签数据为例，欲实现数据的分类存储，需要经过以下几个步骤。

步骤一：数据查重。本节设计的数据采集算法适用于每次抓取全部监测站点一周数据的情形。针对上述场景设计的 isSaved(String time)查询方法，其主旨思想是将"年+周"(如 201601、201652)作为数据库数据查重依据，应用 SQLite 数据查询语句完成查询业务，示例代码片段如下。

```
public boolean isSaved(String time) {
    boolean have = false; // 默认为不存在
    try {
        String sql = "select * from RiverData where Year='"+time+"'";
        Cursor cursor = db.rawQuery(sql,null);
        // 返回查询结果的行数
        if (cursor.getCount() > 0) {
            have = true;
        }
        ...
        cursor.close();
    } catch (Exception e) {
        ...
    }
    return have;
}
```

步骤二：数据封装。通过调用数据对象类的 set()方法实现将标签数据转换为对象属性，示例代码片段如下。

```
RiverDataInfo data = new RiverDataInfo();
data.setRiverChildName(tds.get(3).text());
data.setYear(year);
data.setWeek(week);
data.setpH(tds.get(6).text());
data.setDO(tds.get(7).text());
data.setCOD(tds.get(8).text());
data.setNH₃N(tds.get(9).text());
data.setLevel(tds.get(10).text());
```

步骤三：数据存储。调用 saveWeekData(RiverDataInfo data)方法和 get()方法完成将封装好的数据存入数据库中。设计的 SQL 语句含义为将 VALUES (value1, value2,…)中数据分别插入 RiverData 表中的 RiverChildName、Year、Week、pH 等对应字段中。存储部分数据库操作的核心代码片段如下。

```
public void saveWeekData(RiverDataInfo data){
    ...
```

```
    try {
        ...
        String sql = "INSERT INTO "
            + "RiverData(RiverChildName,Year,Week,pH,DO,
                        COD,NH3N,Level) "
            + "VALUES('"+data.getRiverChildName()+"','"
                        + data.getYear()
            +"','"+data.getWeek()+"','"+ data.getpH()+"',
                        '"+data.getDO()+"','"
            +data.getCOD()+"','"+data.getNH3N()+"',
                        '"+ data.getLevel()+"')";
        db.execSQL(sql);
        ...
        } catch (Exception e) {
            ...
        }
    ...
}
```

应用程序依次执行上述三个子模块后即可以完成网络数据爬虫模块的部分或全部功能。网页爬虫前后效果对比如图 4.11 和图 4.12 所示。

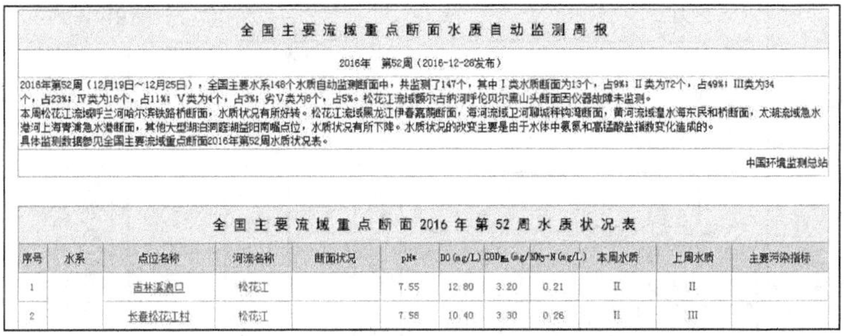

全国主要流域重点断面水质自动监测周报

2016年　第52周（2016-12-26发布）

2016年第52周（12月19日~12月25日），全国主要水系148个水质自动监测断面中，共监测了147个，其中Ⅰ类水质断面为13个，占9%；Ⅱ类为72个，占49%；Ⅲ类为34个，占23%；Ⅳ类为16个，占11%；Ⅴ类为4个，占3%；劣Ⅴ类为8个，占5%。松花江流域额尔古纳河呼伦贝尔黑山头断面因仪器故障未监测。
本周松花江流域呼兰河哈尔滨铁路桥断面，水质状况有所好转。松花江流域黑龙江伊春嘉荫断面，海河流域卫河聊城秤钩湾断面，黄河流域湟水海东民和桥断面，太湖流域急水港河上海青浦急水港断面，其他大型湖泊洞庭湖益阳南嘴点位，水质状况有所下降。水质状况的改变主要是由于水体中氨氮和高锰酸盐指数变化造成的。
具体监测数据参见全国主要流域重点断面2016年第52周水质状况表。

中国环境监测总站

全国主要流域重点断面 2016 年第 52 周水质状况表

序号	水系	点位名称	河流名称	断面状况	pH*	DO (mg/L)	COD_{Mn} (mg/L)	NH_3-N (mg/L)	本周水质	上周水质	主要污染指标
1		吉林溪浪口	松花江		7.55	12.80	3.20	0.21	Ⅱ	Ⅱ	
2		长春松花江村	松花江		7.58	10.40	3.30	0.26	Ⅱ	Ⅲ	

图 4.11　原始网页截图

_id	RiverChildName	Year	Week	pH	DO	COD	NH3N	Level
5739	呼伦贝尔大铁桥	201652	52	7.75	8.22	1.90	0.18	Ⅱ
5740	呼伦贝尔嵯岗	201652	52	7.45	6.52	3.20	0.30	Ⅱ
5741	虎林虎头	201652	52	6.86	7.30	2.80	0.25	Ⅱ
5742	抚远乌苏镇	201652	52	6.54	6.85	4.40	0.28	Ⅲ
5743	鸡西知一桥	201652	52	7.36	7.79	4.60	0.94	Ⅲ
5744	延边南坪	201652	52	7.44	10.40	5.30	0.40	Ⅲ
5745	延边圈河	201652	52	7.58	8.15	4.70	0.42	Ⅲ
5746	铁岭朱尔山	201652	52	7.82	12.60	--	1.78	V
5747	盘锦兴安	201652	52	7.85	12.10	3.70	0.15	Ⅱ
5748	营口辽河公园	201652	52	8.04	12.20	6.00	3.53	劣V
5749	抚顺大伙房水库	201652	52	7.81	10.90	2.40	0.06	Ⅱ
5750	辽阳汤河水库	201652	52	7.69	11.20	2.60	0.02	Ⅱ
5751	白山绿江村	201652	52	6.31	14.80	2.90	0.30	Ⅱ

图 4.12　网络爬虫后效果

4.7.5　水质实时监测页面

用户第一次使用软件时，默认加载水质实时监测页面。该页面负责实时动态加载用户所选监测站点的水质详情信息，判别水质等级和实现全国水质排名。该页面布局策略和加载数据的方法代码实现思路如下。

　　设计界面时，首先在已经创建好的 firstpager.xml 文件中添加所选组件，包括自定义的圆形进度条、文本显示框、按键和图片显示组件等。然后为组件设置特定属性(如父控件显示格式、子组件大小、形状、字体颜色和背景等)和排列方式。该界面使用 LinearLayout 布局，并设置其属性为 android:orientation="vertical"实现组件在垂直方向上的有序排列，再向布局中加入 RelativeLayout 子布局和 ScrollView 子组件(上线滑动组件)分别负责显示站点导航和水质详细信息。其中，RelativeLayout 中包含 3 个 TextView 组件，父组件通过属性 android:paddingTop="20dp"设置为距离屏幕顶部 20 像素，子组件使用属性 android:gravity="center_horizontal"设置为水平方向居中；ScrollView 父组件中包含 Button、TextView 等子组件，并将 Button 属性设置为 android:background="@drawable/btn_pre_selector"，将 TextView 属性设置为主题色，从而实现可以按键切换水质参数、上下滑动详情页面的界面效果。

　　数据加载和显示业务在 FirstPager 类中实现，业务流程如图 4.13 所示。

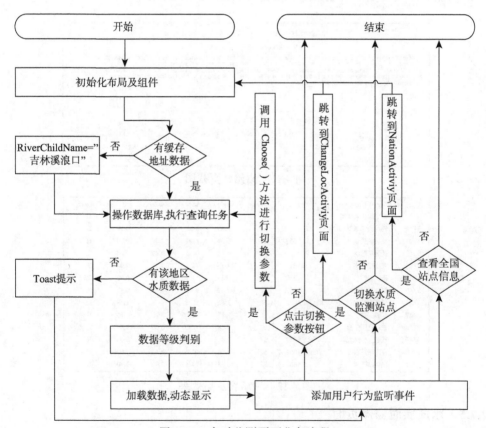

图 4.13　实时监测页面业务流程

代码中通过语法"类名　对象名　=(类名)view.findViewById(int id)"实例化全部组件对象，通过使用 SpfUtils 类中 getString(String s, String dv, Context mc)方法获取用户上次退出前选择的监测站点名称，如果缓存信息不存在，程序将默认显示吉林溪浪口站点；如果存在已选站点名称信息，则创建 DBhelper 类数据库操作对象执行数据库查询操作，并默认显示 COD_{Mn} 的数据。其中，缓存数据 getString(参数列表)读取方法的核心代码片段如下。

```
public static String getString(String s, String dv, Context mc){
    SharedPreferences spf = mc.getSharedPreferences("地名",
                            context.MODE_PRIVATE);
    return spf .getString(s, dv);
}
```

数据库数据 getNewestRiverData(参数列表)查询方法的核心代码片段如下。

```
public ArrayList<RiverDataInfo> getNewestRiverData
            (String placename) {
    ArrayList<RiverDataInfo> list = new ArrayList
            <RiverDataInfo>();
    try {
        // 从 RiverData 表中查出 RiverChildId 的最新数据。
        String sql = "select * from RiverData where RiverChildName
            ='"+placename + "' ORDER BY YEAR DESC LIMIT 1";
        Cursor cursor = db.rawQuery(sql,null);
        while(cursor.moveToNext()){
            RiverDataInfo info = new RiverDataInfo();
            ...//实现数据查询
        }
    } catch (Exception e) {
        ... // 捕获异常
    }
    ...
    return list;
}
```

为左右两侧 Button 添加触摸监听事件.setOnClickListener(this)，实现 pH、DO、高锰酸盐指数、氨氮含量等多个水质参数的灵活切换。根据国家《地表水环境质量标准》将水质等级用不同的颜色进行区分。以 pH 为例，水质分类方法如下。

```
private void getParamsLevel_pH(String pH_strting){
    // 显示 pH 数据
    circleBar.SecondString = pH_strting;
    // 将字符串转换为 Double
    Double pH = Double.parseDouble(pH_strting);
    // 等级分类
    if (pH > 0.0 && pH <= 4.0) {
    circleBar.setColor(250, 166, 41); // Ⅴ类 过酸
    }else if(pH > 4.0 && pH <= 6.0){
    circleBar.setColor(147, 239, 46); //Ⅲ类
    }else if(pH > 6.0 && pH <= 9.0){
```

```
circleBar.setColor(3, 169, 244); //主题色  Ⅰ类
}else if(pH > 9.0 && pH <= 10.0){
circleBar.setColor(147, 239, 46); //Ⅲ类
}else if(pH > 10.0 && pH <= 14.0){
circleBar.setColor(250, 166, 41); // Ⅴ类  过碱
}
}
```

上述方法实现的水质实时监测页面效果如图 4.14，为左侧"全国"按钮和右侧"切换"按钮添加监听事件，分别实现跳转至全国站点数据可视化页面(详见 4.7.7 小节)和监测站点切换页面(详见 4.7.6 小节)。设计简易排名算法为该站点水质综合等级进行排名。

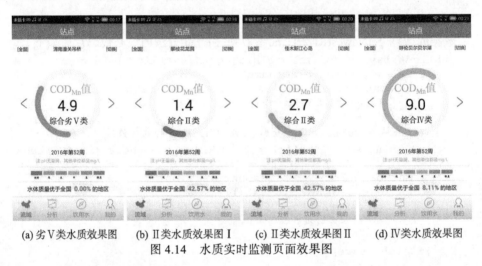

(a) 劣Ⅴ类水质效果图　(b) Ⅱ类水质效果图Ⅰ　(c) Ⅱ类水质效果图Ⅱ　(d) Ⅳ类水质效果图

图 4.14　水质实时监测页面效果图

4.7.6　监测站点切换页面

为了使软件在有限的 UI 界面空间内，实现对全国 148 个重要河流和湖泊水文站点的水质信息实时监测功能，本书设计了站点切换页面类辅助完成实时监测功能。

站点切换页面的布局文件 Activity_change_loc.xml 整体采用 LinearLayout 垂直布局实现，其内部包含 1 组自定义标题栏和 2 个 ListView 组件，并采用 RelativeLayout 相对布局完成组件排列。

业务功能的实现用到了 ChangeLocActivity 类、DBhelper 类和 LevelListView Adapter 类。首先，创建 DBhelper 类对象执行数据库数据查询操作。其次，使用 LevelListViewAdapter 类完成查询结果与 ListView 元素 Item 的适配任务。再次，为左侧流域级 ListView 组件添加监听用户单击行为 setOnItemClickListener (OnItemClickListener 1)方法，如有用户触摸或者点击条目行为发生，立即触发 onItemClick(View view, int position)方法进行响应用户行为，并再次执行数据库查询和数据内容适配任务完成二级目录数据填充。最后，为右侧站 ListView 添加监听用

户点击行为的方法，并记录用户连续点击的时间差，如果监测到用户连续点击间隔大于 300ms，则调用 SpfUtils 类的 setString(String key, String value, Context context) 方法进行缓存用户选择的站点名称，之后返回实时监测页面。

DBhelper 类中 getRiver()方法和 getRiverChild(String placetoid)方法分别负责处理流域详细信息和监测站点信息查询任务，getRiver()方法核心代码片段如下。

```
dbm.openDatabase();
db = dbm.getDatabase();
...
// 流域详细信息查询
String sql = "select * from River";
Cursor cursor = db.rawQuery(sql,null);
...
dbm.closeDatabase();
db.close();
return list;
```

getRiverChild(String placetoid)方法核心代码片段如下。

```
...
// 监测站点信息查询
String sql = "select * from RiverChild where RiverId
            ='"+placetoid+"'";
Cursor cursor = db.rawQuery(sql,null);
...
```

LevelListViewAdapter 类中的 getView(int position, View convertView, ViewGroup parent)方法完成数据适配任务，其核心代码片段如下。

```
public View getView(int p, View cV, ViewGroup pa) {
    View myView = View.inflate(this, R.layout.level, null);
    ...
    String placeName = mData.get(position).getPlacename();
    continent_text.setText(placeName);
    ...
    myView .setTag(position);
    myView .setOnClickListener(onClickListener);
    return view;
}
```

SpfUtils 类中实现用户行为数据记录功能的 setString(String key, String value, Context context)方法核心代码片段如下。

```
// 1.打开 Preferences，名称为 setting，如果存在则打开它，否则创建新的
   Preferences
...
// 2.让 setting 处于编辑状态
SharedPreferences.Editor editor = sp.edit();
// 3.存放数据
editor.putBoolean(key, value);
// 4.完成提交
editor.commit();
```

上述方法实现的监测站点切换页面效果如图 4.15。

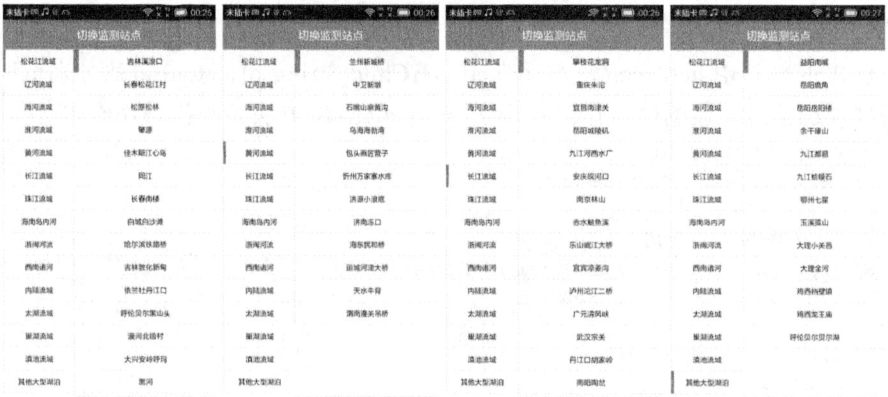

|(a) 总览效果图|(b) 黄河流域效果图|(c) 长江流域效果图|(d) 其他大型湖泊效果图|

图 4.15　监测站点切换页面效果图

4.7.7　全国站点数据可视化页面

该页面用到的外部支持库有 baidumapapi_map_v3_7_3.jar 和 locSDK_6.03.jar，两者分别为开发者提供了基础地图操作和用户定位操作的部分接口。该页面主要由 NationActivity 类、DBhelper 类、RiverChildInfor 类和 RiverDataInfo 类完成，其中 NationActivity 类基于百度地图 SDK 外部接口实现了基础地图显示、自定义 Marker 标注和数据可视化展示，调用百度定位 API 实现了用户定位等功能；DBhelper 类负责处理数据库查询操作业务；其余两个数据类辅助完成数据查询和数据封装，整体业务流程如图 4.16 所示。

当软件用户点击实时监测页面左上角"全国"文本框时，程序会执行 Intent intent = new Intent(mActivity，NationActivity.class)创建 Intent 并调用 startActivity(Intent intent)方法进行页面跳转。在全国站点监测页面内，使用 findViewById(int ID)方法实现按钮等组件的初始化和对象的实例化，并为页面悬浮的单选组件 RadioGroup 和定位 Button 分别添加 setOnCheckedChangeListener()方法和 setOnClickListener()方法进行响应用户操作行为。单选组由 4 个单选组件构成，当用户触摸改变其选择状态时，程序将调用监听方法实现数据的实时查询和动态加载。此外，由于项目中需要实时查看全国水质状态的业务，软件需要设计地图标记和悬浮窗显示等数据可视化功能，具体实现需要以下四个步骤：

步骤一：创建基础地图。使用 baidumapapi_map_v3_7_3.jar 包中 BaiduMap 类的 getMap()方法找出布局文件中的地图显示组件。使用 setMapType(int arg0)方法将地图设置为 MAP_TYPE_NORMAL 常规类型，调用 setOnMarkerClickListener()方法为地图标记物添加点击监听，使用 removeViewAt(1)删除百度地图默认的图标。地

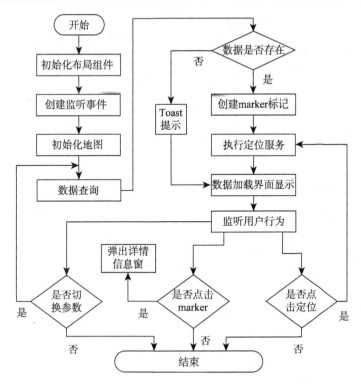

图 4.16　全国站点数据可视化模块业务流程

图初始化的方法程序代码如下。

```
private void initBaiduMap() {
    // 获取地图控件
    mapView = (MapView) findViewById(R.id.bmapView);
    mBaiduMap = mapView.getMap();
    // 默认显示常态地图
    mBaiduMap.setMapType(BaiduMap.MAP_TYPE_NORMAL);
    // 为地图添加点击 Marker 监听
    mBaiduMap.setOnMarkerClickListener(this);
    // 删除图标
    mapView.removeViewAt(1);
    // 加载多个标注  默认是综合指标
    getMyMarker(listData , 0 );
}
```

步骤二：Marker 坐标查询及显示。使用 DBhelper 类和 RiverChildInfor 类在数据库中查出流域站点的经纬度坐标信息；使用 LatLng 类构造一个适用于百度基础地图的地图坐标；创建 pop_marker.xml 布局文件并使用 BitmapDescriptorFactory 类完成标记点和自定义样式进行绑定。标注点 Marker 查询及显示方法的核心代码片段如下。

```
..
// 从 RiverChild 表中查询出所有监测站点的经纬度信息。
ArrayList<RiverChildInfor> list = new ArrayList
    <RiverChildInfor>();
try {
   String sql = "select * from RiverChild ";
   Cursor cursor = db.rawQuery(sql,null);
   ...
}catch{
...
}
...
return list;
..
// 将所有监测站点的经纬度信息构造成适用于百度基础地图的地图坐标。
ArrayList<RiverChildInfor> infos= new ArrayList
    <RiverChildInfor>();
for(int i=0; i<infos.size();i++){
   lat = infos.get(i).getLat();
   lng = infos.get(i).getLng();
   latLng = new LatLng(lat,lng);
}
...
//用一个自定义的 view 代替简单图片
overlayOptions = new MarkerOptions().position(latLng).
    icon(view).zIndex(5);
marker = (Marker) (mBaiduMap.addOverlay(overlayOptions));
...
```

步骤三：数据绑定，实现可视化。使用 DBhelper 类和 RiverDataInfo 类实现监测站点水质参数数据的查询。使用 Bundle 类构造一个对象，并将查询结果绑定到 Marker 上，同时，按照国家水质等级分类判别标准设计水质参数等级分类算法，实现不同指示颜色代表不同水质等级的功能。数据绑定功能实现的核心代码片段如下。

```
...
Bundle bundle = new Bundle();
bundle.putSerializable(INFOR, infos.get(i));
marker.setExtraInfo(bundle);
...
```

步骤四：显示悬浮窗口。当用户点击任意标注点时，软件会调用 onMarkerClick (final Marker marker)方法和 showAtLocation(View parent, int gravity, int x, int y)实现监测站点详情信息弹窗显示。

4.7.8 数据分析页面

点击软件底部导航栏"分析"按钮即可进入数据分析页面，该页面是为了满足用户查看历史数据和水质参数变化趋势而设计的。从上到下，整体页面由自定义的 ActionBar、站点标显示题栏、转发分享按钮、数据图表和详细数据报表生成模块这五个部分构成。

整个数据分析页面的布局文件采用 LinearLayout 垂直布局策略实现，页面上下滑动效果由次外层 ScrollView 组件构建而成，站点标题显示模块和转发分析按钮由组件 TextView 和 Button 依照 RelativeLayout 布局设计，数据图表展示部分由 *.LineChart、charting.charts.PieChart 和 charting.charts.BarChart 开源图标库实现，报表生成按钮由嵌套于最内层的 Button 组件和自定义的 ListView 完成。

　　该页面整体业务功能实现流程如图 4.17 所示。

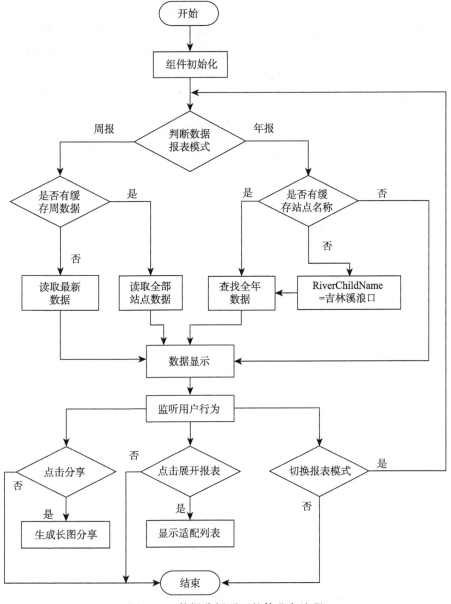

图 4.17　数据分析页面整体业务流程

在软件整体功能实现中，ActionBar 和站点显示标题栏的实现分别已在前几节中进行过详细阐述，在此不做赘述。除此之外，其他各个部分的详细实现方法通过以下内容叙述。

(1) 转发分享：该功能主要负责将当前页面可视部分和隐藏部分全部截取，并通过 Android 系统自带的分享接口完成社会化分享。生成长图功能由 Screenshot 类中的 getBitmapByView(ScrollView scrollView) 方法实现。该方法首先测量出 ScrollView 组件的长宽，然后创建对应大小的 Bitmap 和 Canvas，最后调用 draw (Bitmap b)方法画出屏幕内容。生成后的长图需要调用 compressImage(Bitmap image) 方法进行压缩处理，否则文件过大容易造成软件卡退。经过压缩后的图像再调用 Share.shareSingleImage(View view, Context mContext, String imageUrl)实现社会化分享和传播。图片压缩方法核心代码片段如下。

```
...
ByteArrayOutputStream bYOS= new ByteArrayOutputStream();
photo.compress(Bitmap.CompressFormat.JPEG, 100, bYOS);
int options = 100;
...
while (bYOS.toByteArray().length / 1024 > 150) { //保证压缩后的图
        片大小小于150KB
    bYOS.reset();
    photo.compress(Bitmap.CompressFormat.JPEG,
        options, bYOS);
    options -= 5;
}
ByteArrayInputStream bAIS = new ByteArrayInputStream
    (bYOS.toByteArray());
Bitmap huabu = BitmapFactory.decodeStream(bAIS , null, null);
...
```

(2) 数据图表：该部分包括用于显示水质等级的饼图、用于展示水质参数变化趋势的折线图和用于统计不同等级站点个数的柱状图。使用开源的数据图表库时，首先需要使用 DBhelper 类中的数据查询方法从数据库中取出有效数据备用，然后将数据封装为 PieData、LineData 和 BarDataSet 等格式，并调用 showPieChart(PieChart bing1, PieData bing2)、showLineChart(LineChart xian1, LineData xian2)和 showBarChart (BarChart zhu1, BarData zhu2)等方法实现数据的图形化展示。

(3) 一键生成报表：该模块主要负责完成详细水质参数报表生成任务。在默认情况下，数据分析页面的 ListView 属性为 View.GONE，当用户点击"10s 内生成数据报表"按钮时，通过 YearDataTableAdapter 类和 WeekDataTableAdapter 类完成不同模式下的数据适配业务。

上述方法实现的数据分析页面效果如图 4.18 所示。

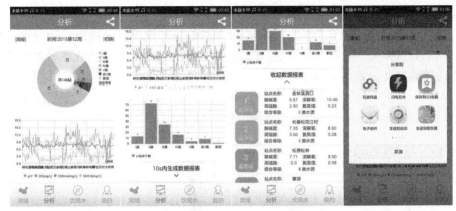

<table>
<tr><td>(a) 饼型效果图</td><td>(b) 折线型效果图</td><td>(c) 列表型效果图</td><td>(d) 转发效果图</td></tr>
</table>

图 4.18　数据分析页面效果图

4.7.9　社区水质数据查询页

饮用水水质查询页实现了全国城市 128 万社区的饮用水 TDS 值和余氯含量的实时查询业务，该业务功能主要使用 Province 类、City 类、Area 类、House 类、ProvTDSDataAdapter 类、CityTDSDataAdapter 类、AreaTDSDataAdapter 类、HouseTDS DataAdapter 类和 DBhelper 类完成。其中，前四个类主要定义了省级、市级、县级和小区的成员变量及 setX()、getX()方法；DBhelper 类负责完成数据库的操作业务；查询结果与显示组件之间的适配任务由其余四个类完成。

该模块的整体界面使用 LinearLayout 线性布局构成，次外层嵌套 RelativeLayout、LinearLayout 和 ScrollView 三层布局或组件，其中，RelativeLayout 布局文件下含有 TextView 组件，该组件实现了标题信息的显示功能；LinearLayout 布局文件在水平方向上添加了 3 个属性为 android:layout_weight="1"的 Spinner 下拉菜单组件，分别用于实现省级、市级和县级数据的展示业务；ScrollView 组件下 LinearLayout 子布局中内嵌 GridView 和 ListView 控件，前者主要用于显示省级、市级和县级的水质数据，后者负责实现县级以下的水质 TDS 值和余氯含量等数据信息展示。此外，GridView 和 ListView 组件内部的 Item 元素分别由自定义的 tds_data_item.xml 文件和 house_tds_data_item.xml 文件替代而成，实现了数据个性化展示。

由于该模块涉及数据量较大，而手机端运行资源有限，为了保证软件运行的流畅度和良好的用户体验，本书设计了一种按需下载的策略，该策略既节约了手机运行内存资源和网络数据流量，也保障了数据的实时性和完整性。该策略在用户使用该页面查询社区饮用水水质时，后台会根据 WHICHLEVEL 变量判别出当前所属地域级别调用不同的数据下载程序完成最新数据下载业务；当用户不需要持续刷新数据时，用户可以在软件中设置关闭自动下载的功能，从而实现按需索取、节约资源的目的。

该页面设计的重点包括网络数据爬虫下载业务和地域目录四级联动业务。其中，网络数据爬虫下载模块的实现思路与 4.7.4 小节类似，但相比之下，本节设计的方法更为复杂。具体实现步骤如下。

步骤一：获取起始页面 HTML 的 DOM 树结构。本模块数据来源于亿家净水官方网站公开发布页面，访问后获取到的 DOM 树结构如图 4.19 所示。

```
206 ▾      <div class="listbox clear">
207 ▸          <div class="item noborl">▨</div>
219 ▸          <div class="item noborl">▨</div>
231 ▸          <div class="item noborl">▨</div>
243 ▸          <div class="item noborl">▨</div>
255 ▸          <div class="item noborl">▨</div>
267 ▾          <div class="item noborl">
268 ▾              <a href="/prov?id=100005" title="福建">
269                    <div class="name colblue">福建</div>
270 ▾                  <div class="tds">TDS值：
271                        <span class="colorg">36</span>
272                    </div>
273 ▾                  <div class="rc">余氯含量：
274                        <span class="colgreen">0.06mg/L</span>
275                    </div>
276                    <div class="more colorg">查看详情&gt;&gt;</div>
277                </a>
278            </div>
279 ▸          <div class="item noborl">▨</div>
291 ▸          <div class="item noborl">▨</div>
```

图 4.19　起始页面 HTML 的 DOM 树结构图

步骤二：HTML 文件解析。首先使用 Jsoup.parse(HTML html)方法将爬取到的 html 网页解析为 Document 格式的文件，并使用 doc.select("div[class=listbox clear]").get(0)和 div.select("div[class=item noborl]")语句提取出全部有效 div。其次通过 Province 类和 select()、getElementsByTag()方法将地域名称、TDS、余氯含量和地域编号数据封装为对象。最后，设计程序剔除特殊数据信息，如直辖市、县级市等。

步骤三：智能补全 url。通过爬虫实验得出省级、市级、县级和县级以下的 url 地址分别为 root=http://www.waterp.com、root/prov?id=x、root/city?id=x(省级、市级、县级)和 root/house? id=x(县级以下)。软件运行时，程序会根据聚焦遍历算法抓取当前页面的有效信息，监听到用户行为后进行智能补全下次爬虫的 url。

步骤四：水质数据存取。通过使用 DBhelper 类的 saveProvinceData(Province data)方法、saveCityData(City data)方法、saveAreaData(Area data)方法、saveHouseData(House data)方法、getProvinceInfor()方法、getCityInfor(String provinceId)方法、getAreaInfor(String cityId)和 getHouseInfor(String areaId)方法完成不同地域级别数据的分类存取任务。

该页面后台下载的数据信息如图 4.20 所示。

_id	HouseName	AreaId	CityId	ProvinceId	TDS	RC
187571	馨和家园:	100067	100066	100002	196	0.11mg/L
187572	天宝华苑东门:	100067	100066	100002	290	未知
187573	海滨街道纪家园村村民委员会:	100067	100066	100002	310	0.06mg/L
187574	京津新城桃园8区:	100067	100066	100002	207	0.06mg/L
187575	三岔口村:	100067	100066	100002	194	未知
187576	钰华街道姜庄村村委会:	100067	100066	100002	245	0.06mg/L
187577	宝星花园:	100067	100066	100002	231	0.06mg/L
187578	五里台村:	100067	100066	100002	242	0.11mg/L
187579	岳园小区东门:	100067	100066	100002	237	0.11mg/L
187580	西双树村委会:	100067	100066	100002	261	0.61mg/L

图 4.20　水质查询页面后台的下载数据截图

上述方法实现的社区水质数据查询页面效果如图 4.21 所示。

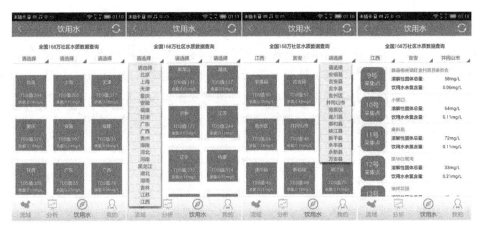

(a) 页面整体效果图　　(b) 省级下拉菜单效果图　　(c) 县级下拉菜单效果图　　(d) 详情效果图

图 4.21　社区水质数据查询页面效果图

4.7.10　用户相关页面

用户相关功能模块主要包括"我的"页面、用户登录退出子模块、用户个人信息展示页面、查看已绑定设备子模块和扫一扫添加设备子模块。其中，前三个模块界面布局相对简单，功能实现也与前几节内容类似，因此不再说明。用户登录后可以在软件中查看已绑定设备，该设备信息来源于自建云服务器数据库。与此同时，用户也可以点击"添加设备"按钮调用扫一扫功能实现设备创建。该模块的部分子功能实现方法如下。

(1) 用户设备查看。在界面时，使用 ListView 组件和自定义的 Item 元素完成设备信息的逐一展示。功能业务主要由 GetData 类和 MyBaseAdpter 类负责实现。其中，前者负责向服务器发送 Get 请求并接收服务器返回的 JSON 格式数据包；后者完成 JSON 格式数据解析，并实现与 ListView 绑定展示。JSON 解析的局部代码片段如下。

```
public static Device analysis(String key, String res) {
    Device device= new Device ();
    try {
        JSONObject JObj = new JSONObject(res);
        JSONObject deivceObj = JObj .getJSONObject("device");
        device.setId(deivceObj.getInt("321091"));
        device.setName(deivceObj.getString("水质监测设备"));
        device.setAbout(deivceObj.getString("陕西西安监测点"));
    } catch (Exception e) {
        ....
    }
    return device;
}
```

(2) 添加设备业务。为了方便用户添加设备的操作，使用开源 zxing 包设计出具有创新性的功能：扫一扫添加设备。使用二维码生成工具将用户信息和设备必需的信息生成自定义的二维码，使用软件"添加设备"功能调用摄像头进行扫描，后台程序识别后会向服务器添加设备接口发送一条请求添加设备的信息，服务器响应后将返回添加成功或失败的信息，执行请求后，可以再次发起添加请求。

4.8 软件功能测试

4.8.1 软件运行效果测试

运行测试属于动态测试，即测试人员通过人工手动方式或使用专业工具自动执行方式对软件进行初步测试，并对比软件的表现效果和预期目标，从而完成软件兼容性、正确性、健壮性等结果分析。本书研发的软件需要测试多个页面联动，具体测试内容、方法及效果如表 4.26 所示。

表 4.26 软件运行效果测试表

测试内容	方法说明	效果
数据采集	使用数据库可视化软件 Navicat for SQLite 进行呈现	图 4.22、图 4.23
实时监测	点击手机软件图标，加载默认页面	图 4.24
站点切换	点击"流域"页面右上角切换按钮，实现跳转	图 4.25

续表

测试内容	方法说明	效果
年报数据分析	选择"分析"页面左上角数据展现模式为"年报"	图 4.26
周报数据分析	将第一页左上角数据分析模式手动切换为"周报"	图 4.27
日期切换和动态加载	在周报模式下，点击第二页右上角标签切换时间	图 4.28
数据报表生成	两种模式下点击"展开数据报表"按钮生产报表	图 4.29
一键转发	点击第二页 ActionBar 右侧转发按钮完成报表分享	图 4.30
社区饮用水水质查询	切换到第三页，按照需求进行分级查询饮用水水质	图 4.31
用户登录	点击导航栏"我的"按钮后，切换到用户登录页面	图 4.32
用户设备管理	登录成功后，点击"已绑定设备"进行设备管理	图 4.33

图 4.22～图 4.33 为软件运行效果截图。

通过上述测试得出，本章研发的软件能够较好地满足实际项目需求，同时软件具有操作简单、功能实用、健壮稳定等特点。

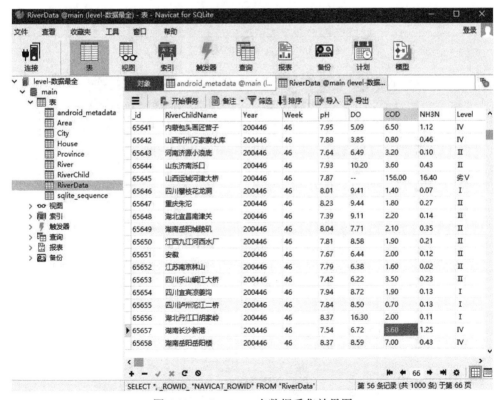

图 4.22　RiverData 表数据采集效果图

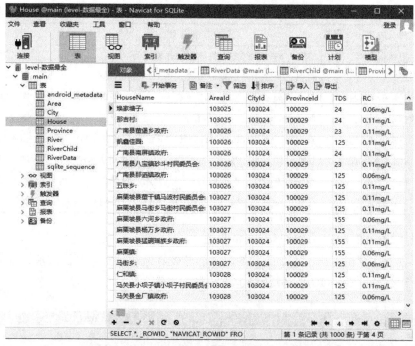

图 4.23　House 表数据采集效果图

(a) pH 实时监测效果图　　　　(b) COD$_{Mn}$ 值实时监测效果图

图 4.24　实时监测效果图

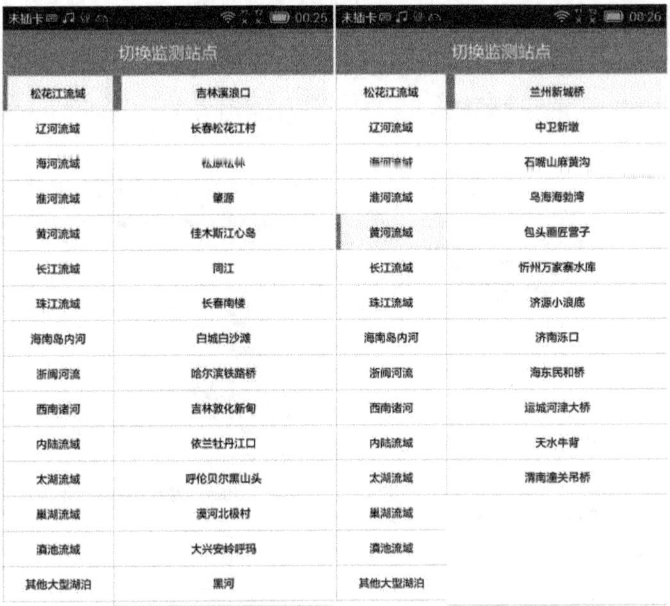

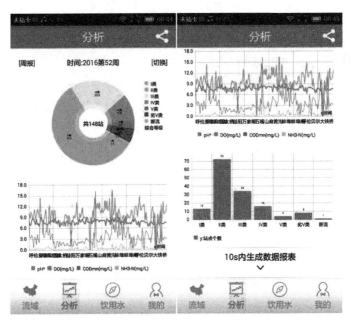

(a) 松花江流域效果图　　　　　(b) 黄河流域效果图

图 4.25　站点切换效果图

(a) 年报报表部分效果图Ⅰ　　　　(b) 年报报表部分效果图Ⅱ

图 4.26　年报数据分析效果图

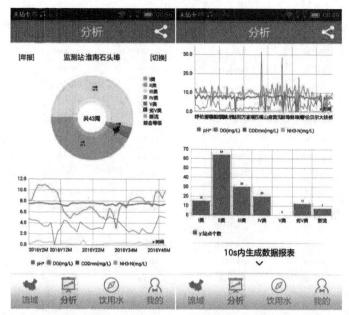

(a) 周报报表部分效果图 Ⅰ　　　　(b) 周报报表部分效果图 Ⅱ

图 4.27　周报数据呈现效果图

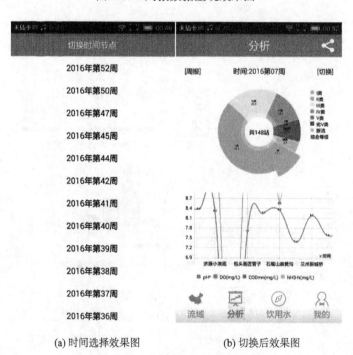

(a) 时间选择效果图　　　　　(b) 切换后效果图

图 4.28　日期切换和动态加载效果图

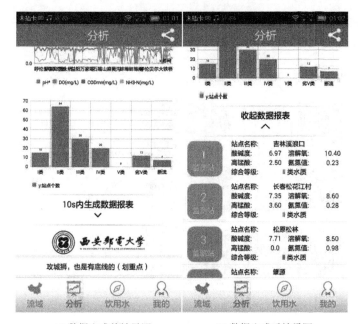

(a) 数据生成前效果图　　　　　(b) 数据生成后效果图

图 4.29　数据报表生成效果图

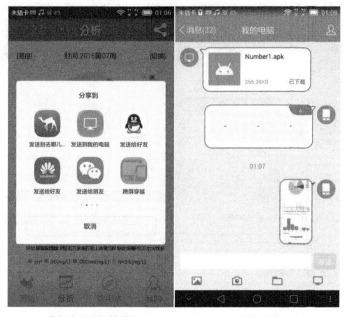

(a) 分享途径选择效果图　　　　　(b) 分析后效果图

图 4.30　一键转发分享效果图

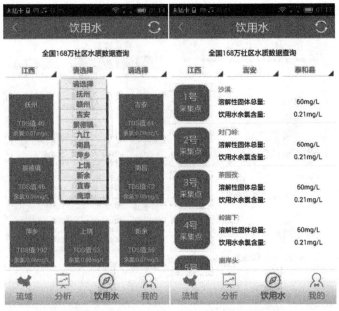

(a) 地区选择效果图　　　　　　(b) 数据展示效果图

图 4.31　社区饮用水水质查询效果图

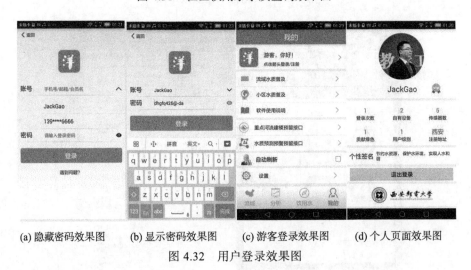

(a) 隐藏密码效果图　　(b) 显示密码效果图　　(c) 游客登录效果图　　(d) 个人页面效果图

图 4.32　用户登录效果图

4.8.2　软件深度遍历测试

　　软件深度遍历测试在百度 MTC 测试中心完成，云测平台采用 HTML5 技术和后端加速技术，简化了 App 测试的复杂流程，为超过 100 万手机软件研发人员提供了 10000 部市场主流真机设备或增强型的手机模拟器，机型包括华为、魅族、小米等 1500 多款，极大地方便了软件开发人员的云端测试业务。由于本项目开发工作

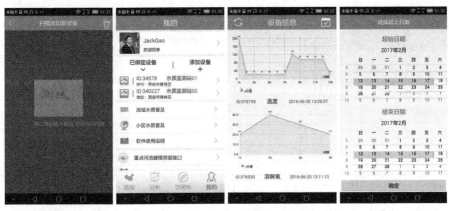

(a) 二维码扫描效果图　　(b) 设备列表效果图　　(c) 数据展示效果图　　(d) 日期切换效果图

图 4.33　用户设备管理效果图

主要在西安邮电大学通信与信息工程学院物联网实验室完成，使用百度 MTC 进行软件深度遍历测试极大地弥补了硬件方面的不足。

本次测试共涵盖 5 款主流 Android 手机和 5 个不同版本的主流 Android 操作系统。测试评价参数包括软件启动时长、运行时 CPU 占比、运行所占内存空间、软件通吐量、耗电量等。耗电和流量的常规测试方法如下。

1. 耗电测试

手机软件耗电操作主要包括无线接网、使用内置感应器、后台内存和屏幕锁未释放等。在进行该项测试时，可以通过查看手机系统设置下的电池使用情况，也可通过导出 power_profile.xml 文件并使用基础参数加权计算获得耗电情况。

2. 流量测试

通常情况下，手机流量消耗是通过接入运营商网络实现的，因此通信数据报文中皆符合 IP 协议，在该项测试环节中，常规测试方法是采用抓取数据报文并解析包含有 IP 头数据的方式计算流量值。

各个系统具体参数和测试结果详情见表 4.27。

表 4.27　测试详情表

品牌型号	操作系统版本	安装	运行	卸载	启动耗时/ms	CPU占用/%	内存占用/MB	流量(接收/发送)/KB	电量/mAh
GALAXY J3 Pro	android5.1.1	√	√	√	515	7.23	45	109/6	2.19
荣耀 v8	android6.0	√	√	√	198	1.61	73	74/12	—
华为麦芒 4	android5.1	√	√	√	683	1.72	116	971/91	3.68

续表

品牌型号	操作系统版本	安装	运行	卸载	启动耗时/ms	CPU/%	内存占用/MB	流量(接收/发送)/KB	电量/mAh
华为 Mate7	android4.4.2	√	√	√	486	4.25	159	848/94	7.64
中兴天机 7	android5.0	√	√	√	453	11.08	58	147/10	3.53
魅族魅蓝 note3	android 5.1	×	×	×	—	—	—	—	—
综合结论					467	5.18	90.2	430	4.26
遍历结论				通过率				83.33%	
				安装失败数				1	

注: "√"表示成功, "—"表示未知, "×"表失败。

根据上述测试数据得出软件启动耗时、CPU 占用、内存占用、流量耗用和电量耗用的占比分布如表 4.28 所示。

表 4.28　软件性能指标指数分布表

启动耗时	取值区间/ms	198~295	295~392	392~489	489~586	586~683
	占比/%	20	0	40	20	20
CPU 占用	取值区间/%	1.61~3.50	3.5~5.4	5.40~7.29	7.29~9.19	9.19~11.08
	占比/%	40	20	20	0	20
内存占用	取值区间/MB	45~68	68~91	91~113	113~136	136~159
	占比/%	40	20	0	20	20
流量耗用	取值区间/KB	74~253	253~433	433~612	612~792	792~971
	占比/%	60	0	0	0	40
电量耗用	取值区/mAh	2.19~2.28	2.28~4.37	4.37~5.45	5.45~6.55	6.55~7.46
	占比/%	26	50	0	0	24

4.8.3　软件深度性能测试

该项测试随机测试了五个主流手机,包含了五个不同版本的 Andorid 操作系统,详细测试结果如表 4.29 所示。

表 4.29　测试结果

品牌型号	操作系统版本	安装	启动耗时/s	CPU/%	内存/MB	流量(接收/发送)/KB	电量/mAh
中兴星星 1 号	android4.4.2	√	0.686	6.79	112	533/34	7.55
Galaxy S6 Edge	android6.0.1	√	0.275	1.91	176	757/66	2.23
华为 P9	android6.0	√	0.202	2.69	152	566/62	1.28
小米 4S	android5.0	√	0.231	1.50	82	56/9	3.21
Galaxy S6 Edge	android5.1.1	√	0.359	3.05	323	1090/216	4.11
综合测评			0.351	3.19	169	600.4	3.68

第 5 章　农业水质监测物联网平台

5.1　云服务器端业务需求分析

5.1.1　功能性需求分析

在实际项目中,云服务器端功能需求主要来源于水质监测硬件系统(第 3 章)和水质在线监测 Android 客户端软件(第 4 章)两部分。前者每隔 10min 会自动完成一次"原水样本抽取、水质数据采集和远程无线信息收发"业务。其中,"远程无线信息收发"模块主要负责处理下位机硬件监测系统与云服务器平台之间的信息交互。一方面,通过向云服务器指定地址发送绑有 JSON 格式水质数据包的 POST 请求完成本地数据云端存储业务;另一方面,通过接收服务器端返回的请求状态码或控制指令实现硬件参数更新。此外,后者受众范围广(普通大众、园区农户等),同时在线用户多(不少于 500 人同时在线)且数据刷新频繁(每位用户每日平均访问量不少于5 次)。因此,上述软、硬件功能需求为云服务器开发提出了用户管理,权限划分和数据存储、查看、修改、删除以及更新等多个功能性需求,具体如图 5.1 所示。

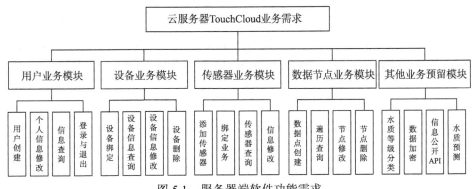

图 5.1　服务器端软件功能需求

(1) 用户业务模块:该模块主要负责对 TouchCloud 平台上已有用户的信息管理和权限划分,具体功能包括新用户注册、个人基础数据查询、用户业务数据修改、已注册用户登录与退出等操作。

(2) 设备业务模块:该模块主要负责新设备的接入和已有设备信息管理,核心功能包括设备创建、用户绑定、数据查询(指定节点或全部遍历)、参数列表修改、信息更新和已有设备删除等操作。

(3) 传感器业务模块：该模块负责传感器添加和已有传感器信息管理，主要功能包含新传感器添加、设备绑定、数据检索、信息修改和已有传感器删除等操作。

(4) 数据节点业务模块：该模块主要用于处理水质监测下位机传输到服务器的水质数据包，主要功能包含数据节点增加、更新、查询(单点或遍历)、删除等操作。

(5) 其他业务预留模块：为了保障云服务平台与 Android 手机客户端之间的正常通信，该模块有针对性地公开了用户信息查询、设备信息检索、传感器信息修改和水质数据节点按规则遍历查询等多个统一标准的 API，并为平台二次开发预留了水质等级分类接口、数据爬虫解析接口、信息加密接口、信息发布接口和水质预测接口。

5.1.2 非功能性需求分析

私有水质监测云服务器部署在阿里云云服务(elastic compute service, ECS)平台上，平台操作系统采用时下主流的 Linux，Web 服务器采用 Apache2.2.12，Java 应用服务器使用 Tomcat7.0，数据库使用 MySQL 关系型数据库。由于本系统下位机采集系统和客户端软件具有接口访问频繁、数据信息量大和用户群体广等特点，服务器支撑平台的硬件操作系统需要至少满足标准版配置：双核 CPU，2G 内存，50GB 存储内存，每秒 10Mbit 的数据交换能力，且能持续不间断地工作。

根据前期调研得出，本章拟搭建的云服务器适合(性价比高、开发周期短、易于后期维护)采用阿里云 ECS 平台实现上述硬件配置和软件环境，原因有以下两个方面。

(1)ECS 便捷高效：ECS 是阿里云提供的一种基础云计算服务。使用 ECS 可以使服务器开发更加便捷、高效，达到事半功倍的效果，开发者根据业务需要，可以随时创建所需数量的云服务器实例。在使用过程中，随着计算量的增加，对 ECS 进行增大内存、提升带宽流量等操作。如果不再需要云服务器，也可以方便的释放资源，节省费用。

(2)ECS 实例功能齐全：ECS 实例是一个虚拟的运行环境，包含主机、ROM、操作系统、磁盘、带宽等最基本的服务器组件。一个实例等同于一台虚拟机，用户对所创建的实例拥有最高级权限，其对 ECS 的登录和管理(如新建磁盘、制作镜像、生成备份、一键部署等)操作不受任何空间、地域和时间上的限制。

5.2 云服务器整体框架

云服务器端软件采用 LAMP 组合开发方案(以 Linux 作为操作系统，apache http server 作为 Web 服务器，MySQL 作为数据库，PHP 作为服务器端脚本解释器)实现用户、设备、传感器和数据节点的创建、修改、更新、删除和外部访问接口，部署并运行在云计算平台(阿里云)上，为手机客户端用户信息来源和自有设备远程监控提供了有力的业务支撑。水质远程监测软件整体框架如图 5.2 所示。

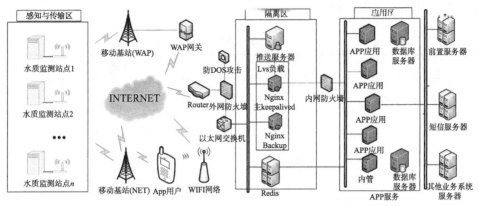

图 5.2　水质远程监测软件整体框架图

5.3　数据库及接口设计

5.3.1　数据库设计

1. 用户表及字段含义

用户表以字段 TB_Users 命名，主要用于存储用户系统编号、昵称、密码、邮箱和手机号等信息，表中各个字段的名称和作用如表 5.1 所示。TB_Users 以 Mobile 字段和 Name 字段为复合主键，并使用 java.util.UUID 类中由一个十六进制数字组成的全局通用唯一标识符(universally unique identifier，UUID)作为用户信息二次验证和操作权限管理的标记信息。

表 5.1　用户表

字段名称	含义说明	字段名称	含义说明
User_id	系统用户编号	DeviceNum	用户所有设备数
Name	用户昵称	Sex	用户性别
Password	用户密码	Addr	用户地址信息
Userkey	用户全局唯一标识	Signature	个性签名信息
Email	用户邮箱	Mobile	用户手机号
Icon	用户头像	Level	用户等级

2. 设备表及字段含义

设备表以字段 TB_Devices 命名，以 Device_id(设备编号)为主键，分别为设备标题、描述信息和所属用户等信息定义了不同字段名称，用于实现设备信息存储功能，具体字段定义及含义说明如表 5.2 所示。

表 5.2　设备表

字段名称	含义说明
Device_id	设备编号
Title	用户自定义的设备标题
About	设备描述信息
Lat	经度坐标
Lng	纬度坐标
User_id	所属用户信息
UserKey	用户全局唯一标识

3. 传感器表及字段含义

传感器表以字段 TB_Sensors 命名，以 Sensor_id 为主键，主要存储水质监测硬件设备所携带的各类型传感器信息。表中字段 Type 为传感器种类，取值 1、2、3 分别表示数值型、泛型和 GPS 型。其他字段定义及含义说明详见表 5.3。

表 5.3　传感器表

字段名称	含义说明
Sensor_id	传感器编号
Title	用户自定义的传感器标题
Type	传感器种类
About	传感器描述信息
Device_id	所属设备信息
UserKey	用户全局唯一标识

4. 传感器节点数据表及字段含义

传感器节点数据表以字段 TB_ValueDatapoints 命名，以 id(数据点编号)为主键。时间戳用于记录不同传感器上传数据的具体时间，表中各个字段定义及含义说明见表 5.4。

表 5.4 传感器节点数据表

字段名称	含义说明
id	数据点编号
TimeNode	节点数据创建时间戳
Value	JSON 格式的数据
Sensor_id	所属传感器信息
UserKey	用户全局唯一标识

5.3.2 用户类 API 接口设计

本章介绍的物联网云服务器具有用户创建、登录、编辑、查看、删除等操作,同时也具备查看全部 URL、找回密码和修改密码等常规功能。使用该平台的用户具有表 5.5 所示的功能。

表 5.5 用户类 API 接口表

访问地址	请求方式	含义说明
/v1.0/serviceList	POST	查看全部 URL
/v1.0/user/create	POST	创建用户
/v1.0/user/login	POST	登录用户
/v1.0/user/modify	POST	编辑用户
/v1.0/user/check	POST	查看用户
/v1.0/user/delete	POST	删除用户
/v1.0/user/findPwd	POST	找回密码
/v1.0/user/modifyPwd	POST	修改密码

1. 查看全部 URL

为了方便智能移动终端客户与服务器进行数据交换,本节设计了查看全部 URL 的接口,用户对该接口进行有效请求,服务器将返回一个 JSON 类型的数据包。该数据包描述如表 5.6 所示。

表 5.6 查看全部 URL 数据包格式表

功能描述	对该 URL 给出 HTTP POST 请求,服务器将返回所有 URL
URL	/TouchCloud/v1.0/servicesList
数据格式	JSON
请求方式	POST
请求参数	无
测试实例	通过

2. 创建用户

一个用户通常具备昵称、性别、密码、手机号、邮箱、头像、联系地址和签名等信息，因此请求该接口需要向服务器提交上述请求参数。数据类型除性别之外都是字符串 string，该数据包描述如表 5.7 所示。

表 5.7　创建用户数据包格式表

功能描述	对该 URL 的一个 HTTP POST 请求将为您创建一个新的用户			
URL	/TouchCloud/v1.0/user/create			
数据格式	JSON			
请求方式	POST			
请求参数	参数名	必须	类型	说明
	name	false	string	昵称
	sex	true	int	性别,0 女 1 男
	password	true	string	密码
	mobile	true	string	手机号(重复不能再次创建)
	email	false	string	邮箱
	icon	false	string	用户头像
	addr	false	string	地址
	signature	false	string	签名(支持中文)

数据示例	{
	　"name":"JackXXXX",
	　"password":"123456",
	　"sex":1,
	　"mobile":"18888887777",
	　"email":"123456789@163.com",
	　"icon":"2324",
	　"addr":"shaanxi,xian,xupt",
	　"signature":"Nothing is impossible"
	}			

返回值	{
	　"password":"123456",
	　"mobile":"18888887777"
	}			

测试实例	通过			

3. 用户登录

登录用户发送的数据包描述如表 5.8 所示。

表 5.8　用户登录数据包格式表

功能描述	根据手机号和密码登录用户
URL	/TouchCloud/v1.0/user/login
数据格式	JSON
请求方式	POST

续表

请求参数	参数名	必须	类型	说明
	mobile	true	string	手机号
	password	true	string	密码

数据示例	{
	   "mobile":"18888887777",
	   "password":"123456"
	 }			

返回值	{
	   "userkey":"moasdasdwbeil2341se"
	 }			

测试实例	通过			

4. 编辑用户

编辑用户发送的数据包描述如表 5.9 所示。

表 5.9　编辑用户数据包格式表

功能描述	登录状态下，根据用户 id 编辑已经注册的用户信息			
URL	/TouchCloud/v1.0/user/modify			
数据格式	JSON			
请求方式	POST			
请求参数	参数名	必须	类型	说明
	userKey	true	string	秘钥
	name	false	string	昵称
	email	false	string	邮箱
	icon	false	string	用户头像
	sex	false	int	性别
	addr	false	string	地址
	signature	false	string	签名(支持中文)

数据示例	{
	   "userKey":"moasdasdwbeil2341se",
	   "name":"JackGao",
	   "email":"hillfinder@163.com",
	   "icon":"bian ma",
	   "sex":1,
	   "addr":"shaanxi,xian,xupt",
	   "signature":"Nothing is impossible",
	 }			

返回值	编辑结果			
测试实例	通过			

5. 查看用户

查看用户发送的数据包描述如表 5.10 所示。

表 5.10　查看用户数据包格式表

功能描述	在登录状态下，使用 userKey 授权查看			
URL	/TouchCloud/v1.0/user/check			
数据格式	JSON			
请求方式	POST			
请求参数	参数名	必须	类型	说明
	userKey	true	string	秘钥(唯一标识符)

请求示例	{
	　　"userKey":"moasdasdwbeil2341se"
	}			

返回值	该用户的部分信息			

返回示例	{
	　　"name":"JackGao",
	　　"mobile":"18888887777",
	　　"email":"hillfinder@163.com",
	　　"icon": null,
	　　"sex":1,
	　　"addr":"shaanxi,xian,xupt",
	　　"signature":"Nothing is impossible",
	}			

测试实例	通过			

6. 删除用户

删除用户发送的数据包描述如表 5.11 所示。

表 5.11　删除用户数据包格式表

功能描述	在非登录状态下，使用 userKey 授权删除			
URL	/TouchCloud/v1.0/user/delete			
数据格式	JSON			
请求方式	POST			
请求参数	参数名	必须	类型	说明
	userKey	true	string	秘钥
	mobile	true	string	预留的手机号
	password	true	string	密码

请求示例	{
	　　"userKey":"moasdasdwbeil2341se",
	　　"mobile":"18888887777",
	　　"password":"123456"
	}			

返回值	删除结果			
测试实例	通过			

7. 找回密码

(1) 通过邮箱找回密码发送的数据包描述如表 5.12 所示。

表 5.12　通过邮箱找回密码的数据包格式表

功能描述	在非登录状态下找回密码			
URL	/TouchCloud/v1.0/user/findPwd/email			
数据格式	JSON			
请求方式	POST			
请求参数	参数名	必须	类型	说明
	email	true	string	预留的邮箱
返回值	向预留邮箱发送邮件，其中包含密码			
备　注	暂时未开发			
测试实例	未开发			

(2) 通过预留手机号找回密码发送的数据包描述如表 5.13 所示。

表 5.13　通过手机号找回密码的数据包格式表

功能描述	在非登录状态下找回密码			
URL	/TouchCloud/v1.0/user/findPwd/mobile			
数据格式	JSON			
请求方式	POST			
请求参数	参数名	必须	类型	说明
	mobile	true	string	预留的手机号
返回值	向手机号发送验证码或密码			
备　注	暂时未开发			
测试实例	未开发			

8. 修改密码

修改密码发送的数据包描述如表 5.14 所示。

表 5.14　修改密码的数据包格式表

功能描述	在任何状态下修改密码			
URL	/TouchCloud/v1.0/user/modifyPwd			
数据格式	JSON			
请求方式	POST			
请求参数	参数名	必须	类型	说明
	mobile	true	string	预留的手机号
	password	true	string	旧密码
	passwordNew	true	string	新密码
返回值	修改状态			
备　注	旧密码不正确；新、旧密码相同等情况都不可以修改			
测试实例	通过			

5.3.3　设备类的 API 接口设计

一个设备代表一组传感器的集合，一位用户可以拥有多台设备，用户可以通过 POST 方式创建、编辑、罗列、查看和删除设备，具有的接口功能如表 5.15 所示。

表 5.15　设备类的 API 接口表

访问地址	请求方式	含义说明
/v1.0/device/create	POST	创建设备
/v1.0/device/modify	POST	编辑设备
/v1.0/device/enumerate	POST	罗列设备
/v1.0/device/check	POST	查看设备
/v1.0/device/delete	POST	删除设备

1. 创建设备

创建设备发送的数据包描述如表 5.16 所示。

表 5.16　创建设备的数据包格式表

功能描述	对该 URL 的一个 HTTP POST 请求将为您创建一个新的设备			
URL	~ /TouchCloud/v1.0/device/create			
数据格式	JSON			
请求方式	POST			
请求参数	参数名	必须	类型	说明
	userKey	true	string	秘钥(关联)
	title	true	string	设备标题
	type	true	int	设备类型
	about	false	string	设备描述
	lat	false	double	经度
	lng	false	double	纬度

请求示例	{
	　"userKey":"sdasdadassdefrfsd",
	　"title":"test",
	　"type":1,
	　"about":"test api",
	　"lat":0.444,
	　"lng":0.555,
	}			

返回示例	{
	　"device_id": 1002
	}			

测试实例	通过			

2. 编辑设备

编辑设备发送的数据包描述如表 5.17 所示。

表 5.17　编辑设备的数据包格式表

功能描述	根据设备 id 编辑已经接入的设备			
URL	~ /TouchCloud/v1.0/device/modify			
数据格式	JSON			
请求方式	POST			
请求参数	参数名	必须	类型	说明
	userKey	true	string	秘钥(授权)
	deviceid	true	int	设备 id
	title	false	string	设备标题
	about	false	string	设备描述
	lat	false	double	经度
	lng	false	double	纬度
	newuserKey	false	string	秘钥(更换用户时使用)

请求示例	{
	 　"userKey":"sdasdadassdefrfsd",
	 　"title":"test",
	 　"about":"just test api",
	 　"lat":0.444,
	 　"lng":0.555
	 }			

返回值	修改结果,JSON			
测试实例	通过			

3. 罗列设备

罗列设备发送的数据包描述如表 5.18 所示。

表 5.18　罗列设备的数据包格式表

功能描述	对该 URL 的一个 HTTP GET 请求将得到所有设备信息的列表			
URL	~ /TouchCloud/v1.0/device/enumerate			
数据格式	JSON			
请求方式	POST			
请求参数	参数名	必须	类型	说明
	userKey	true	string	秘钥(唯一标识符)

请求示例	{
	 　"userKey":"sdasdadassdefrfsd"
	 }			

返回值	该用户所有设备
返回示例	```[{ "id": "1002", "title": "test1002", "type":1, "about": "just a test", "lat":0.444, "lng":0.555 }, { "id": "1005", "title": "test1005", "type":2, "about": "just a test", "lat":0.444, "lng":0.555 }]```
测试实例	通过

4. 查看设备

查看设备发送的数据包描述如表 5.19 所示。

表 5.19　查看设备的数据包格式表

功能描述	对该 URL 的一个 HTTP GET 请求将得到所要查看设备的详细内容,其中<device_id>为所要查看的设备的 id			
URL	~ /TouchCloud/v1.0/device/check			
数据格式	JSON			
请求方式	POST			
请求参数	参数名	必须	类型	说明
	deviceid	true	int	设备 id
返回示例	```{ "id": "1002", "title": "test1002", "type":2, "about": "just a test", "lat":0.444, "lng":0.555}```			
测试实例	通过			

5. 删除设备

删除设备发送的数据包描述如表 5.20 所示。

表 5.20　删除设备的数据包格式表

功能描述	对该 URL 的一个 HTTP DELETE 请求将删除指定的设备,其中<device_id>为所要删除设备的 id			
URL	~ /TouchCloud/v1.0/device/delete			
数据格式	JSON			
请求方式	POST			
请求参数	参数名	必须	类型	说明
	userKey	true	string	秘钥(授权)
	deviceid	true	int	设备 id

请求示例	{
	　　"userKey":"sdasdadassdefrfsd"
	}			

返回值	删除结果，JSON			
测试实例	通过			

5.3.4　传感器类的 API 接口设计

传感器具有完成采集数据的功能，一个设备支持多个传感器的接入。尽管在实际项目中传感器种类繁多，但总体可以分为数值型(如温度传感器、湿度传感器、pH 传感器等)、GPS 型、泛型、图片、视频等。本章篇幅有限，因此只介绍数值型和 GPS 型传感器的接入方法和思路，具体如表 5.21 所示。

表 5.21　传感器类的 API 接口表

访问地址	请求方式	含义说明
/v1.0/device/<device_id>/sensor/create	POST	创建传感器
/v1.0/device/<device_id>/sensor/modify	POST	编辑传感器
/v1.0/device/<device_id>/sensor/enumerate	POST	罗列传感器
/v1.0/device/<device_id>/sensor/check	POST	查看传感器
/v1.0/device/<device_id>/sensor/delete	POST	删除传感器

1. 创建传感器

创建传感器发送的数据包描述如表 5.22 所示。

表 5.22　创建传感器的数据包格式表

功能描述	对该 URL 的一个 HTTP POST 请求将为您创建一个新的传感器
URL	~ /TouchCloud/v1.0/sensor/create
数据格式	JSON

续表

请求方式	POST			
请求参数	参数名	必须	类型	说明
	Deviceid	ture	int	关联
	Type	true	string	1 → value →数值型 2 → GPS →GPS 型
	title	true	string	传感器标题
	about	false	string	传感器描述
	unit	true	string	传感器单位
请求示例	数值型		GPS 型	

	{
	  "userKey":"sdasdaddefrfsd",
	  "deviceid":11,
	  "type":1,
	  "title":"test1",
	  "about":"test1 api",
	  "unit":"mg/L"
	}
			{
			  "userKey":"sdasdadassdefrfsd",
			  "deviceid":11,
			  "type":2,
			  "title":"test2",
			  "about":"test2 api"
			  "unit":"",
			}	

返回示例	{
	  "sensor_id": 1001
	}			

测试实例	通过			

2. 编辑传感器

编辑传感器发送的数据包描述如表 5.23 所示。

表 5.23　编辑传感器的数据包格式表

功能描述	根据传感器 id 编辑已经接入的传感器			
URL	~ /TouchCloud/v1.0/snesor/modify			
数据格式	JSON			
请求方式	POST			
请求参数	参数名	必须	类型	说明
	userKey	ture	string	秘钥(授权)
	Sensorid	true	int	传感器 id
	Title	false	string	传感器标题
	About	false	string	传感器描述
	Unit	false	string	传感器单位
	newDeviceid	false	int	新设备 id(更换 device 时修改)

续表

请求示例	{ "userKey":"sdasdadassdefrfsd", "title":"test", "about":"test api", "unit"."mg/mL" }
返回值	修改结果
测试实例	通过

3. 罗列传感器

罗列传感器发送的数据包描述如表 5.24 所示。

表 5.24　罗列传感器的数据包格式表

功能描述	对该 URL 的一个 HTTP GET 请求将得到所有传感器信息的列表			
URL	~ /TouchCloud/v1.0/sensor/enumerate			
数据格式	JSON			
请求方式	POST			
请求参数	参数名	必须	类型	说明
	deviceid	true	int	设备 id
返回值	该设备下所有传感器			
返回示例	[{ "id": 1002, "type": 1, "title": "test2", "about": "just a test", "unit":"mg/mL", "last_update":"2016:9:3T13:35:22", "last_data":"317", "last_data_gen":null }, { "id": 123, "type": 2, "title": "test3", "about": "just a test", "unit":"mg/mL", "last_update": 1380009669, "last_data":null, "last_data_gen":{"lat":23.8,"lng":54.5,"speed":45} }]			
测试实例	通过			

4. 查看传感器

查看传感器发送的数据包描述如表 5.25 所示。

表 5.25　查看传感器的数据包格式表

功能描述	对该 URL 的一个 HTTP 请求将得到所要查看传感器的详细内容			
URL	~ /TouchCloud/v1.0/snesor/check			
数据格式	JSON			
请求方式	POST			
请求参数	参数名	必须	类型	说明
	sensorid	true	int	传感器 id
返回值	该 id 传感器的信息			

返回示例	{
	　　"type": 1,
	　　"title": "test2",
	　　"about": "just a test",
	　　"unit":"mg/mL",
	　　"last_update":"2016:9:3T13:35:22",
	　　"last_data":"317",
	　　"last_data_gen":null
	}			

测试实例	通过			

5. 删除传感器

删除传感器发送的数据包描述如表 5.26 所示。

表 5.26　删除传感器的数据包格式表

功能描述	对该 URL 的一个 HTTP 请求将删除指定的传感器			
URL	~ /TouchCloud/v1.0/snesor/delete			
数据格式	JSON			
请求方式	POST			
请求参数	参数名	必须	类型	说明
	userKey	true	string	秘钥(授权)
	sensorid	true	int	传感器 id

请求示例	{
	　　"userKey":"sdasdaasdwd",
	　　"sensorid": 1002
	}			

返回值	删除结果			
测试实例	通过			

5.3.5　数据点类的 API 接口设计

一个数据点(datapoint)是由 key 和 value 组成的键值对。通常情况下，一个传感器在工作状态时采集的数据应该是时连续的，但由于实际项目中受到外部客观环境和设备硬件资源的影响，系统会定时采集传感器数据进行传输和处理。在云端接收到数据并经过解析还原后进行存储。传感器数据点类的 API 接口如表 5.27 所示。

表 5.27　数据点类的 API 接口表

访问地址	请求方式	含义说明
/v1.0/dataPoint/create	POST	创建数据点
/v1.0/dataPoint/modify	POST	编辑数据点
/v1.0/dataPoint/check	POST	查看数据点
/v1.0/dataPoint/delete	POST	删除数据点
/v1.0/dataPoint/getHistory	POST	查看历史

1. 创建数据点

创建数据点发送的数据包描述如表 5.28 所示。

表 5.28　创建数据点的数据包格式表

功能描述	对该 URL 的一个 HTTP POST 请求会为指定的传感器创建一个新的数据点,使用此 API 来为传感器存储历史数据			
URL	~ /TouchCloud/v1.0/dataPoint/create			
数据格式	JSON			
请求方式	POST			
请求参数	参数名	必须	类型	说明
	sensorid	true	int	传感器 id(关联)
	timestamp	true	timestamp	ISO 8601 标准时间格式(默认时区为中国标准时间 CST),例如: 2012-03-15T16:13:14.
	type	true	int	数据类型
	value	true	binary	数值型　value → float GPS 型　value → Json

请求示例	数值型	{
		"sensorid":12,
		"type":1,
		"timestamp":"2012-03-15T16:13:14",
		"value":294.34
		}		

	GPS 型	{
		"sensorid":12,
		"type":2,
		"timestamp":"2012-03-15T16:13:14",
		"value":{"lat":35.4567,"lng":46.1234,"speed":98.2}
		}		

返回值	创建结果			
测试实例	通过			

2. 编辑数据点

编辑数据点发送的数据包描述如表 5.29 所示。

表 5.29　编辑数据点的数据包格式表

功能描述	根据传感器 id、传感器 id 编辑已经接入的数据点(key 为时间戳,ISO 8601 标准时间格式(默认为中国标准时间 CST),如 2012-03-15T16:13:14.)			
URL	com/v1.0/dataPoint/modify			
数据格式	JSON			
请求方式	POST			
请求参数	参数名	必须	类型	说明
	timestamp	true	timestamp	时间戳
	type	true	int	数据类型
	value	true	binary	数值型　value → float GPS 型　value → Json

请求示例	数值型	{
		"timestamp":"2012-03-15T16:13:14",
		"type":1,
		"value": 39.4
		}		

	GPS 型	{ "userKey":"sdasdaasdwd", "type":2, "value":{"lat":35.4321,"lng":46.3451,"speed":98.2}		
返回值	修改结果			
测试实例	用 timestamp 找需要修改的点，必须传 value,type			

3. 查看数据点

查看数据点发送的数据包描述如表 5.30 所示。

表 5.30　查看数据点的数据包格式表

功能描述	根据传感器 id、传感器 id 查看已经接入的数据点(key 为时间戳)			
URL	com/v1.0/dataPoint/check			
数据格式	JSON			
请求方式	POST			
请求参数	参数名	必须	类型	说明
	dataPointid	true	int	数据点 id

返回示例	数值型	{
		"value": 39.4
		}		

	GPS 型	{
		"value":{"lat":35.4321,"lng":46.3451,"speed":98.2}
		}		

测试实例	通过			

4. 删除数据点

删除数据点发送的数据包描述如表 5.31 所示。

表 5.31　删除数据点的数据包格式表

功能描述	对该 URL 的一个 HTTP DELETE 请求将删除指定 key 的数据(key 为时间戳)			
URL	com/v1.0/dataPoint/delete			
数据格式	JSON			
请求方式	POST			
请求参数	参数名	必须	类型	说明
	dataPointid	true	int	数据点 id
返回值	删除结果			
测试实例	通过			

5. 查看历史

查看历史数据点发送的数据包描述如表 5.32 所示。

表 5.32　查看历史数据点的数据包格式表

功能描述	根据传感器 id、传感器 id 等查看历史			
URL	com/v1.0/dataPoint/getHistory			
数据格式	JSON			
请求方式	GET			
请求参数	参数名	必须	类型	说明
	device_id	true	string	设备 id
	sensor_id	true	string	传感器 id
	start	false	string	开始时间
	end	false	string	结束时间
	interval	false	int	数据采样间隔
	page	false	int	数据分页，默认 1200 条/页
返回值	指定时间段的数据			
数据格式	数值型	[{"timestamp": "2012-06-15T14:00:00", "value":315}, {"timestamp": "2012-06-15T14:00:10", "value":316}, {"timestamp": "2012-06-15T14:00:20", "value":317}, {"timestamp": "2012-06-15T14:00:30", "value":317}, {"timestamp": "2012-06-15T14:00:40", "value":317}]		
	GPS 型	[{"timestamp": "2012-06-15T14:00:00", "value":{"lat":35.4,"lng":46.1,"speed":98.2}}, {"timestamp": "2012-06-15T14:00:10", "value":{"lat":34.1,"lng":76.3,"speed":78.9}}, {"timestamp": "2012-06-15T14:00:30", "value":{"lat":33.4,"lng":46.34,"speed":120}}, {"timestamp": "2012-06-15T14:00:40", "value":{"lat":35.4,"lng":46.1,"speed":98.2}}]		
测试结果	无法获取历史数据			

5.4　业务模块设计与实现

5.4.1　开发及部署环境搭建

环境搭建是云服务器开发的重要环节之一，也是保障软件业务功能正常开发的必要前提。由于本节中云服务器代码是采用 Java 语言开发，因此服务器开发环境与 Android 客户端软件开发环境部分相同。部署环境以阿里云 ECS Linux 系统的空白服务器为基础，进行二次开发而成，具体实现步骤如下。

(1) Linux 系统挂载数据盘。默认情况下，Linux 的云主机数据盘未做分区和格式化。因此，可以首先执行"fdisk /dev/xvdb"命令对主机数据盘进行分区，然后执行"echo '/dev/xvdb1 /mnt ext3 defaults 0 0'>> /etc/fstab"命令为新分区写入分区信息，最后使用"mount -a"命令实现新分区挂载。上述操作过程中可以搭配使用"mkfs.ext3 /dev/xvdb1"命令、"df -h"命令和"fdisk -l"命令辅助进行新分区格式化和分区情况查看。

(2) 安装 LAMP。本设计采用的服务器框架以 LAMP 为基础构建而成。首先，登录 http://lnmp.org/install.html 获取 LAMP 稳定版安装包备用。其次，启动安装程序并设置 MySQL 的 root 密码，选择开启 MySQL InnoDB 引擎，并选择 MySQL 版本、PHP 版本和 Apache 版本。最后，执行一键安装程序，LAMP 脚本就会自动安装编译 MySQL、PHP、phpMyAdmin、Zend Optimizer 等软件。

(3) 测试配置文件是否正确。通过执行"/usr/local/nginx/sbin/nginx -t"命令观察返回信息，来判断配置信息是否正确，环境是否可用。如果配置失败，需要重新配置。

(4) 重启 LNMP。通过执行"/root/lnmp restart"命令使 LNMP 进行重启。至此，服务器部署环境搭建完成。

5.4.2　用户类业务模块

据实际业务需求表明，该模块主要负责处理创建用户、修改用户信息、绑定设备、登录及注销等相关业务。具体需要实现以下子模块功能。

1. 注册用户

业务实现流程如图 5.3 所示。用户通过向"公网 IP/v1.0/user/create"发送 POST请求，并将请求绑定的参数传输到云端服务器。服务器监听到该次请求后，执行save( )方法。该方法通过使用 Mvcs.getReq( )方法获取当前 HttpServletRequest 对象，使用自定义的 get( )方法解析并提取请求参数，使用 check ( )方法判别请求参数的完整性，使用 UUID.randomUUID( )方法生成用户全局唯一标识符，使用

userDao.isSaved( )方法查重、存储用户信息，使用 renderJson(Json.toJson(result),
Mvcs.getResp( ))方法完成用户创建请求，并将结果信息封装为 JSON 格式的数据包
返回。

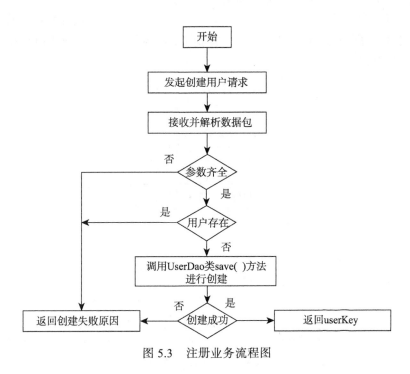

图 5.3　注册业务流程图

客户端具体请求方法和服务器对应反馈格式如表 5.33 所示。

表 5.33　注册业务请求和反馈格式描述表

功能描述	对该 URL 的一个 HTTP POST 请求将创建一个新的用户			
URL	com/v1.0/user			
数据格式	JSON			
请求方式	POST			
请求参数	参数名	必须	类型	说明
	name	false	string	昵称
	sex	true	int	性别，0 女 1 男
	password	true	string	密码
	mobile	true	string	手机号
	...	...	...	...
返回值	HTTP Headers only			

2. 用户登录

该模块是为划分不同用户的操作权限而设计的，当软件用户以游客身份访问时，只允许其浏览公开水质监测设备采集的水质信息，当用户通过平台登录后，自动授权其访问私有水质监测设备信息。服务器端登录业务实现流程如图5.4，其中，请求地址为"公网 IP/v1.0/user/login"，请求参数格式必须为"{"mobile":"13877778888", "password":"123456"}"。

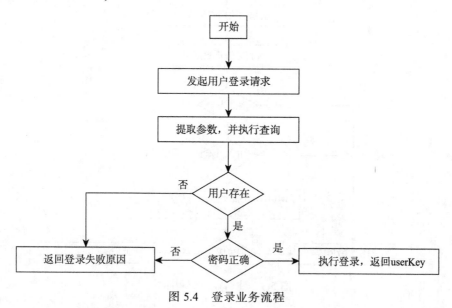

图 5.4　登录业务流程

业务实现的核心代码片段如下。

```
@At("/v1.0/user/login")
@AdaptBy(type=PairAdaptor.class)
public void login(@Param("mobile") String mobile, String password) {
Result result = new Result();
if(StringUtils.isEmpty(mobile) && StringUtils.isEmpty(password)) {
    ...// 处理参数为空的情况
}
User user = new User();
user.setMobile(mobile);
user.setPassword(password);
User findUser = userDao.getUserByMobileAndPwd(user);
JSONObject json = new JSONObject();
if(findUser == null) {...// 处理用户不存在的情况
}
... // 处理返回
renderJson(json.toString(), Mvcs.getResp());
}
```

3. 编辑用户信息

通常情况下，用户在注册后的某一时间会受到自身或外界因素的影响，从而产生更新用户信息的实际需求。届时，用户需首先通过手机客户端软件向服务器 80 端口发起编辑用户请求，服务器将该请求接收并解析后，程序将自动调用 MainModule 类下自定义的 update(String userKey)方法来完成用户数据修改操作。服务器端响应业务详细流程如图 5.5 所示，该方法首先对 userKey 进行校验，若校验失败，放弃该次请求处理并返回"{ Error userKey}"，否则对请求参数进行提取并判断更新情况；然后调用 com.touchCloud.dao 下 UserDao 类完成用户信息更新操作。

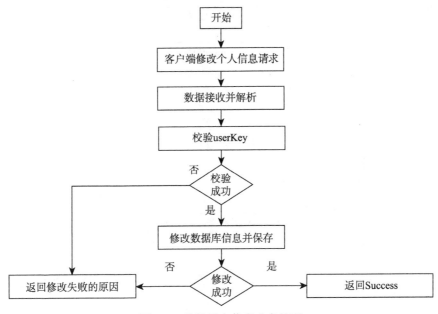

图 5.5　编辑用户信息业务流程

由于用户类的其他操作业务实现流程和方法与上述三个业务类似，因此在此不做单独介绍，详细代码见附件。

5.4.3　设备类业务模块

该模块与客户端软件用户自有设备功能相辅相成，用户自行购买或研发具有通信功能的水质监测设备，通过访问"外网 IP/v1.0/device/create"、"外网 IP/v1.0/device/check"、"外网 IP/v1.0/device/modify"和"外网 IP/v1.0/device/delete"等服务器地址并提交有效请求参数，即可分别实现设备创建、查看、修改、删除和绑定等操作。由于设备类所有功能都遵循统一协议，并使用模块化编程思想实现，因此业务流程较为类似。本节主要以设备创建和查看为例阐述作者编程实现思路。

1. 设备创建

设备创建业务的实现流程如图 5.6，当服务器监听到用户操作请求时，首先接收并解析数据包，然后进行校验 userKey 信息，如果该标识符已注册且请求参数正确，则进行创建新设备并返回创建成功的设备 id，否则，返回无法创建的相关信息。

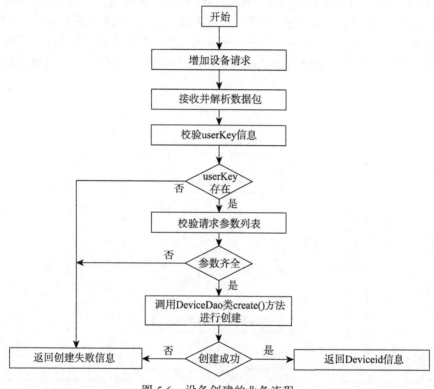

图 5.6　设备创建的业务流程

2. 查询设备信息

查询设备信息业务主要由 Devices 类、DeviceDao 类、DeviceModule 类和 Constants 类完成。其中，Devices 类定义了设备的属性变量和成员方法，实现了抽象设备的实例化；DeviceModule 类创建了 deviceCheck(String userKey, String deviceid)和 getAllDevice (String userKey)方法，分别负责处理查询指定设备的详细信息和遍历该用户全部设备信息的业务需求；DeviceDao 类通过操作 TB_Devices 数据表完成了数据查询业务；Constants 类定义了程序中所需的所有静态全局变量，如查询结果状态码、失败原因、成功标号等。

查询设备信息业务流程如图 5.7 所示，首先客户端向"外网 IP/v1.0/device/check"或"外网 IP/v1.0/device/enumerate"发起查询设备的 Get 请求并传递请求参数。当服务器正确接收数据包并解析完毕后，调用 DeviceDao 类完成数据查询操作。最后，将查询到的结果封装为 JSON 格式的数据包并发送到客户端。

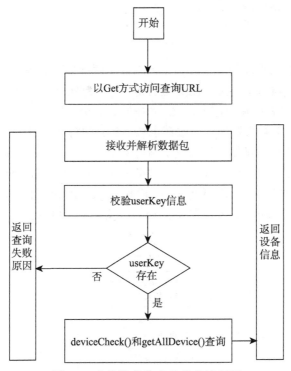

图 5.7　查询设备信息的业务流程图

5.4.4　传感器类业务模块

该业务的实现主要依靠 SensorModule 类、SensorDao 类和 Sensors 类。其中，SensorModule 类和 SensorDao 类分别负责处理传感器相关业务请求和数据库数据存取操作；Sensors 类主要定义了传感器相关的成员信息，其核心代码片段如下。

```
public class Sensors {
    private int sensorid;
    private int type;
    ...
    public String getUserKey() {
        return userKey;
    }
    public void setUserKey(String userKey) {
        this.userKey = userKey;
    }
    public int getDeviceid() {
        return deviceId;
    }
}
```

```
public void setDeviceid(int deviceId) {
    this.deviceid = deviceID;
}
public int getSensorid() {
    return sensorid;
}
}
```

　　整个模块中最为重要的业务之一是传感器与设备之间的绑定,TouchCloud 服务器端允许在同一个设备上添加不同类型的传感器。绑定业务的程序流程如图 5.8 所示。首先,用户通过客户端向服务器"公网 IP/v1.0/sensor/bind"地址发送 POST 请求;然后,服务器从通信端口取回客户端请求数据包并执行解析操作;提取到用户和设备信息后执行用户检索操作,检索成功则返回用户唯一标识符 userKey 数据,否则将返回检索失败原因标识代码并终止本次绑定任务;最后,后台调用 SensorModule 类中的 create()方法添加传感器,并将用户 userKey 通过 SensorDao 类的 saveUserKey(String key)方法存入 TB_Sensor 数据表中对应的位置。

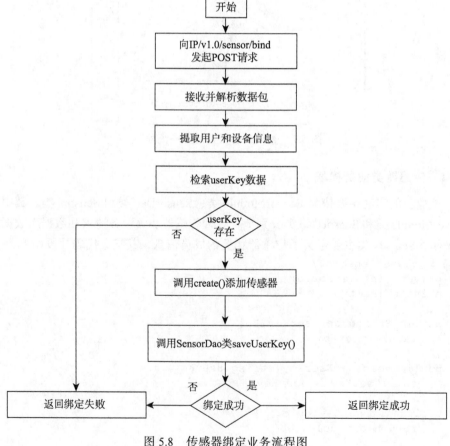

图 5.8　传感器绑定业务流程图

5.4.5 数据节点类业务模块

数据节点类业务模块主要由 DataPoint 类、DataPointDao 类和 DatapointModule 类负责实现，其中，DataPoint 类主要负责定义水质数据节点类的成员变量和成员函数；DataPointDao 类主要处理水质数据节点的创建、查看、删除、修改、更新和遍历等操作；DatapointModule 类继承自 CloudModule 类主要负责处理外部对服务器发起的数据节点类请求。

水质数据实现云端存储业务的主要流程如图 5.9 所示。首先，服务器收到外部请求信息后进行解析并提取有效数据备用。其次，调用 DatapointModule 类中自定的方法依次实现用户 userKey 匹配、所属 Deviceid 校验和 Sensorid 校验等功能。最后，使用 DataPointDao 数据库操作类实现水质数据节点的查重和存储业务。

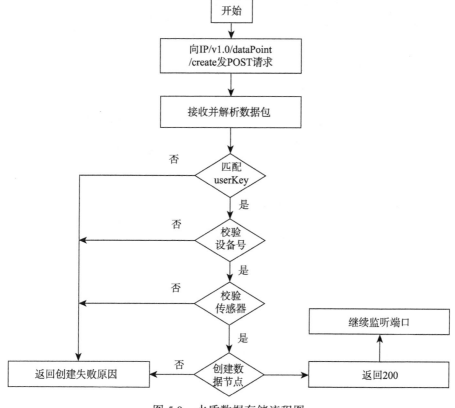

图 5.9　水质数据存储流程图

此外，数据节点类业务模块中，遍历水质数据信息功能是客户端软件"自有设备"模块数据来源的有力保障。通过 getHistoty(Page page) 方法查询数据库并按 JSON 格式返回，实现该方法的核心代码片段如下。

```
public List<DataPoint> getHistoty(Page page) {
      String sql = "SELECT t.id,t.timestamp,t.value,t.device_id, t.sensor_id
                   FROM (SELECT @@row:= @@row+1 AS ROW,t.* FROM 't_data_point' t,"
                   + "(SELECT @@row := 0)r) t WHERE t.row MOD " + page.getInterval()
                   + " = 1 "
                   + "AND t.timestamp BETWEEN '" + page.getStart()
                   + "' AND '" + page.getEnd() + "' AND t.device_id = " + page.getDeviceid()
                   + "AND t.sensor_id = " + page.getSensorid() + " limit " + page.getPageSize()
                   + " offset " + page.getPageSize() * page. getPageNo();
      Sql sqls = Sqls.create(sql);
      sqls.setCallback(new SqlCallback() {
           ...
                List<DataPoint> data = new LinkedList<DataPoint>();
                while(set.next()) {
                    DataPoint dp = new DataPoint();
                    ...
                    dp.setTimestamp(set.getDate("timestamp"));
                    dp.setValue(set.getString("value"));
                    data.add(dp);
                }
                return data;
          ...
      });
      dao.execute(sqls);
      ...
      return sqls.getList(DataPoint.class);
}
```

第三篇　农业节水灌溉

第6章 农业节水灌溉硬件系统

6.1 系统设计的背景、目标与意义

6.1.1 系统设计的背景

我国地域辽阔，南北、东西的水资源分布不平衡，尽管水资源总量在世界上排名第 6 位，但是人均水资源的占有量不容乐观[24]。在众多的水资源消费中，农业用水所占比重最大，据不完全统计，农业用水占水资源消费的 62%左右，现在农业灌溉普遍采用传统的人工灌溉方式，最常见的就是大水漫灌的形式，此方式不仅浪费严重、利用率低，而且还容易造成土壤的盐碱化，从而降低农作物的产量与质量。

陕西省乾县位于关中平原与黄土高原连接带，降水年际变化大且分布不均，水资源总量 0.89 亿 m³，人均占有量 254m³/人，属于陕西省严重资源性缺水地区[25]。苹果、油菜是乾县最主要的农业种植作物，由于苹果树需水量大，需要大量的农业灌溉用水。目前，乾县农业灌溉主要采用的是渠灌和喷灌方式，极易造成水土流失，同时灌溉所用的各级渠系老化严重，灌溉水利用率仅为 50%。因此在乾县等西北干旱地区实施节水灌溉刻不容缓，然而智能节水灌溉是一项复杂的系统工程，当前我国的智能灌溉技术还没有形成规模，也没有在农业生产中得以普及。为了在陕西乾县等资源性缺水地区普及节水灌溉系统，实现乾县等大型苹果园区的智能节水灌溉以及节省当地劳动力、提高经济效益的目的，西安邮电大学与陕西乾县水利局合作，在陕西乾县阳裕镇千亩苹果园区实施远程智能节水灌溉项目，该项目于 2016 年 7月建成投入使用。随后，西安邮电大学又与陕西富林果业有限公司合作，在贵州省桐梓县官仓镇实施远程智能节水灌溉系统。桐梓县地处山区，水资源较紧缺，属于资源性和工程性缺水的典型区域，只有有效、合理、充分利用并严格保护区域水资源才能满足桐梓县用水需求。

6.1.2 系统设计的目的

随着物联网技术的不断发展，智能化、无线化和网络化必将是未来农业的发展方向。本章介绍的系统将 LoRa 无线通信技术与智能节水灌溉技术相结合，通过无线自组网进行控制园区的灌溉并实时监测土壤墒情，将土壤墒情信息通过无线的方式传送至机房电脑端显示。系统在陕西乾县与贵州桐梓县两个资源性缺水地

区投入使用，实现千亩果园适时适量地灌溉，提高了果树的灌溉效率，将灌溉用水的利用率从 50%提升到了约 80%，起到了合理、有效、充分利用该区域水资源的目的。

在这两个示范园区投入使用后将实现以下三个目标。

(1) 将乾县 1000 亩 (1 亩=666.67m^2) 苹果园分为 36 个区域，采用 36 套田间控制器，2 套手持控制端。将桐梓山区 1000 余亩果园分为 34 个区域，采用 34 套田间控制器，1 套无线中继，2 套手持控制端。实现利用手持控制端或者机房电脑控制端控制园区任一分区的灌溉，准确率不低于 95%。

(2) 乾县园区田间控制器在灌溉时整体功耗约为 12W/h，桐梓园区约为 2W/h，系统所选用的太阳能供电方案在阴雨天气至少能为整体系统提供 48h 以上的电能。

(3) 分别在乾县园区与桐梓园区设计四套土壤墒情监测模块，采集四个区域的土壤墒情信息并实时上传至机房电脑端进行显示。将监测的墒情数据与顺科达墒情检测仪所测数据进行对比，相对误差不高于 5%。

6.1.3　系统设计的意义

随着水资源的日趋紧张和短缺，促使世界上许多国家，绝大部分是发达国家都在大力发展和使用节水灌溉技术。我国在研发智能节水灌溉系统方面起步较晚，大多数研究还处于实验室阶段或实地测试阶段，没有形成规模。其中，实验室阶段的智能节水灌溉系统的通信方式大多采用 GPRS 网络方式或者 ZigBee 无线自组网方式。目前，投入使用的具有代表性的产品有 2000 型温室自动灌溉施肥系统，由中国农业机械化科学研究院联合其他多家科研事业单位研制而成。该系统采用积木分布式系统结构原理，将我国现有的温室特点进行综合并作为智能节水灌溉的参考，系统可以采取轮灌、定时等多种控制模式进行节水灌溉，已经在北京地区推广示范应用。据报道，该系统在应用过程中，运行情况良好，获得了一定的经济效益与社会效益。

国外在智能节水灌溉技术方面的研究要早于国内，其在节水灌溉技术以及节水优化算法方面取得的成就也远远超过国内的研究。目前，国外的智能节水灌溉系统已经非常成熟，并且进行了产品化，在应用方面也逐步形成了规模，但相对于国内，其在农业灌溉方面的价格比较昂贵，我国引用国外的智能灌溉设备较少，仅有少数示范单位在科研与示范的过程中引进了一部分。另外，国外的智能灌溉产品虽然在稳定性及产品质量等方面相对较高，但国外的这些智能灌溉产品并没有综合考虑国内种植的自然环境条件、气候条件以及购买农户的经济情况等等，因此国外的这些可靠性较高的智能灌溉产品在国内应用范围并不广。从目前已经查阅的文献来看，没有找到应用于西北资源性缺水地区以及贵州工程性缺水地区的智能节水灌溉系统的报道。

本章设计并实现的节水灌溉子系统采用清洁太阳能供电，利用 LoRa 无线进行组网控制，因此安装施工时无须在园区内走线，大大降低了工程的施工难度。同时本智能节水灌溉系统投入使用后无须大量的人工操作，有助于灌溉过程的科学管理，而且可以降低对操作者本身能力的要求，因此能够大大节约陕西乾县、贵州桐梓县两个地区的劳动成本。按照每 10 亩地需要两个人的劳动力加以计算，系统投入使用后能够分别为这两个地区节省约 200 人的劳动力。在乾县苹果园区与桐梓园区对果树的智能灌溉采用滴灌的方式，能够提高土壤蓄水保墒能力，促进果树的根系生长，相对于普通漫灌方式，亩产量能提高约 500 斤，亩产值提高约 2000 元，每年能够为整个园区提高约 20 万元的经济效益。因此本系统具有一定的实际应用价值，同时对于平原及山地的智能节水灌溉具有一定的借鉴意义。

6.2　系统整体介绍

本章设计的远程智能灌溉系统采用了 433MHz 的 LoRa 无线扩频通信技术以及移动通信网作为数据通信网络。远程智能灌溉系统从功能结构上可以分为四部分：太阳能供电模块、田间控制器模块、田间土壤墒情监测模块和控制端上位机部分。太阳能供电模块采用 100W 的单晶硅太阳能板，通过计算系统整体的功耗确定太阳能配套蓄电池为 50AH，以满足易雨天气为整体系统提供至少 48h 电能的要求；田间控制器模块由 LoRa 无线模块、继电器模块以及单片机系统组成，LoRa 无线模块接收无线控制端的指令，单片机解析控制指令后控制继电器动作，进而控制电磁阀开启或者关闭；田间土壤墒情监测模块由土壤温湿度传感器、LoRa 无线模块、SIM900A 模块以及单片机系统组成，将采集到的土壤墒情信息通过无线上传至机房电脑端显示，同时通过 GPRS 网络上传至物联网云平台进行网页显示；控制端上位机部分分为手持端与机房电脑端，通过 LoRa 无线模块发送控制指令来控制下位机。通过上述四个部分完成了控制信息从田间控制器到控制端的传输过程，实现了一个远程智能灌溉的完整结构。乾县远程智能灌溉系统的整体结构框图如图 6.1 所示。脉冲电磁阀控制灌溉管道支路，而负责滴灌用的毛管则全部安插在灌溉管道的支管上面，因此控制了脉冲电磁阀也就相当于控制了该部分区域的滴灌。

由于陕西省乾县属于平原地带，而且 LoRa 无线模块的直线传输距离达到4000m，整体系统在陕西省乾县安装使用时没有任何问题。但贵州桐梓县属于山区，在贵州桐梓进行测试时发现，信号阻挡十分严重。LoRa 无线模块已经无法直接满足地理需求，因此设计了无线中继，将无线中继安装在山顶最高处，经测试能够满足桐梓县山区的需求。桐梓园区带有无线中继的远程智能节水灌溉系统的整体结构框图如图 6.2 所示。

实际应用中，陕西乾县园区约 1000 亩苹果园设计了 36 个田间控制器，由于陕西省乾县属于平原地带，LoRa 无线模块的直线传输距离可以满足其地势要求，因此乾县园区没有架设无线中继。贵州桐梓园区实际种植面积约为 1000 亩，但是由于地势原因，果树种植在四个山包上面，因此在最高的山包上面架设了一个无线中继，根据输水管道的安装位置最终确定安装 34 个田间控制器。

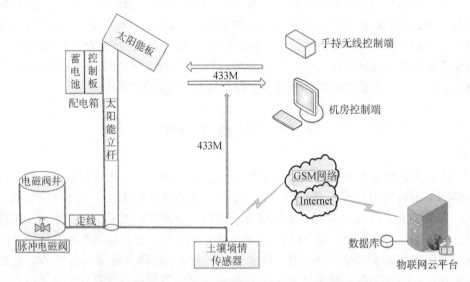

图 6.1　乾县远程智能节水灌溉系统的整体结构框图

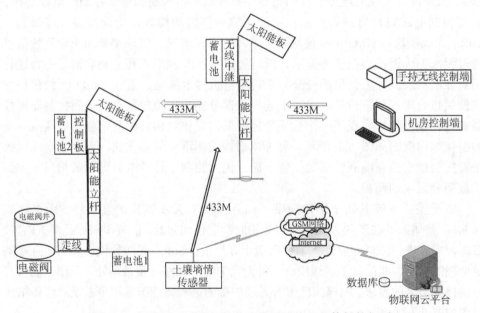

图 6.2　桐梓园区远程智能节水灌溉系统的整体结构框图

6.3 相关知识介绍

6.3.1 LoRa 无线通信技术

由于陕西乾县园区与贵州桐梓园区面积较大，均超过了 1000 亩，并且桐梓园区地处山区，无线信号阻挡严重，因此近距离无线通信方式，如蓝牙、WiFi、ZigBee 等技术无法直接满足项目传输距离要求。低功耗广域互联网(low power wide area network, LPWAN)，随着物联网的大力发展，以及移动通信网络的逐步完善，远距离低功耗传输成为物联网产业中的一个重要技术领域。从传统意义上讲，远距离传输和低功耗本身就是矛盾的，由于传输距离的增大必将引起功耗的提高，如何在传输距离远与功耗提高之间寻找平衡是目前很多机构研究的课题。2013 年 8 月，Semtech 公司生产了一种芯片并对外做了发布，该芯片采用了最新技术，基于 1GHz 以下频谱的超长距低功耗数据传输技术。LoRa 作为非授权频谱的一种 LPWAN 无线技术，相比于其他无线技术(如 Sigfox 和 NWave 等)，其产业链更为成熟、商业化应用较早。LoRa 技术经过 Semtech、美国思科、IBM、荷兰 KPN 电信和韩国 SK 电信等组成的 LoRa Alliance 国际组织进行全球推广后，目前已成为新物联网应用和智慧城市发展的重要基础支撑技术[26]。

本章中的无线模块采用一款基于 Semtech 公司 SX1278 射频芯片的无线串口模块，其工作在 410～441MHz 频段，默认工作频率为 433MHz。SX1278 收发主要采用 LoRa 远程调制解调器，用于超长距离扩频通信。模块具有软件前向纠错算法，编码效率较高，纠错能力强，在突发干扰的情况下，能主动纠正被干扰的数据包，大大提高可靠性和传输距离。乾县所采用的 E31 系列无线模块的功率为 500mW，直线传输距离约为 4000m，在乾县园区对该模块的传输距离及数据传输的稳定性进行了简单的测试，在园区内数据丢包率为 0，满足系统的整体需求。由于贵州桐梓地处山区，无线信号阻挡较为严重，因此选择了 E31 系列功率为 1W 的无线模块，直线传输距离约为 6000m，但是在实地测试中发现无线信号的绕射能力不足，经过几个山包后就会出现信号接收到的情况，因此在贵州桐梓园区专门建设了中继站，将无线中继站建设在了山顶最高处，经过中继转发后无线模块的丢包率降为 0，满足了桐梓园区的整体系统要求。

6.3.2 滴灌技术

滴灌(drip irrigation)就是滴水灌溉，是将大量、集中的水源利用滴灌系统中的各级管道及滴头(也叫滴水器)，将有压力的水流经过灌水器的消能，使水流缓慢、精确、一滴一滴地灌到作物根系地土壤表面，经过入渗和扩散，使作物根系比较发达区域的土壤经常性保持适宜的土壤湿度。现阶段，就目前已成熟应用的节水灌溉技术而言，作为一种局部灌溉，滴灌是最高效的灌水技术之一，滴灌对缓解中国农业水资源紧缺，提高中国农业灌溉用水的利用率等方面具有良好的推广价值和应用前景。本智能节水灌溉系统在园区灌溉终端也是采用的滴灌技术，由于陕西乾县园区与贵州桐梓园区的地势不同，因此在设计滴灌管道时也稍有差别。陕西乾县属于平原地区，灌溉用水主要来自于地下水，乾县园区滴灌管道结构示意图如图 6.3 所示。而贵州桐梓属于山区，灌溉用水主要来源于水库，并且园区灌溉所用的蓄水池建在山顶，因此灌溉时采用自压的方式。

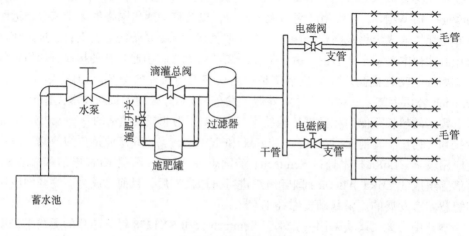

图 6.3　乾县园区滴灌管道结构示意图

在图 6.3 中，大型水泵先将地下水抽入蓄水池中备用。准备灌溉时首先打开水泵，将蓄水池中的水抽出，经由施肥罐以及灌溉总阀进入过滤器。其中，施肥灌中可以放置化肥以及农药，施肥罐由施肥开关进行控制。利用手持无线控制端或者机房电脑端打开需要灌溉区域的电磁阀，经过施肥以及过滤后的灌溉用水经过支管上的电磁阀进入滴灌所用的毛管，再经过减压处理后对果树进行滴灌。桐梓园区的蓄水池建在山顶最高处，大型水泵先将水库中的水抽入蓄水池中备用。由于蓄水池在高处，灌溉时利用水的自压不再需要水泵为滴灌提供压力。

6.3.3　无线传感网络技术

　　农业信息的精准获取是农业生产环境调控的基础，面对复杂的农业生产环境及庞大的数据监测量，传统的农业信息获取方式已无法满足现实需要，随着微电子工艺和无线射频技术的飞速发展，无线传感器网络的研究越来越受到人们的重视。由于无线传感器网络具有低成本、低功耗、高可靠、自组织等特点，在农业生产环境监控系统中有着重要的地位与广泛的应用前景。相对传统的有线农业环境监测系统，无线传感器网络具有无可比拟的优势，首先是方便布置，节省了有线安装的费用；其次是易于拓展，在已有的监测区域很容易扩展到相邻区域；再次是容错性好，网络中单个节点的失效不影响整个网络的操作；最后是无线传感器网络具有自组织性，节点具有自我配置的能力，这也是其易于拓展的重要原因。然而它也具有无线传输媒介固有的限制，如传输带宽低、传输过程容易出错、信道冲突等；另外，很多节点部署在野外，甚至一些不容易到达的地方，仅靠有限的电池来供电，由于传输任务重，某些靠近基站的节点很容易因能量消耗过快而失效，从而导致它所负责区域的无线监控失效。因此，如何节省节点能量消耗，尽可能地扩大网络的生存时间，确保监测系统长期有效工作，是无线传感器网络设计的首要目标，也是研究无线传感器网络应用于农业生产环境监控的核心问题之一[27]。

本系统在采集土壤墒情信息时采用无线传感网络技术。果园土壤环境对于果树的生长有着至关重要的作用，果园现场土壤墒情数据对果树科研人员和果园管理技术人员来说都非常重要，通常需要定期对果园数据进行整理和汇总。然而，乾县园区与贵州桐梓园区地域广阔且分散，每个园区的实际面积均不小于 1000 亩，如果在整个园区内进行实验，获取果园现场土壤墒情数据将成为一项工作量极大的任务，不仅会耗费大量的人力，而且由于果园面积大，测量的数据也不会是实时的。果园土壤墒情监测系统研究的目标是采用无线传感网络技术，使用科学的方法对果园环境参数进行精确的数字化，实现果园土壤墒情信息的自动存储和处理功能，为果园种植研究和果园生产管理提供准确、可靠的数据支撑，实现果园现代化、精细化管理。果园土壤墒情监测系统通过安置在果园内的多个土壤墒情传感器进行多点的实时监测，通过长时间墒情参数信息的跟踪监测，能够根据果树生长环境的土壤墒情信息分析出当地果树最适宜的生长条件。土壤墒情监测系统中最重要的技术就是如何或者通过何种媒介将墒情信息上传至机房，以方便人们进行实时查看，常用的通信技术有 GSM 远距离通信、ZigBee 自组网通信技术等[28-30]。本远程智能节水灌溉系统分别采用 GSM 通信方式与 433MHz 无线传感网络方式传输土壤墒情。由于陕西乾县和贵州桐梓县都不是平原地带，桐梓县属于山区，而乾县园区南北落差也达到 10m，考虑到土壤墒情传感器的体积相对千亩园区来说太过于微小，仅仅能够检测传感器周围约 $5m^2$ 区域的土壤墒情。因此，在实际灌溉中并没有采取根据土壤墒情自适应灌溉，而是将土壤墒情上传至机房电脑端与物联网云平台上进行显示，由人为的查看土壤墒情进而根据园区的实际情况进行灌溉。

6.3.4　OneNET 平台介绍

OneNET 是由中国移动打造的 PaaS 物联网开放平台。平台能够帮助开发者轻松实现设备接入与设备连接，快速完成产品开发部署，为智能硬件、智能家居产品提供完善的物联网解决方案。

据其官网介绍，OneNET 提供了开发者(包括个人用户和企业用户)对产品进行在线管理的工具，开发者通过登录 OneNET 的账号，即可进入 OneNET 的管理平台——"开发者中心"，实现产品的在线管理和开发。OneNET 的整体资源可见图 6.4，针对具体的产品在线管理和开发有两种模型。

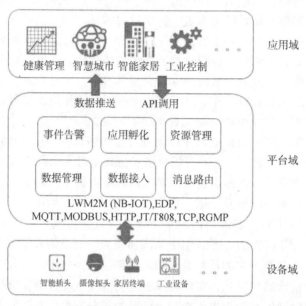

图 6.4　OneNET 的整体资源

(1) 资源模型一的相关资源模型包括用户、产品、设备、APIKey、触发器、应用等，其组织架构形式如图 6.5 所示。

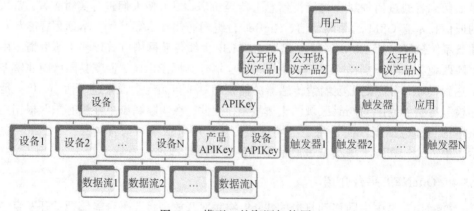

图 6.5　模型一的资源架构图

由图 6.5 可看出，在每个用户账号下，终端上传数据的管理是以产品的形式进行封装的，每个用户可以创建多个产品，用户可以对各个产品下的设备、APIKey、应用、触发器这些资源进行管理(包括增、删、改、查操作)。此外，用户可以在一个产品中创建多个设备、APIKey、应用、触发器；在单个设备下，用户可以为该设备创建多个数据流；终端的数据则上传至相应的数据流下。

该模型主要适合包括 LWM2M、EDP、MQTT、HTTP、TCP、MODBUS、JT/T808这 7 种协议类型的设备开展 OneNET 平台接入。

(2) 资源模型二主要适用于路由器端口组管理协议(remote gateway management protocol，RGMP)，它和公开协议最大的不同是平台不提供协议的报文说明，平台将根据开发者定义的设备数据模型自动生成 SDK 源码，开发者将 SDK 嵌入到设备中，实现与平台的对接。具体产品管理的相关资源包括用户、产品、模板定义、在线调试、部署管理、应用配置等，其资源模型如图 6.6 所示。

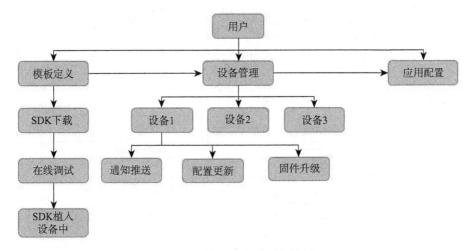

图 6.6　模型二的资源架构图

6.4　系统硬件电路设计与实现

6.4.1　硬件整体结构

远程智能节水灌溉系统的硬件是整个系统的基础,远程智能节水灌溉的硬件整体结构如图 6.7 所示。由图 6.7 可以看出，远程智能灌溉硬件整体结构包括手持控制端、无线中继、田间无线控制器。手持控制端内置 12V 锂电池，经过降压稳压后为系统供电，手持控制端通过物理开关和 LoRa 无线模块进行发送控制指令信号；同样的，无线中继采用太阳能供电，无线中继接收到手持端的控制指令后进行解析然后再通过 LoRa 无线发送端发送出去；田间无线控制器通过 8 位分区拨码开关设定地址和频道，只有与发送指令的地址相同的田间无线控制器才会接收到无线中继发出的控制指令，从而使田间无线控制器驱动脉冲电磁阀进行灌溉。

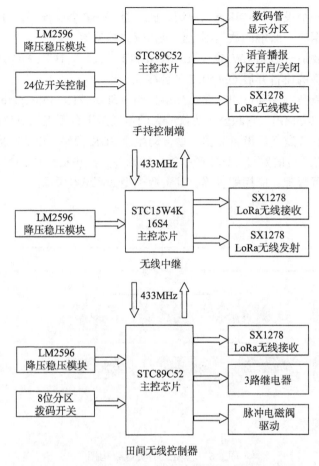

图 6.7　远程智能节水灌溉的硬件整体结构图

　　土壤墒情监测模块的硬件整体结构图如图 6.8 所示。由图 6.8 可以看出土壤墒情监测的硬件整体结构由 STC15W4K16S4 主控芯片、LM2596 降压稳压模块、SIM900AGSM 通信模块、LoRa 无线发射模块构成。12V 太阳能蓄电池经过 LM2596 降压稳压后为土壤墒情监测系统供电，土壤墒情传感器检测出土壤温湿度信息，由 STC15W4K16S4 主控制器驱动 SIM900AGSM 通信模块和 LoRa 无线发射模块分别上传至 OneNET 物联网云平台与机房 PC 端进行显示。

　　由于土壤温湿度数据上传至物联网云平台需要流量卡，后期维护成本可能会有所增加。因此，考虑在贵州桐梓园区的机房内安装无线网络，由 LoRa 无线发射模块将土壤温湿度信息发送至机房，然后在机房内利用无线网络将数据上传至物联网云服务平台。这样节省了后期维护成本，但是在机房内建设无线网络需要走网线，施工成本也会有所增加。由于桐梓园区的机房尚未建设完成，本系统将利用无线网络上传数据的硬件实物调试完成，系统整体是否采用该无线网络的方案在具体施工安装时再行选择。数据上传模块的硬件结构如图 6.9 所示,主要包括 STC15W4K16S4 主控芯片、LM2596 降压稳压模块、SIM900AGSM 通信模块、ESP8266 WiFi 模块、两路数据采集模块、DHT11 温湿度采集模块等部分。该数据上传模块同时集成了 SIM900AGSM 通信与 ESP8266 WiFi 通信,可以利用 WiFi 无线网络上传数据,在没有无线网络时可以采用 GPRS 网络上传数据,保证了数据上传的可靠性与稳定性。

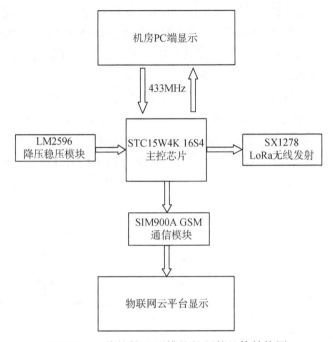

图 6.8　土壤墒情监测模块的硬件整体结构图

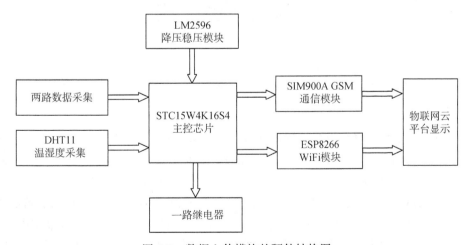

图 6.9　数据上传模块的硬件结构图

6.4.2 田间无线控制器电路

田间控制器是整个系统的下位机部分，也是远程智能节水灌溉系统中使用最多，最重要的部分，其主要负责接收并处理无线中继发出的无线控制指令然后驱动脉冲电磁阀产生动作。田间控制器硬件电路主要包括 LM2596 降压稳压电路、3 路继电器脉冲电磁阀驱动电路、LoRa 无线模块驱动电路。

(1) LM2596 降压稳压电路如图 6.10 所示。田间控制器采用太阳能供电，太阳能的蓄电池为 12V，但是主控制器以及其他模块电路均是 5V 供电，因此需要将 12V 电源降压到 5V。LM2596 是由德州仪器所生产的一种开关型集成降压稳压芯片，该芯片最大有 3A 电流输出，内置了频率振荡器，频率为 150kHz，还内置了基准稳压器(1.23V)，并具有完善的保护电路：电流限制和热关断电路等，利用该器件只需极少的外围器件便可构成高效稳压电路，符合本电路的设计要求。其中，U2 为降压芯片 LM2596，C14 为滤波电容，使降压过后的电压更加平滑，F1 为自恢复保险丝，可以防止瞬间短路对整个电路造成的影响，P12 为电源指示灯，供电正常时会常亮，R7 为限流电阻，防止电源指示 LED 由于电流过大被烧坏。

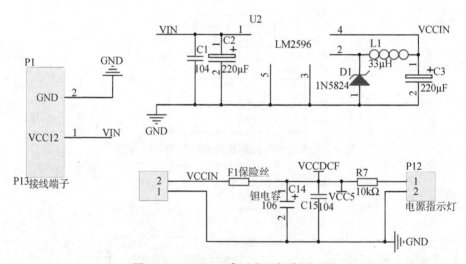

图 6.10　LM2596 降压稳压部分原理图

(2) 3 路继电器脉冲电磁阀驱动电路原理图如图 6.11 所示。以色列伯尔梅特脉冲式电磁阀具有电脉冲激活时间短、能耗极低、可应用于太阳能系统等优点，脉冲电磁阀的电压范围为 5～20VDC，脉冲宽度为 20～100ms。采用继电器为电磁阀提供所需要的脉冲，继电器为松乐继电器，供电电压 5V、响应时间约 100μs，满足脉冲电磁阀的脉冲宽度要求。其中，Q1、Q2、Q3 为 NPN 三极管，用来驱动继电器；U4、U5、U6 为光耦，起到光带隔离保护电路的作用；D2、D3、D5 为续流二极管，防止感性原件继电器在关闭瞬间产生的电动势对电路造成影响。当主控制器的 IO 口为低电平时，光耦的 1、2 引脚之间导通，内部集成的发光管开启，左边的光接收管工作，即 3、4 引脚导通，电压信号经过光耦到达三极管的基极，因此三极管饱和导通，电流进入继电器的线圈，由安培定则可知通电的线圈会立即产生磁性，继电器吸合，连接继电器的脉冲电磁阀获得高电平信号。同理，主控制器的 IO 口为高电平时脉冲电磁阀获得低电平信号，合理调节延时时间即可产生满足脉冲电磁阀需求的脉冲。

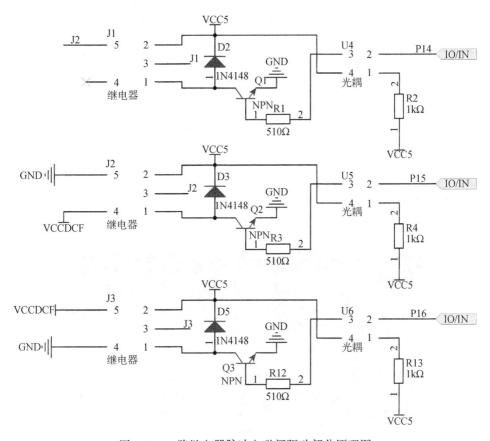

图 6.11　3 路继电器脉冲电磁阀驱动部分原理图

(3) 无线模块驱动电路原理图如图 6.12 所示。无线模块采用的是 SX1278LoRa 无线模块，为串口驱动方式。图 6.12 中的 U9 即为无线模块接口，其中 M0、M1 为无线模块的工作方式设置引脚；R11 为 10kΩ 的上拉电阻，提高 89C52 主控制器串口的驱动能力；D4 为续流二极管，防止无线模块供电瞬间产生的尖峰脉冲对 89C52 主控制器的串口接收部分造成影响。

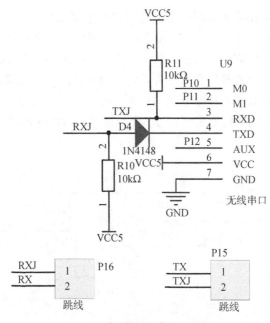

图 6.12　无线模块部分原理图

(4) 田间控制器 PCB 绘制。田间控制器的 PCB 使用 Altium Designer 10 软件绘制，绘制完成的 PCB 图如图 6.13 所示。

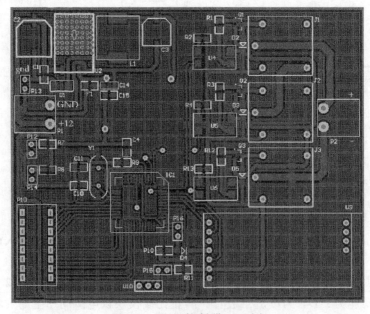

图 6.13　田间控制器 PCB 图

(5) 田间控制器实物。焊接完成的田间控制器实物如图 6.14 所示。

图 6.14　田间控制器实物图

6.4.3　手持控制端电路

手持控制端是整个系统的上位机部分，主要负责发送控制指令以及接收田间控制器或者无线中继反馈的指令。手持控制端硬件电路主要包括 STC89C52 主控制芯片电路、LM2596 降压稳压电路、24 路开关电路、LoRa 无线模块驱动电路、数码管分区显示电路、语音播报电路等。STC89C52 主控制芯片电路、LM2596 降压稳压电路与 LoRa 无线模块驱动电路在上一节已经叙述过，本节不再做介绍。

(1) 数码管分区显示电路原理图如图 6.15 所示。图 6.15 中，U6 为两位共阴数码管，其中 A1、A2 为数码管的位选端，用于选择哪一个数码管工作，a～g、dp 为数码管的段选端，用于设置数码管显示的内容。由于单片机 IO 口的驱动电流有限，不能直接驱动单片机的位选端，采用达林顿管进行驱动。图 6.15 中 U3 即为 MC1413，其内部由 7 个硅 NPN 达林顿管组成，每一对达林顿管都串联了一个 2.7kΩ 的基极电阻，在 5V 的工作电压下可以与主控制器的 IO 口直接相连，并且 MC1413 的灌电流可达 500mA，满足手持控制端的要求。为了节约主控制器的 IO 口以及考虑到数码管需要消影，数码管的位选和段选采用带有锁存功能的串入并出芯片 74HC595 进行驱动。

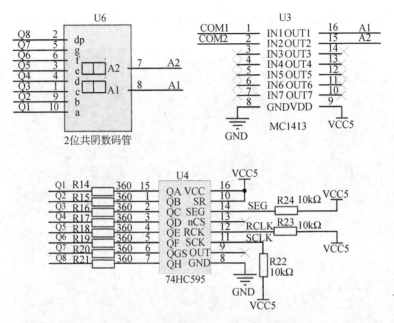

图 6.15 数码管分区显示电路原理图

(2) 语音播报电路原理图如图 6.16 所示。语音播报电路主要是对做好的语音芯片进行驱动。图 6.16 中，x1 即为定做的语音芯片；P18 为喇叭，内阻约为 8Ω，用于播放语音芯片内部的声音；C12、C13 为去耦电容。

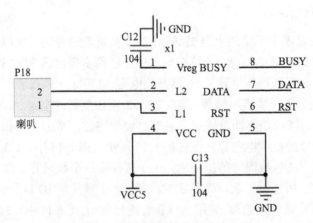

图 6.16 语音播报部分电路原理图

(3) 物理开关电路原理图如图 6.17 所示。24 位物理开关用于选择需要灌溉的分区，开关 1～24 分别对应田间控制器的分区号。同时每个物理开关对应一个主控制器的 IO 口，当物理开关被按下，对应的主控制器的 IO 口就会产生电平变化，主控制器从而采取响应的处理。

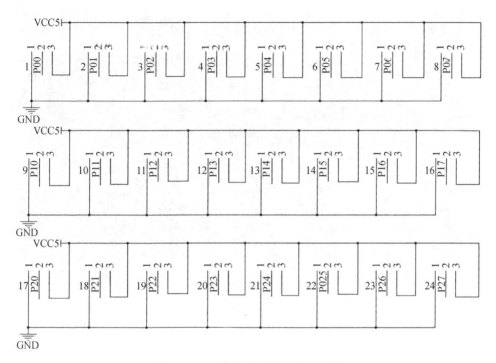

图 6.17　24 位物理开关电路原理图

(4)手持控制端 PCB 如图 6.18 所示。

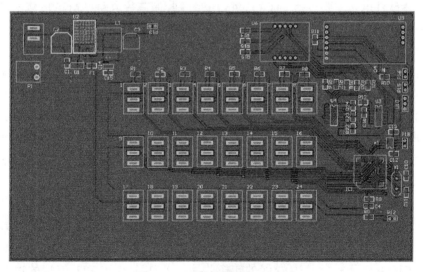

图 6.18　手持控制端 PCB 图

(5)手持控制端实物。焊接完成的手持控制端实物如图 6.19 所示。

图 6.19　手持控制端实物图

6.4.4　无线中继电路

无线中继主要负责手持端的控制指令与田间控制器的反馈指令的转发,为使无线中继能够覆盖整个片区,因此将其架设在空旷地方,安装在整片区域的最高点。无线中继硬件电路主要包括 STC15W4K16S4 主控制芯片电路、LM2596 降压稳压电路、USB 转 TTL 电路、LoRa 无线模块驱动电路等。LM2596 降压稳压电路与 LoRa 无线模块驱动电路在 6.3 节已经阐述过,本节不再叙述。

(1) STC15W4K16S4 主控制芯片电路原理图如图 6.20 所示。图 6.20 中 U1 即为 STC15W4K16S4 主控芯片,其指令代码完全兼容传统的 8051,但速度提升了 8~12 倍,内部集成高精度 R/C 时钟,5~35MHz 宽范围可设置,可彻底省掉外部昂贵的晶振和外部复位电路。并且其内置 4kΩ 大容量 SRAM,8 路高速 10 位 A/D 转换,4 组独立的高速异步串行通信接口。本无线中继电路中主要用到了 STC15W4K16S4 主控芯片的两组高速异步串行通信接口。

(2) USB 转 TTL 电路原理图如图 6.21 所示。USB 转 TTL 部分主要是为了整个板子下载程序调试方便,电脑的 USB 接口不能和 STC15W4K16S4 主控芯片的串口相连,因此需要将电脑的 USB 信号转换成 TTL 信号。图 6.21 中 U5 为 CH340G 芯片,CH340G 是一个 USB 总线的转换芯片,实现 USB 转 TTL 串口的功能;U6

为 USB 母口接口，用于连接电脑的 USB 接口。

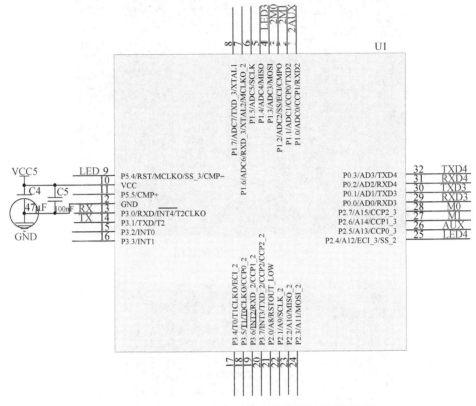

图 6.20　STC15W4K16S4 主控制芯片电路原理图

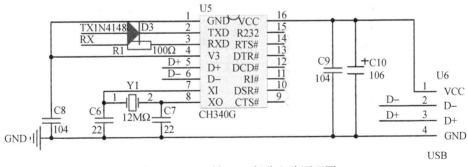

图 6.21　USB 转 TTL 部分电路原理图

(3)无线中继 PCB 图如图 6.22 所示。

(4)无线中继实物焊接完成的无线中继实物如图 6.23 所示。

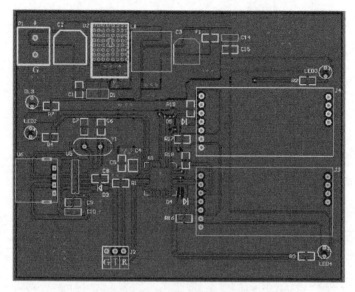

图 6.22　无线中继 PCB 图

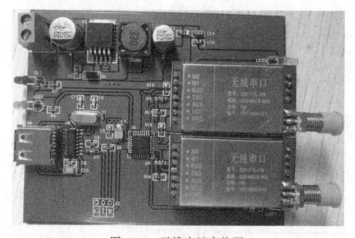

图 6.23　无线中继实物图

6.4.5　土壤墒情监测电路

　　贵州桐梓和陕西乾县两处的土壤墒情监测系统的数据传输方式不同，乾县苹果园区采用 433M LoRa 无线模块将土壤墒情信息发送至机房电脑端进行显示，而且土壤墒情监测系统带有 1602 液晶显示屏可以显示土壤温湿度以及分区信息；而贵州桐梓园区则利用 SIM900A 模块直接将土壤墒情信息上传至物联网云平台进行显示。因此，这两个地方所采用的电路也不完全相同，但是电路中都包含有 LM2596 降压稳压模块、STC15W4K16S4 主控制部分以及土壤温湿度传感器驱动电路。其中，

LM2596 降压稳压模块、STC15W4K16S4 主控制部分以及 LoRa 无线模块驱动电路前面已经做过介绍，本节不再描述。

(1) 土壤温湿度传感器驱动电路如图 6.24 所示。图中 U6 即为土壤温湿度传感器，其与主控制器采用的是串口通信，R15 与 R16 均为上拉电阻，D3 为续流二极管，防止土壤温湿度传感器通电瞬间产生的尖峰脉冲对主控制器的串口接收端造成影响。

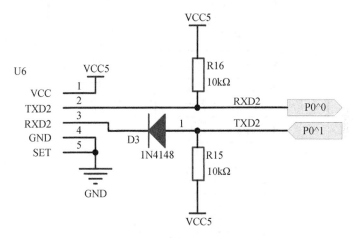

图 6.24 土壤温湿度传感器驱动电路原理图

(2) SIM900A 模块电路如图 6.25 所示。该 SIM900A 模块整体结构非常小巧，

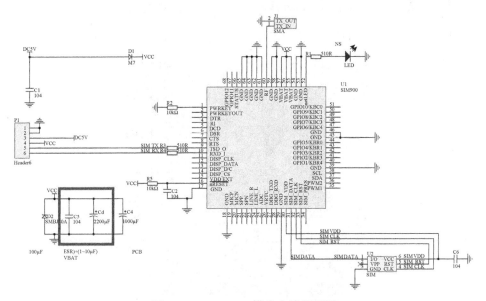

图 6.25 SIM900A 模块电路原理图

便于安装，在短消息业务、GPRS 数据服务等领域被广泛应用。主控制器利用串口实现与该 SIM900A 模块的通信，STC15 单片机的 RXD3、TXD3 分别与 SIM_TX、SIM_RX 相连。

(3) 1602 液晶显示屏驱动电路如图 6.26 所示。图中 U3 即为 1602 液晶显示屏，其每行能够显示 16 个字符，一共可以显示两行。H1 为电位器，主要作用是调节 1602 液晶显示对比度。

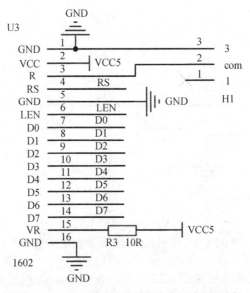

图 6.26 1602 液晶显示屏驱动电路原理图

(4) 乾县园区与桐梓园区的土壤墒情监测系统 PCB 分别如图 6.27、图 6.28 所示。

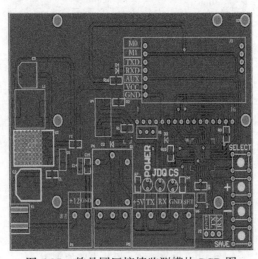

图 6.27 乾县园区墒情监测模块 PCB 图

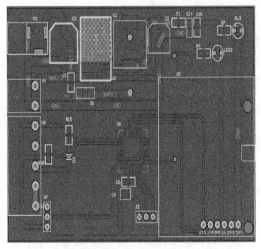

图 6.28　桐梓园区墒情监测模块 PCB 图

(5) 乾县园区的土壤墒情监测模块焊接好的实物如图 6.29 所示，贵州桐梓园区的土壤墒情监测模块焊接好的实物如图 6.30 所示。

图 6.29　乾县园区土壤墒情监测模块实物图

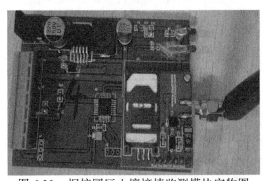

图 6.30　桐梓园区土壤墒情监测模块实物图

6.4.6　数据上传模块电路

　　数据上传模块主要利用串口采集各种数据信息，然后采用 WiFi 无线网络或者 GPRS 网络将采集到的数据信息上传至物联网云平台。桐梓园区机房尚未建成，因此如果桐梓园区机房建有无线网络，可以采用本数据上传模块，利用机房内 WiFi 无线网络将土壤温湿度数据上传至中国移动物联网云平台，本数据上传模块主要包括 STC15W4K16S4 主控制器、LM2596 降压稳压模块、SIM900A 通信模块、ESP8266 WiFi 模块、两路数据采集模块、DHT11 温湿度采集模块等部分。该模块集成 SIM900A 通信模块与 ESP8266 WiFi 模块两种不同的数据上传方式，提高了数据上传的可靠性和稳定性。ESP8266 WiFi 模块驱动电路如图 6.31 所示。

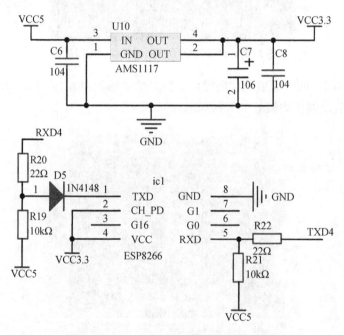

图 6.31　ESP8266 WiFi 模块驱动电路图

　　图 6.31 中的 ic1 即为 ESP8266 WiFi 模块，该模块采用串口与主控制器进行通信，由于 ESP8266 WiFi 模块所需的供电电压为 3.3V，而主控制器的所需电压为 5V，因此需要将 5V 降压至 3.3V 才能为 ESP8266 WiFi 模块供电。本数据上传模块采用 AMS1117 芯片进行降压稳压，U10 即为 AMS1117 降压芯片。ESP8266 WiFi 模块在串口通信时高电平信号也是 3.3V，而主控制器的串口通信高电平为 5V，因此在 ESP8266 WiFi 模块的串口收发端加了 R20、R22 两个电阻，以匹配串口通信的电压。数据上传模块的 PCB 图、硬件实物图分别如图 6.32 和图 6.33 所示。

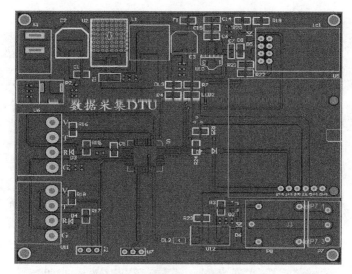

图 6.32　数据上传模块 PCB 图

图 6.33　数据上传模块硬件实物图

6.4.7　系统硬件实物产品化设计

本节主要对焊接好的实物进行产品化设计与包装。由于这些硬件实物均是安装在野外，需要考虑潮湿空气对硬件板子造成的影响，因此首先对焊接好的硬件实物进行喷涂三防漆，其次根据硬件实物尺寸计算并设计外壳，最后将硬件实物安装在加工好的铝合金外壳中，包装好的田间控制器、无线中继、手持控制端、土壤墒情监测模块的实物图如图 6.34～图 6.37 所示。

图 6.34　包装好的田间控制器实物图　　　图 6.35　包装好的无线中继实物图

图 6.36　包装好的手持控制端实物图

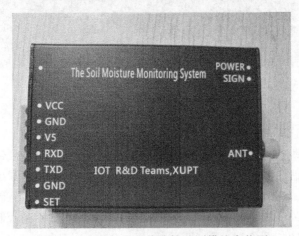

图 6.37　包装好的土壤墒情监测模块实物图

6.5 系统硬件驱动设计与实现

6.5.1 SX1278LoRa 扩频无线模块驱动

远程智能节水灌溉系统的通信采用 SX1278LoRa 扩频无线模块，其是一款 500MW 窄带无线数传模块，工作在 425～450.5MHz 频段。无线模块分为透传模式和定点模式，透传模式即发射和接收模块的地址与频道均相同，发射模块发送什么数据，接收模块就接收什么数据；定点模式只针对发射端有效，发射模块在发送数据时，将接收模块的地址和频道一起发送出去，数据的前四位即为接收模块的地址和频道。本系统使用的 LoRa 无线模块工作在定点模式。另外，LoRa 无线模块根据功耗不同又分为休眠模式、省电模式、唤醒模式和一般模式。只有在 LoRa 无线模块处于休眠模式时才能对其进行工作方式的设置；LoRa 无线模块处于省电模式时，模块的串口接收关闭；LoRa 无线模块处于唤醒模式时，只有收到唤醒模式下发出的数据才能打开串口进行接收数据；LoRa 无线模块处于一般模式时，模块的串口接收和串口发送同时使能。下面给出无线模块切换工作方式以及设置地址和频道的部分核心驱动程序。

```
void fanhui(uchar ma)
{
    uchar xunma[] = {0x00,0xff,0x01,0xff,0x0,0x0};
xunma[4] = table1[2];xunma[5] = ma;table1[5] = 0xC4;
M0 = 1;M1 = 1;
delayms(5);senddata(table1);delayms(20);
M0 = 0;M1 = 0;
delayms(50);senddata(xunma);table1[5] = 0x44;delayms(200);
M0 = 1;M1 = 1;
delayms(5);senddata(table1);delayms(5);
M0 = 0;M1 = 0;
}
```

6.5.2 SIM900A 模块驱动

在本系统中，STC15W4K16S4 微处理器使用串口 3 控制 SIM900A 数据终端向物联网云服务平台(IP 地址为 183.230.40.33)发送数据，首先需要编写串口驱动，配置串口通信波特率为 9600，数据位长度 8 位，无奇偶校验位，停止位 1 位，之后通过串口发送 AT 指令初始化网络，建立本地到物联网云服务器的连接，最后按照物联网云服务平台提供的 API 文档将封装好的数据向物联网云服务平台发送数据。本系统使用 SIM900A 通信模块完成数据传输，STC15W4K16S4 微控制器通过串口使用 AT 指令驱动此模块收发数据，通信模型结构如图 6.38 所示。AT 指令是数据终端对外开放的控制接口，微处理器可以使用该指令控制数据终端进行通信，一般以

AT 开头，<回车>符结尾；数据终端接到指令后一般立即返回结果，返回数据的格式为<回车><换行><返回的数据内容><回车><换行>。

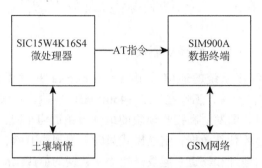

图 6.38　AT 指令通信模型结构图

串口初始化函数首先选择波特率所使用的定时器，开启串口，之后配置串口工作波特率等参数，然后开启接串口 3 接收中断。串口 3 配置部分程序如下所示。

```
voidUART3_config(u8 brt)
{
u8i;
/*********** 波特率固定使用定时器2 **************/
if(brt == 2)
{
S3CON &= ~(1<<6);//BRT select Timer2
SetTimer2Baudraye(65536UL - (MAIN_Fosc / 4)
 / UART_BaudRate3);
}
/*********** 波特率使用定时器3 ****************/
else
{
S3CON |= (1<<6);//BRT select Timer3
T4T3M &= 0xf0;//停止计数，清除控制位
IE2 &= ~(1<<5);//禁止中断
T4T3M |= (1<<1);//1T
T4T3M &= ~(1<<2);//定时
T4T3M &= ~1;//不输出时钟
TH3 = (65536UL - (MAIN_Fosc / 4)
/ UART_BaudRate3) / 256;
TL3 = (65536UL - (MAIN_Fosc / 4)
/ UART_BaudRate3) % 256;
T4T3M |= (1<<3);//开始运行
}
S3CON &= ~(1<<5);//禁止多机通信方式
S3CON &= ~(1<<7);// 8位数据，1位起始位，1位停止位
IE2 |= (1<<3);//允许中断
S3CON |= (1<<4);//允许接收
```

```
P_SW2 &= ~2;//切换到 P0.0 P0.1
P_SW2 |= 2;//切换到 P5.0 P5.1
for(i=0; i<RX3_Length; i++)RX3_Buffer[i] = 0;
B_TX3_Busy  = 0;
TX3_read    = 0;
RX3_write   = 0;
}
```

　　每当有数据到来时会发生串口接收中断,在串口中断函数中将串口数据取出并存入接收缓冲区,接收到第一帧数据时打开定时器并设置计数值为 0。当数据连续接收时,每字节都会在中断函数中重置定时器计数值为 0,因此定时器不会溢出。当数据最后一个字节接收完成时,由于没有下一字节继续到来,定时器发生溢出,在定时器溢出中断函数中置位串口接收完成标志位、关闭定时器,完成一帧数据的接收。在数据处理函数中检测接收完成标记就可以处理这一帧数据。

　　在本系统网络数据发送中主要使用的 AT 指令有以下几种。

　　(1) AT,串口测试指令,用于检测串口通信是否正常,STC15W4K16S4 微处理器发送 AT,正常情况下数据终端会立即返回 OK。

　　(2) AT^IPINIT,初始化网络链接指令,初始化成功之后基站会给数据终端分配IP 地址,以便进行网络通信。STC15W4K16S4 微处理器发送 AT^IPINIT=,"CARD","CARD",正常情况下数据终端在网络初始化完成后返回 OK。AT^IPOPEN,建立TCP 网络链接指令,本条指令执行成功之后会向目标地址建立一个 TCP 链接。STC15W4K16S4 微处理器发送 AT^IPOPEN=1,"TCP", "202.117.128.8",80, 5233,表示通过本地 5233 端口向 IP 地址为 202.117.128.8 的主机 80 端口建立 TCP 链接,正常情况下数据终端在连接建立完成后向微处理器返回 OK。

　　(3) AT^IPCLOSE,关闭网络连接指令,本条指令能够断开一条网络链接。STC15W4K16S4 微处理器发送 AT^IPCLOSE=1,正常情况下数据终端会立即返回OK 并端口链接。

　　(4) AT^IPENTRANS,打开透传模式指令,本条指令在 TCP 链接建立之后执行,可以打开链接透明传输模式,也可以连续的向目标传输数据,在传输完成时发送"+++"即可退出透传模式。STC15W4K16S4 微处理器发送 AT^IPENTRANS=1,正常情况下数据终端会立即返回 OK 并进入透传模式。

　　本系统用来存储土壤温湿度数据的物联网云服务平台使用 HTTP 协议进行数据通信,对于支持 HTTP 协议的设备向物联网平台发送 JSON 格式数据即可完成添加数据的操作,但是对于只支持 TCP 协议的设备(如本系统使用的 SIM900A 数据终端),需要使用 TCP 协议连接服务器 80 端口(即 HTTP 端口),模拟 HTTP 协议与OneNET 云服务平台进行通信。HTTP 协议即超文本传输协议,是一种采用了典型的请求、响应模型的通信协议,其通信报文中的所有字段都由 ASCII 码串组成。一个 HTTP 请求报文由请求行、请求头部、空行和请求数据 4 个部分组成,请求报文的具体格式如图 6.39 所示。

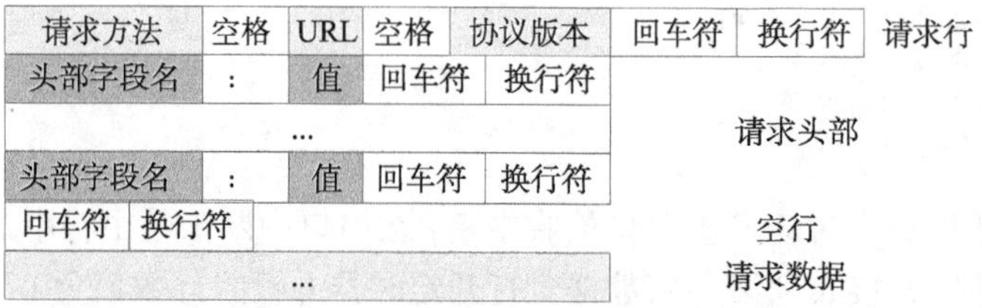

图 6.39　HTTP 请求报文的一般格式

　　请求报文的第一行必为请求行，请求行中有三个字段，通过空格符分隔，依次为请求方法字段、URL 字段和协议版本字段。其中，请求方法用于说明请求的类型，一般常见的有 GET 和 POST 等方法，GET 方法用于客户端从服务器端读取数据，并且一般不包含请求数据部分，客户端即使用此方法向物联网云服务平台请求查询传感器数据；POST 方法用于客户端向服务器端提交大量数据，所要提交的数据位于请求报文请求数据部分，客户端即使用此方法向物联网云服务平台发送传感器数据。URL 字段用于说明需要访问的资源。HTTP 协议版本字段用于说明客户端使用的 HTTP 协议版本。第二行至空行间的数据为请求头部部分，请求头部主要用于记录有关于客户端请求的信息，由请求头部字段名与值组成，请求头部字段名和值之间用英文冒号隔开，请求头按照顺序每行一组依此排列。根据 OneNET 物联网云服务平台的 API 文档说明，在本系统中通过 SIM900A 模块发送数据"POST/devices/3332956/datapoints HTTP/1.1\r\napi-key:***\r\nHost:api.heclouds.com\r\n"到 OneNET 物联网平台注册好的设备上，发送的数据包格式如图 6.40 所示。

POST/devices/3332956/datapointsHTTP/1.1

api-key:BnZUbKfGxJPpiv4ZnyEywgtSojgA

Host:api.heclouds.com

图 6.40　SIM900A 模块向 OneNET 物联网云平台发送的数据包格式

　　本系统采用 OneNET 平台中的数值型传感器存储土壤墒情数据，在 HTTP 协议请求报文中请求数据的具体格式如下。

```
{"datastreams":[{"""id":"Area01_Temperature",""""datapoints":["
"{"value":""%d",(u16)temp}"]]],{"id":"Area01_Humidity",""datapoint
s":[""{"value":""%d",(u16)humy)"}]}]}
```

　　其中 Area01_Temperature 为 1 号区域的土壤温度编号，value 中的数据为具体的温度数据，Area01_Humidity 为 1 号区域的土壤湿度编号，value 中的数据为具体的适度数据。

6.5.3　语音芯片驱动

在手持控制端上内置了语音播报芯片，当手持端接收到田间控制器反馈的电磁阀通断信息后，语音播报芯片会自动播报是哪个分区的电磁阀已经打开或者关闭。语音播报的流程为，首先录制好需要播报的语音内容，并编写好序号，其次将编号序号的语音发送给语音芯片厂家进行加工，做成板子上所需要的封装形式，最后用STC89C52 控制器驱动语音芯片播报相应编号上的内容。语音芯片驱动程序如下。

```
void speak(u8)
{
    RST=1;
    Delay200μs();      //持续 200μs//
    RST=0;             //然后复位脚置零//
    Delay200μs();
    while(z>0)   //若 Z 等于 0 则不工作，若大于 0 则继续自减//
    {
    DATA=1;        //data 脚位为高电平//
    Delay100μs();       //持续 100μs//
    DATA=0;        //然后置零//
    Delay100μs();
    z--;
    }
}
```

6.5.4　数码管显示驱动

手持控制端采用了两位共阴数码管，当手持端上面的物理开关被开启时，数码管会显示对应的分区编号。数码管利用 74HC595 进行段选，MC1413 进行位选，数码管 0～F 对应的二进制编码表以及 HC595 的部分核心驱动程序如下。

```
u8 shuma[]={0x3F,0X06,0X5B,0X4F,0X66,0X6D,0X7D,0X07,
0X7F,0X67,0XE7,0X7C,0X39,0X5E,0X79,0X71};
void HC595SendDataZ(u8 val)
{
    u8 i;COM1 = 0;COM2 = 0;
 for(i=0;i<8;i++)
{
    if((val<<i)&0x80) SEG = 1;
else SEG = 0;
SCK = 0;_nop_();_nop_();SCK = 1;
}
RCK = 0;_nop_();_nop_();RCK = 1;
    COM1 = 1;COM2 = 0;
}
```

6.5.5　1602 液晶显示驱动

市场上使用的 1602 液晶显示器以并行操作方式居多，但也有并、串口同时具有的，乾县园区使用的 1602 液晶显示器采用的是并行操作方式。如下给出 1602 液晶的驱动程序。

```
void write_com(u8 com)
{
    P16 = 0;P2 = com;delay_ms(5);
    P15 = 1;delay_ms(5);P15 = 0;
}
void write_data(u8 date)
{
    P16 = 1; P2 = date;delay_ms(5);
    P15 = 1;delay_ms(5);P15 = 0;
}
void init(void)
{
    write_com(0x38);        //设置16×2,8位数据接口
    write_com(0x0c);        //设置开显示,不显示光标
    write_com(0x06);        //写一个字符后地址指针加一
    write_com(0x01);        //显示清零,数据指针清零
}
```

6.5.6　土壤墒情传感器驱动

土壤墒情监测系统采用 SMTS-II-U 新一代土壤水分温度传感器,使用进口环氧树脂,优质不锈钢,更耐酸碱腐蚀,钢针隔离,永不电解,具有输出信号稳定、不漂移、不跳动等优点。通信协议采用 MODBUS-RTU 协议,该协议是主从协议,一个总线上有一个主站和多个从站,各个站点之间的通信参数必须一致,包括波特率、数据位数、校验位校验方式和停止位数,都必须一致。每个从站的站地址必须不同,否则会引起从站响应冲突。传感器的 SET 端接高电平时,传感器为设置模式,允许修改内部 EEPROM。此时的传感器显现出的通信参数固定为站地址 255,9600,n,8,1。可以对传感器进行参数设置,修改 0X200~0X204、0X209、0X20A 寄存器的值。传感器的 SET 端接低电平时,传感器为采集模式,这时,传感器内部设置的通信参数起作用,即通信按照 0X200~0X204 的参数定义运行。为了获得传感器水分和温度数据,本程序中采用固定格式发送指令:FE 03 00 00 00 02 D0 04。获取传感器水分和温度的指令以及土壤温湿度数据处理的程序如下。

```
u8 code zhiling[]={0xfe,0x03,0x00,0x00,0x00,0x02,0xd0,0x04};
void fanhui(void)
{
    u8 i;
    if(buffer[0]==0xFE)
      {
        buffer1[2]=buffer[3];
        buffer1[3]=buffer[4];
        buffer1[4]=buffer[5];
        buffer1[5]=buffer[6];
        switch(Area)
         {
```

```
    case 1:buffer1[1]=0x01;break;
    case 2:buffer1[1]=0x02;break;
    case 3:buffer1[1]=0x03;break;
    case 4:buffer1[1]=0x04;break;
    default:break;
  }
S3_Int_Disable();//禁止中断
for(i=0;i<6;i++)
  {
    S3BUF = buffer1[i];
    while(!TI3);
    CLR_TI3();
  }
S3_Int_Enable();//允许中断;
humidity = buffer[3]*256+buffer[4];
temperature = buffer[5]*256+buffer[6];
  }
}
```

6.5.7　上位机软件设计

　　远程智能节水灌溉系统上位机软件主要实现各个分区电磁阀通断的控制、土壤墒情信息实时显示等功能，本系统上位机软件由 LabVIEW 软件实现。软件界面分为工程简介、控制界面、监测显示和报表生成四个部分。

　　工程简介界面主要是对乾县园区和桐梓园区的项目进行简单的介绍，工程简介软件界面如图 6.41 所示。

图 6.41　工程简介软件界面截图

　　控制界面主要用于开启或者关闭 1～36 个分区的电磁阀，点击分区选择列表栏可以选择 1～36 任一分区，点击白色的电磁阀按钮即可开启或者关闭该分区的电磁阀，控制界面如图 6.42 所示。

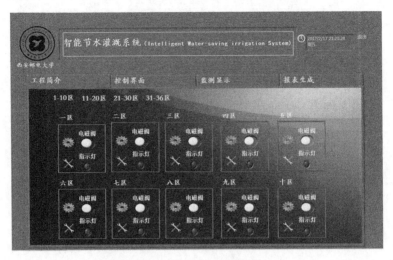

图 6.42　控制界面截图

　　监测显示界面负责接收并实时显示土壤墒情监测系统发来的墒情数据,由软件后台自动接收,如果有墒情数据发来会立即显示在列表上,同时在波形图表上会有波形显示,可以任意查看四个区的波形变化。检测界面如图 6.43 所示。

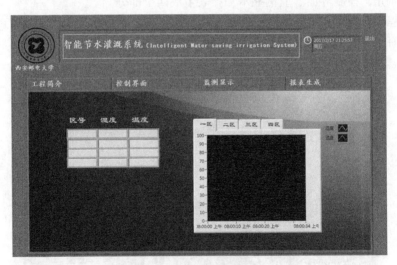

图 6.43　监测界面截图

　　报表生成主要负责记录数据,当点击打开报表就会把数据获取显示在表格中,报表生成界面如图 6.44 所示。图 6.44 中左边表格为记录的所有发送的控制指令(即控制某一分区的电磁阀开启或关闭的指令),右边表格为记录的四个土壤墒情监测区域发送来土壤温度和湿度的数据。

图 6.44　报表生成界面截图

6.6　系统实地测试

6.6.1　无线信号传输距离及稳定性测试

无线模块标称直线传输距离为 4000m，由于陕西省乾县园区地处平原，理论上无线模块的传输距离能够满足系统要求。实地测试方案为一人在机房附近手持控制端，另外两人手持田间控制器模块在园区最远处的边缘位置走动，并和机房附近的手持端实时进行测试。经测试，即使在园区外部 1000m 的位置，手持控制端仍能准确控制田间控制器。测试次数为 120 次，电磁阀准确开启次数为 119 次，正确控制率 99.2%，因此无线信号的传输距离以及稳定性均满足系统要求。乾县园区地貌如图 6.45 所示。

图 6.45　乾县园区地貌图

贵州桐梓园区属于山区，桐梓园区的种植区域为四个山包，种植面积约为 1000

亩。由于四个山包不是紧邻着，因此桐梓园区的果树种植相对分散，并且都是种植在山包上面，不同山包海拔落差较大，无线信号阻挡严重。对桐梓园区无线信号稳定性及传输距离的测试方案与陕西乾县园区的测试方案不同。贵州桐梓园区的地貌如图 6.46 所示。

图 6.46　桐梓园区地貌图

由于田间控制器和手持端相隔几个山包，经过测试发现，正确控制率为 90% 左右，稍低于系统实际要求，因此需要在最高处架设无线中继。在图 6.47 最高处放置一个无线中继，在园区最低洼处放置手持控制端，再进行测试，测试次数为 120 次，电磁阀准确开启次数为 117 次，正确控制率 97.5%，满足系统要求。

图 6.47　桐梓园区无线信号传输距离及稳定性测试

6.6.2 太阳能供电系统测试

由于地势及地理位置的影响，整体系统采用太阳能供电，这样完全避免了果园走线的麻烦，并且采用清洁太阳能，节能环保，体现了绿色环保的理念。太阳能供电系统又分为电磁阀供电模块和控制板供电模块，考虑到电磁阀供电与控制板供电如果采用单电源供电会造成系统供电不稳定的情况，乾县园区给电磁阀和田间控制器分别单独供电。乾县园区为电磁阀供电的蓄电池采用电压为 12V，容量为 50AH；为蓄电池充电的电池板采用单晶硅电池板。实验室测试电磁阀的耗电量如图 6.48 所示，对电磁阀采用 12V 电压供电时，其工作电流为 0.98A，在阴雨天气理论上能够为电磁阀提供连续 50h 的电能，满足整体系统的要求。田间控制器耗电量极低，因此田间控制器供电的蓄电池采用电压为 12V，容量为 24AH。乾县园区太阳能供电系统的安装示意图如图 6.49 所示。经实地测试，蓄电池及太阳能电池板满足整体系统的供电需求。

图 6.48 电磁阀功耗测试

图 6.49 乾县园区太阳能实地安装测试图

由于贵州桐梓园区采用脉冲式电磁阀，使系统整体功耗大大降低，约为 2W/h，因此采用 24AH 单蓄电池的供电方案。桐梓园区太阳能实地安装测试图如图 6.50 所示。

图 6.50　桐梓园区太阳能实地安装测试图

6.6.3　电磁阀启停测试

将脉冲电磁阀接入田间控制器，将田间控制器的分区拨码拨到 2 区，打开手持控制端并开启 2 区的开关，可以听到脉冲电磁阀发出声响，向脉冲电磁阀的入水口注入清水，测试发现出水口虽然有水流出，但是水流非常小。考虑到这是在实验室环境测试，而脉冲电磁阀本身需要一定压力才能完全开启，在脉冲电磁阀注水口进行自来水加压测试，出水口水流正常，脉冲电磁阀工作正常。脉冲电磁阀启停测试图如图 6.51 所示。

图 6.51　脉冲电磁阀启停测试图

6.6.4　网络通信测试

在土壤墒情监测模块的接线端子上接土壤墒情传感器，并将土壤墒情传感器埋入地下，在 SIM900A 数据终端上面插入 SIM 卡，接通电源会看到土壤墒情监测模块的电源指示灯常亮，信号灯闪烁，证明土壤墒情监测模块工作正常。打开 OneNET 中移动物联网云平台的应用数据发布页面，通过该页面可以查看四个区域的土壤温湿度信息。三号区域土壤墒情上传物联网云平台测试图如图 6.52 所示。

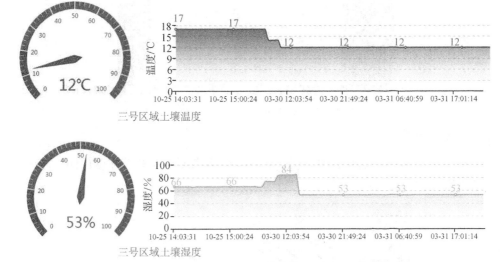

图 6.52　三号区域土壤墒情上传物联网云平台测试截图

6.6.5　土壤墒情信息上传电脑端测试

将土壤墒情传感器接入土壤墒情监测模块的接线端子上，并将土壤墒情传感器插在花盆里，为土壤墒情监测模块接通电源，当土壤墒情监测模块的电源指示灯常亮，信号灯闪烁，土壤墒情监测模块工作正常。在电脑上打开 LabVIEW 上位机软件，在 USB 接口处插上无线接收模块，打开上位机软件的监测显示和报表生成界面，可以看到土壤温湿度信息分别显示在上位机软件上。土壤墒情上传至电脑端测试图如图 6.53 所示，电脑端土壤墒情信息显示存储测试成功界面如图 6.54 所示。

图 6.53　土壤墒情上传至电脑端测试图

日期	时间	区号	湿度	温度
2017/2/17	18:39	3	99%	20℃
2017/2/17	18:40	3	99%	20℃
2017/2/17	18:41	3	99%	20℃
2017/2/17	18:42	3	99%	20℃
2017/2/17	18:43	3	99%	20℃
2017/2/17	18:44	3	99%	20℃
2017/2/17	18:45	3	99%	20℃
2017/2/17	18:46	3	99%	20℃
2017/2/17	18:47	3	99%	20℃
2017/2/17	18:48	3	99%	20℃
2017/2/17	18:49	3	99%	20℃
2017/2/17	18:50	3	99%	20℃
2017/2/17	18:51	3	99%	20℃

图 6.54　电脑端土壤墒情信息显示存储界面

6.6.6　系统整体测试

各部分模块实地测试完成后进行整体安装,经测试,系统整体运行良好,滴管实景图如图 6.55 所示。

图 6.55　园区滴管实景图

第7章 农业节水灌溉软件系统

7.1 设计与实现目标

高效的水资源利用率，适宜的土壤环境，智能化的灌溉系统是可持续农业发展的必要前提。随着水资源的紧缺和乾县苹果推广面积的增加，原先滞后的灌溉方式急需转变，因此本书以该地区为例，完成节水灌溉系统上位机软件的设计与实现。

本次设计的目的在于开发出一套适用于苹果园区的智能节水灌溉系统上位机软件。上位机采用 LabVIEW 语言进行编程，是整个监控系统的中心，通过 433MLoRa 无线模块与下位机通信，主要实现土壤墒情信息的显示、处理、存储、报表生成和远程控制。系统中加入模糊控制算法，通过输入作物最佳土壤湿度进行自适应决策开启/关闭电磁阀，其具体内容如下。

(1) 结合无线通信技术与模糊控制的发展，以乾县矮化苹果为研究对象，设计一种模糊控制器，将土壤湿度的差值 E 和土壤湿度的变化率 EC 作为模糊控制器的输入，灌溉时间作为输出，同时对其进行 Simulink 仿真，确定该设计的可行性。

(2) 设计了基于 LabVIEW 的远程智能灌溉系统上位机软件，实现远程获取土壤墒情信息，并将其进行显示、处理、存储以及报表打印，根据模糊控制算法决策电磁阀何时开启以及开启多长时间，同时，用户也可自定义选择控制方式，如点对点控制、区域定时控制以及区域轮询控制。

(3) 对各功能模块进行通信测试、丢包率测试以及实地测试，同时完成土壤墒情数据的曲线拟合与订正，使温湿度的平均相对误差降到监测精度要求范围内。

整套设备采用现代无线通信技术，实现了多节点远程墒情信息的监测与智能灌溉控制，保证了作物适时适量的灌溉，节约了水资源和劳动力。

7.2 子系统整体介绍

本远程智能节水灌溉系统上位机软件主要实现电磁阀的远程控制和土壤墒情信息的监测两大功能。通过 433MHz 的 LoRa 无线模块和 GPRS 网络分别将土壤墒情传感器采集到的温湿度信息发送到 LabVIEW 上位机软件和 OneNET 云平台，在 LabVIEW 上位机软件上完成数据的解析、分析、处理和存储。根据接收到的土壤墒情信息，上位机软件可通过调用模糊控制算法完成自适应灌溉，或者由用户主观决定灌溉分区和灌溉时间。上位机软件系统整体结构如图 7.1 所示。

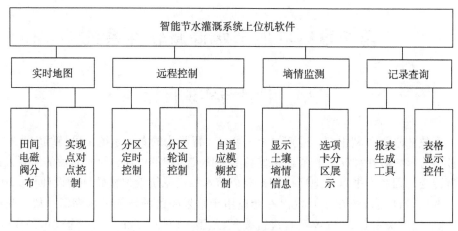

图 7.1　节水灌溉系统上位机软件设计

软件分为 4 个功能面板，分别为实时地图面板、远程控制面板、墒情监测面板和记录查询面板。由于乾县和桐梓园区均为千亩果园，为了方便管理，根据地理位置将其划分为各小区分别进行管理。第一个面板为实时地图面板，用于进行点对点控制和显示各电磁阀的位置；第二个面板为远程控制面板，完成电磁阀控制方式的选择，控制方式有分区定时控制、分区轮询控制和自适应模糊控制；第三个面板为墒情监测面板，用于展示土壤传感器传回的实时数据，完成土壤墒情信息的个性化显示；第四个面板为记录查询面板。用于控制信息和墒情信息的存储显示和报表生成，以供用户查看历史信息。接下来几节将会对各功能模块、重要函数以及关键程序展开具体的介绍。

在上位机软件设计之前需要做的重要工作，就是上位机与下位机通信协议的定义。上位机接收到下位机传输过来的数据，首先按照通信协议对其进行数据的解析，再根据需要做进一步处理。该系统的协议主要包括目的 ID、数据帧头、帧类型、中继判断、区号、电磁阀节点号、开启/关闭状态、湿度位、温度位、保留位以及校验位。具体分为两套协议一套是控制协议；另一套是墒情监测协议。两个协议的具体取值及含义如表 7.1 和表 7.2 所示。

表 7.1　通信控制协议定义

类型	取值及含义
目的 ID3Byte	地址高 8 位、地址低 8 位、信道
数据帧头	AF
帧类型	01：主机 02：中继 03：田间控制器子 04：传感器节点

续表

类型	取值及含义
中继使用	00：不使用中继 01：使用中继
源节点	默认地址 FF
中继节点	默认地址 FE
分区选择	01~04：相应分区
电磁阀节点	01~1F：对应节点
开启关闭	00：关闭 01：开启
保留位	功能增加备用
保留位	
校验位	求和校验

表 7.2　土壤墒情监测协议定义

类型	取值及含义
目的 ID3Byte	地址高 8 位、地址低 8 位、信道
数据帧头	AF
帧类型	01：主机 02：中继 03：田间控制器子 04：传感器节点
中继使用	00：不使用中继 01：使用中继
源节点	默认地址 FF
中继节点	默认地址 FE
分区选择	01~04：相应分区
电磁阀节点	01~1F：对应节点
水分高 8 位	水分计算方法：(水分高 8 位×256+水分低 8 位)/10
水分低 8 位	
温度高 8 位	温度计算方法:(温度高 8 位×256+水分低 8 位)/10
温度低 8 位	
保留位	功能增加备用
保留位	
校验位	求和校验

7.3　虚拟仪器 LabVIEW 介绍

LabVIEW 是一种图形化的编程语言，是现代计算机技术、网络技术和仪器技术的结合，其创建的程序被称为虚拟仪器(virtual instruments，VI)。该软件在仪器控制以及数据采集和分析方面具有强大的功能，可直接通过计算机软件中的虚拟仪器仪表界面完成数据的显示、分析等过程。除此之外，还提供完善的函数、子程序库以及多种工具包,缩短了程序开发周期,本系统的上位机开发就采用的 LabVIEW 软件平台。

7.3.1 程序结构和常用函数介绍

在程序编程实现过程中,无论哪种语言都离不开程序控制结构。汇编语言中的高级结构都是由简单的顺序和跳转结构衍生出来的,C 语言中的结构化算法是由基本的结构顺序组成的算法结构[31]。在 LabVIEW 中,主要的程序结构有循环结构、分支结构、事件结构、顺序结构等。

在 LabVIEW 中有一个函数专用面板只用于程序结构的控制和属性的操作,里面包含了各种各样的程序结构函数,这里的程序结构函数不仅包括 For 函数、While 函数,还包括公式节点、事件结构等[32],这些统称为程序结构函数。程序结构函数位于程序框图编程中的结构,如图 7.2 所示。

在 LabVIEW 中的 For 循环和其他语言中的一样,首先进行条件的判断,然后再执行相应操作。如图 7.3 所示,是 For 循环结构的外形图,图中的 N 代表的是程序的循环总次数,i 代表的是目前程序的循环次数。循环总次数可以给它赋一个常量也可给它连接一个输入控件,通过输入的数字来控制循环总次数。如图 7.4 和图 7.5 所示是 For 循环的简单应用。

图 7.2　程序结构函数

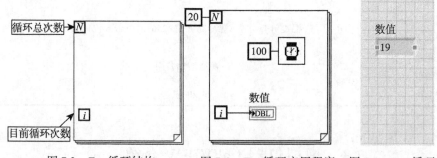

图 7.3　For 循环结构　　图 7.4　For 循环应用程序　图 7.5　For 循环应用界面

LabVIEW 中的 While 循环相当于 C 循环语言中的 do while 循环,是先执行循环体,然后再判断条件,无论条件是否满足,先需要执行一次循环体。如图 7.6 所示是 While 循环,i 表示目前循环次数,右下角的标志是循环停止条件输入口,默认值是"真(T)时停止"[33]。

利用 While 循环设置的一个系统时间显示程序如图 7.7 所示，布尔值用于控制程序的循环停止(设置布尔控件的值"真时停止")。

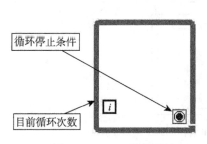

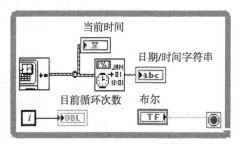

图 7.6　While 循环结构　　　图 7.7　While 循环结构的应用

LabVIEW 中的分支结构(也称"条件结构")相当于 C 语言中的 case 语句，可由用户添加分支，但每次执行时只有一个分支在执行，如图 7.8 所示。

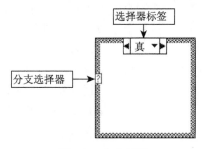

图 7.8　分支结构

顺序结构就是一旦进入顺序结构就按照顺序执行，该结构的执行是一帧一帧进行。顺序结构分为平铺式和层叠式，平铺式顺序结构将分支横行放置，可以看到所有分支，如图 7.9 所示；层叠式顺序结构是层叠放置分支，只能看到当前分支，如图 7.10 所示。

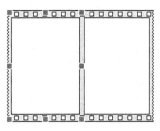

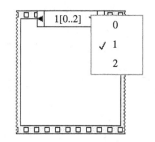

图 7.9　平铺式顺序结构　　　图 7.10　层叠式顺序结构

在 LabVIEW 中还有一个很重要的结构就是事件结构，事件结构的特点是事件的分支执行是靠外部事件驱动。例如，前面板中布尔控件值的改变、按下键盘上某个键、点击鼠标、关闭页面等都会驱动一个事件。如图 7.11 所示是事件结构的外形图，左上角的沙漏状图标表示超时间端口，左边缘中间部分是事件数据节点，上边缘中间"超时"的部分是子分支表示框。

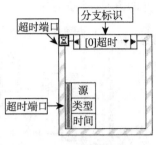

图 7.11   事件结构

　　事件结构可以是一个分支结构，也可存在多个分支结构，但在执行过程中只能响应某个子分支中的一个事件。分支标识框图显示当前所有的事件。超时端口的连接端为数值常量，单位一般为 ms，用于事件结构等待某个子分支或事件的响应时间。时间数据节点的特点是访问事件的数据值。

　　LabVIEW 编程中的最小单元一般是一些控件和函数，下面介绍常用函数。

　　字符串是对一些非数值量进行输入和显示，这些字符串进行输入和显示的控件在前面板控件选项卡的字符串路径中，如图 7.12 所示。和它相关的函数位于程序框图编程中的字符串，如图 7.13 所示。

图 7.12   字符串控件选板

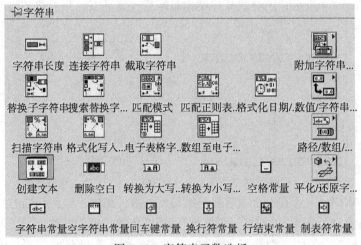

图 7.13   字符串函数选板

在程序框图中有很多对字符串进行操作的函数，符串长度函数(用来返回字符串的字符长度)、连接字符串(用来将几个输入字符串连接成一个字符串输出)、格式化日期/时间字符串等[34]。

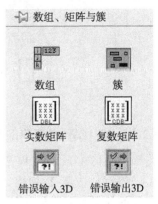

图 7.14 数组控件选板

在设计系统过程中数组的有关函数也会被用到，以下就是使用数组的有关函数进行简单介绍。和字符串函数一样，数组的输入、显示位于前面板控件选项卡的数组、矩阵与簇中，如图 7.14 所示，但数组和字符串输入的不同的是，数组输入不但将数组拖至前面板，还要打开数值输入控件并拖至数组框中这才完成了数组的输入功能。对数组进行操作的函数位于程序框图编程中的数组，如图 7.15 所示。

LabVIEW 中的大多数函数是具有多态性的，所谓的多态性就是函数能够自动适应不同类型的输入数据。例如，一个数值加上一个数组其结构应该是这个数值与数组中的每一个元素相加的结果，结果依然是一个数组的形式，如图 7.16 所示就是数组函数的简单应用。

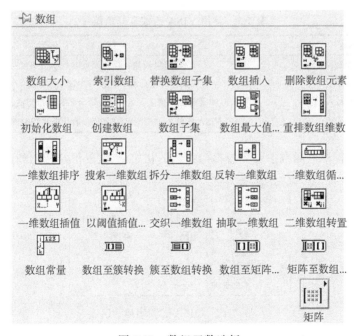

图 7.15 数组函数选板

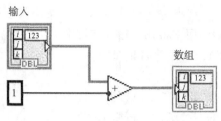

图 7.16 数组函数的应用

7.3.2 LabVIEW 中串口的实现

串口通信在 LabVIEW 软件中有两种实现方案，方案 1：采用 NI 公司的配套的 VISA 工具包；方案 2：使用 ActiveX 控件。VISA 工具包是 NI 公司专门为 LabVIEW 串口通信开发的工具包，可靠性高，使用方便。而 ActiveX 在设置控件时还要对控件接口及其函数进行设计，故本次设计采用方案 1 来完成串口通信功能。

虚拟仪器软件结构 (virtual instrument software architecture，VISA) 是 I/O 接口软件标准及其规范的总称。VISA I/O 口的主要功能是建立应用程序与仪器总线之间的通信[35]，是一种通用的 I/O 标准，其对于各种仪器接口具有通用性。在 LabVIEW 中与串口操作相关的函数位于程序框图函数面板中仪器 I/O 的子面板中，常用的 VISA 函数及其函数功能说明如表 7.3 所示。

表 7.3　常用 VISA 函数及其功能

函数	函数功能
VISA 配置串口	设置串口参数，按照设定的参数初始化
VISA 读取	将从 VISA 资源名称指定的设备或接口中读取的数据写入读取缓冲区
VISA 写入	将写入缓冲区的数据信息写入 VISA 资源名称所指定的设备或接口中
VISA 关闭	关闭 VISA 资源名称所指定的设备会话并释放相关的所有资源

VISA 配置串口函数主要完成串口参数的初始化，其外形结构图如图 7.17 所示。

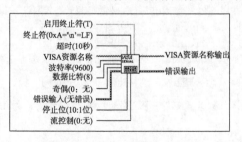

图 7.17　VISA 配置串口 VI

由图 7.17 可以看出，其接口包括启用终止符、终止符、超时、VISA 资源名称、波特率、数据比特、奇偶、错误输入(无错误)、停止位、流控位、VISA 资源名称输出、错误输出。本书所开发的上位机软件中，串口选用计算机自带的 USB 口进行连接，VISA 资源名称为 E31.TTL.500 的端口号，波特率和数据比特连接端分别选用系统默认值 9600 和 8，其余各个接口，如奇偶连接、启用终止符、流控制等，在本次上位机软件设计中没有使用，因此不再进行详细介绍。VISA 工具包中的 VISA 写入、VISA 读取、VISA 关闭将在 7.5 节的上位机设计中结合软件程序详细描述。

7.4　模糊控制理论及其设计

传统的控制系统算法都是建立在已知的精确数学模型上，但是对于农田灌溉这种具有非线性、迟滞性的控制系统，很难建立准确地数学模型[36]，无法利用传统的 PID 实现精确、高效的灌溉。而模糊控制则是根据专家知识以及工作人员的经验进行决策，不需要建立数学模型，是一种非线性控制方式，具有很强的鲁棒性，在处理农田灌溉这类大惯性问题时显得快速且简单有效。模糊控制的控制过程通常由模糊化过程、模糊逻辑推理以及清晰化过程三个部分组成。现对各个部分进行详细介绍。

7.4.1　模糊化过程

模糊化就是将模糊控制器输入的精确值按照一定的尺度变换转换为模糊语言变量的一个过程。一般输入计算机的测量值都是数字量，无法运用模糊规则，因此首先应将其数据变化范围转换到相应的论域，利用模糊化函数定义语言变量，从而形成模糊集合。目前，应用范围最广的隶属函数主要有以下几种。

(1) 正态分布型：

$$u_{A_i}(x) = e^{-\frac{(x-a_i)^2}{b_i^2}} \tag{7.1}$$

式中，隶属函数的中心值为 a_i；宽度为 b_i。设与｛NB，NM，NS，ZO，PS，PM，PB｝分别对应的中心值是｛-6，-4，-2，0，2，4，6｝。则隶属函数图如图 7.18 所示。

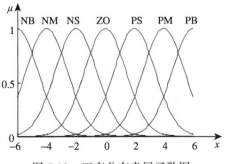

图 7.18　正态分布隶属函数图

(2) 三角形(应用最广泛的类型)，隶属函数如图 7.19 所示。

$$u_{A_i}(x) = \begin{cases} \dfrac{1}{b-a}(x-a), & a \leqslant x < b \\[2mm] \dfrac{1}{b-c}(u-c), & b \leqslant x \leqslant c \\[2mm] 0, & \text{其他} \end{cases} \tag{7.2}$$

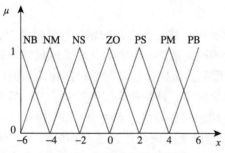

图 7.19　三角形隶属函数图

(3) 梯形，隶属函数如图 7.20 所示。

$$\mu_{A_i}(x) = \begin{cases} \dfrac{x-a}{b-a}, & a \leqslant x < b \\[2mm] 1, & b \leqslant x \leqslant c \\[2mm] \dfrac{d-x}{d-c}, & c < x \leqslant d \\[2mm] 0, & \text{其他} \end{cases} \tag{7.3}$$

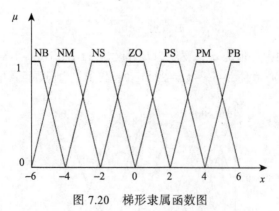

图 7.20　梯形隶属函数图

在长期的实践中发现，三角形和梯形隶属度函数得到了广泛的应用，并且控制效果较为稳定。

7.4.2　模糊逻辑推理

模糊逻辑推理就是将领域中的专家经验以语言逻辑的方式表达出来，如果按条件变化量和模糊规则的多少进行划分，模糊逻辑推理可分为四种方式：近似推理、模糊条件推理、多输入模糊推理和多输入多规则推理。

1. 近似推理

常规的语言规则通常是：

条件 1：如果 x 是 A，则 y 是 B；

条件 2：如果 x 是 A'；

推论：y 是 $B' = A' \circ (A \to B)$

推论 B' 是通过 A' 与 A 和 B 的逻辑推理而得，由 A 到 B 的模糊关系矩阵 R 为

$$R = A \times B = \int_{X \times Y} \mu_A(x) t \mu_B(y) / (x, y) \tag{7.4}$$

运用 R 可以得到近似推理的隶属函数为

$$\mu_B(y) = \bigvee_x \{ \mu_A(x) \wedge \mu_{A \to B}(x, y) \} \tag{7.5}$$

其中，$\mu_{A \to B}(x, y)$ 可由扎德推理法和玛达尼推理法得到。

2. 模糊条件推理

常规的语言规则是：如果 x 是 A，那么 y 是 B，否则 y 是 C。

逻辑表达式为：$(A \to B) \vee (\overline{A} \to C)$。

模糊关系矩阵为：$R = (A \times B) \cap (\overline{A} \times C)$。

$$\mu_R(x, y) = \mu_{A \to B} \cap \mu_{A \to C} = [\mu_A(x) \wedge \mu_B(y)] \vee [1 - \mu_A(x) \wedge \mu_C(y)] \tag{7.6}$$

有了模糊关系矩阵，则模糊推理结论 B' 为

$$B' = A' \circ R = A' \circ [(A \times B) \cap (\overline{A} \times C)] \tag{7.7}$$

3. 多输入模糊推理

语言规则是：

前提 1：如果 A 且 B，那么 C。

前提 2：现在是 A' 且 B'。

结论：$C' = (A' \text{ and } B') \circ [(A \text{ and } B) \to C]$。

如果 A 且 B，那么 C 的数学表达式为 $\mu_A(x) \wedge \mu_B(x) \to \mu_C(z)$。

其模糊关系矩阵 $R = AB \times C$，用玛达尼推理，则模糊关系矩阵为 $[\mu_A(x) \wedge \mu_B(y)] \wedge \mu_C(z)$。

推理结果为

$$C' = (A' \text{ and } B') \circ [(A \text{ and } B) \rightarrow C] = [A' \circ (A \rightarrow C)] \cap [B' \circ (B \rightarrow C)] \quad (7.8)$$

其隶属函数为

$$\mu_{C'}(z) = \bigvee_{x}\{\mu_{A'}(x) \wedge [\mu_A(x) \wedge \mu_C(z)]\} \cap \bigvee_{y}\{\mu_{B'}(y) \wedge [\mu_B(y) \wedge \mu_C(z)]\} \quad (7.9)$$

4. 多输入多规则推理

常规的语言规则是：如果 A_1 并且 B_1，则 C_1。

否则如果 A_2 并且 B_2，则 C_2。

否则如果 A_n 并且 B_n，则 C_n。

已知 A' 且 B'，则 $C' = ?$

其中 A_n 且 A'、B_n 和 B'、C_n 和 C' 分别为不同论域 X、Y、Z 上的模糊集合。

规则如果 A_i 且 B_i，那么 C_i 可以表示为

$$[\mu_{Ai}(x) \wedge \mu_{Bi}(y)] \wedge \mu_{Ci}(z) \quad (7.10)$$

然后进行并集形式进行推理，由此，推理结果为

$$\begin{aligned} C' &= (A' \text{ and } B') \circ ([(A_1 \text{ and } B_1) \rightarrow C_1] \cup, \cdots, \cup [(A_n \text{ and } B_n) \rightarrow C_n]) \\ &= C_1' \cup C_2' \cup C_3' \cup, \cdots, \cup C_n' \end{aligned} \quad (7.11)$$

式中，$C_i' = (A' \text{ and } B') \circ [(A_i \text{ and } B_i) \rightarrow C_i] = [A' \circ (A_i \rightarrow C_i) \cap B' \circ (B_i \rightarrow C_i)]$，$i = 1, 2, \cdots, n$。

其隶属函数为

$$\mu_{Ci}(z) = \bigvee_{x}\{\mu_{A'}(x) \wedge [\mu_{Ai}(x) \wedge \mu_{Ci}(z)]\} \cap \bigvee_{y}\{\mu_{B'}(y) \wedge [\mu_{Bi}(y) \wedge \mu_{Ci}(z)]\} \quad (7.12)$$

7.4.3　清晰化过程

模糊控制的过程通常包括以下几个过程，首先是对系统输入的精确量进行模糊化处理，其次将模糊化后的量转换为语言值，最后通过模糊控制器的推理输出模糊量。然而操作机构只能依据个体的数据值来操作，因而最后需将模糊量进行精量化。选择合适的模糊集合的清晰化很关键，这直接影响到控制的稳定性和控制的精度。因而对清晰化过程的各种方法需要了解，并且需要清楚各类方法之间的异同，以及对整个控制结果的影响。以下为精量化的方法，其各有特点，根据情况的不同选择相适宜的方法。

1. 最大隶属函数法

模糊集合中，隶属度有大有小，甚至在有些情况下，即使是最大的隶属度，也可能同时存在与之对应的好几个元素。而在精量化中，以隶最大的隶属度作为解模

糊化的标准，表达式为

$$v_0 = \max \mu_v(v), v \in V \tag{7.13}$$

但针对同时出现几个最大隶属函数的情况，采用对其最大的隶属度平均化，取其结果，表达式为

$$v_0 = \frac{1}{J}\sum_{j=1}^{J} v_j, v_j = \max_{v \in V}(\mu_0(v)); J = |\{v\}| \tag{7.14}$$

式中，J 为所有相同的最大隶属度的输出值的总个数；v_j 为平均隶属度。

最大隶属函数法的优点是算法简洁，且满足精度要求不高的情况。最大隶属函数法的另一个优点是在控制过程中可以不用考虑函数本身的形状，而只要根据隶属度来进行计算便可以完成去模糊化。

2. 重心法

重心法是根据隶属函数曲线与 x 轴形成的几何形状的重心来计算。通常是先将模糊控制输出的数据用隶属函数曲线表示，而隶属函数曲线与坐标轴会围成一个封闭区域，在三角形函数中，其围成的封闭区域便是一个三角形。而取出这个区域的重心作为输出结果，表达式如下：

$$v_0 = \frac{\displaystyle\int_v v u_v(v)\mathrm{d}v}{\displaystyle\int_v u_v(v)\mathrm{d}v} \tag{7.15}$$

$$v_0 = \frac{\displaystyle\sum_{k=1}^{m} v_k u_v(v_k)}{\displaystyle\sum_{k=1}^{m} u_v(v_k)} \tag{7.16}$$

在控制上重心法要比隶属函数法更为精确，这是由于隶属函数法其实丢失了部分数据，其只是根据最大的隶属函数的元素作为清晰化的一个标准，前者却是贯穿整个推理过程，其结果比后者更加平稳，因而重心法也是常用的一种清晰化的算法。

3. 加权平均法

加权平均法的输出值是模糊集中的各个元素与其隶属度的乘积，利用系统修正模糊逻辑结果的一种方法。

$$v_0 = \frac{\displaystyle\sum_{i=1}^{m} v_i k_i}{\displaystyle\sum_{i=1}^{m} k_i} \tag{7.17}$$

由式(7.17)可以看出，k_i 对整个控制过程有一定的影响，因而对 k_i 的选择通常可以根据一些控制检验的统计而得。

7.4.4　模糊控制器

模糊系统有一维、二维甚至多维，一般而言，控制精度会随着维度的增加而提高，但维数过高又会增加系统的复杂度，使系统变得难以实现，在模糊控制器设计之前需要确定好控制系统的维度以及输入输出变量。对于灌溉而言，土壤湿度被认为是目前最为成熟且被广泛认可的灌溉决策因子，在作物生长发育过程中具有重要的指示作用，因此本系统将围绕土壤湿度进行模糊控制器的设计。

在智能节水灌溉的控制方式上，本章选择二维模糊控制器，将土壤湿度偏差和湿度偏差变化率作为模糊控制器的两个输入变量，将电磁阀通断时间作为输出变量，从而控制电磁阀开启时间。图 7.21 即为二维模糊控制器结构示意图。

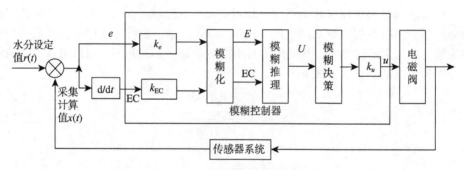

图 7.21　二维模糊控制器结构示意图

其中输入变量 E 和 EC 分别表示土壤湿度的误差和误差变化率，输出变量 U 表示灌溉时间，E、EC、U 分别是其对应的模糊语言变量。

本章设计的智能节水灌溉系统将应用于陕西乾县千亩苹果园区，对于乾县阳峪镇矮化苹果，不同生长期的苹果树需水量不同。各个物候期需水量如表 7.4 所示。

表 7.4　各生长期苹果的最佳土壤湿度

物候期	花前期	花期	果实膨大期	成熟期
最佳土壤湿度(RH)/ %	80～90	60～80	70～90	60～80

由表 7.4 可知，各个物候期对土壤湿度要求不同，需要区别对待。花前期土壤湿度控制在 85%为宜，有利于花芽风化；花期土壤湿度控制在 70%为宜，有利于增大花瓣；果实膨大期土壤湿度控制在 80%为宜，可促进幼果迅速膨大；成熟期土壤湿度控制在 70%为宜，缺水易造成缩果减产，但水多也易生裂果，故要适时适量灌水。

由于所采用的湿度传感器测得值为容积含水量，测的是电压与土壤水分体积百分比的对应关系，故要将其进行转化，土壤容积含水量与田间持水量有如下关系：

容积含水量=田间持水量×相对含水量×土壤容重

取乾县地区的相对含水量为 25%，计算各个物候期的田间持水量如下。

(1) 花前期：最佳土壤容积湿度范围为[28.0%，31.5%]，最佳值为 29.8%。

(2) 花期：最佳土壤容积湿度范围为[21.0%，28.0%]，最佳值为 24.5%。

(3) 果实膨大期：最佳土壤容积湿度范围为[24.5%，31.5%]，最佳值为 28.0%。

(4) 成熟期：最佳土壤容积湿度范围为[21.0%，28.0%]，最佳值为 24.5%。

1. 模糊控制器输入输出语言变量

结合各个物候期的最佳土壤湿度范围和最佳湿度值，定义偏差 e 的基本论域为[-6%，6%]。以花前期为例，它的最佳土壤容积湿度为 29.8%，则限定的实际湿度变化范围在[23.8%，35.8%]，覆盖了各种土壤状况。偏差变化率 EC 的基本论域为[-3%，3%]，又因为从湿度下限到上限所需时间不超过 40min，所以输出变量 U 的基本论域定义为[0，40min]。本次设计中，输入输出模糊语言变量如表 7.5 所示。

表 7.5　输入输出模糊集语言变量表

模糊语言变量	语言值
E	NB、NM、NS、ZO、PS、PM、PB
EC	NB、NM、NS、ZO、PS、PM、PB
U	NK、NZ、NM、L、PM、PZ、PK

如表 7.5 所示，输入模糊集 E 和 EC 有 7 个语言值，分别代表：{负大，负中，负小，零，正小，正中，正大}，量化论域为{-6，-5，-4，-3，-2，-1，0，1，2，3，4，5，6}；输出模糊集 U 有 7 个语言值，分别代表：{零，短，相对短，中，相对中，长，相对长}，量化论语为{0，1，2，3，4，5，6}。误差的量化因子为 $k_e = 6/6\% = 100$，误差变化率的量化因子为 $k_{EC} = 6/3\% = 200$，输出控制量的比例因子为 $k_U = \dfrac{40}{6} = 6.67$。

2. 输入输出模糊变量赋值

隶属函数描述了输入变量到模糊集合的映射关系，可以取梯形、三角形、钟形和棒形等隶属函数，具体选用需要依据实际情况而定，本次设计即采用三角形隶属函数。其中，湿度偏差 $E(t)$ 和湿度偏差变化率 $EC(t)$ 的隶属函数相同，具体见图 7.22 所示。

由于模糊控制器只认数字量，需要将模拟量转换成对应的数字量。首先对输入输出变量进行赋值。取 E 和 EC 的量化论域为[-6，-5，-4，-3，-2，-1，0，1，2，

3，4，5，6]，U 的量化论域为[0，1，2，3，4，5，6]，则输入输出量赋值如图 7.22 和图 7.23 所示。

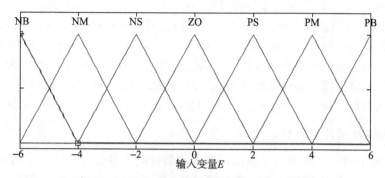

图 7.22　输入土壤湿度偏差 E/EC 隶属函数

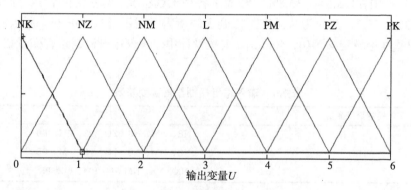

图 7.23　输出灌溉时间 U 隶属函数

本系统输入变量 E/EC 的隶属函数赋值表如表 7.6 所示。

表 7.6　偏差 E(偏差变化率 EC)的隶属函数赋值表

语言变量	E/EC												
	−6	−5	−4	−3	−2	−1	0	1	2	3	4	5	6
NB	1	0.5	0	0	0	0	0	0	0	0	0	0	0
NM	0	0.5	1	0.5	0	0	0	0	0	0	0	0	0
NS	0	0	0	0.5	1	0.5	0	0	0	0	0	0	0
ZO	0	0	0	0	0	0.5	1	0.5	0	0	0	0	0
PS	0	0	0	0	0	0	0	0.5	1	0.5	0	0	0
PM	0	0	0	0	0	0	0	0	0	0.5	1	0.5	0
PB	0	0	0	0	0	0	0	0	0	0	0	0.5	1

输出变量 U 的隶属函数赋值表如表 7.7 所示。

表 7.7　输出 U 的隶属函数赋值表

语言变量	U						
	0	1	2	3	4	5	6
NK	1	0	0	0	0	0	0
NZ	0	1	0	0	0	0	0
NM	0	0	1	0	0	0	0
L	0	0	0	1	0	0	0
PM	0	0	0	0	1	0	0
PZ	0	0	0	0	0	1	0
PK	0	0	0	0	0	0	1

3. 模糊控制规则

模糊控制规则是根据专家知识和一线人员长期工作经验总结得来的，目的是使田间土壤湿度和农作物生长最佳土壤湿度保持一致。控制原则是当土壤湿度偏差较大时，控制量的变化应尽量使偏差减少；当土壤湿度偏差较小时，不仅要消除误差，还要考虑系统的稳定性，避免超调情况的出现。

根据研究得到的灌溉实验结果以及农业部门长期的实践总结，得出了模糊控制规则表。该表总共有 49 条条件语句，可写成"if.and.then"条件语句形式。具体模糊控制规则如表 7.8 所示。

表 7.8　输出模糊变量 U 的模糊控制规则表

偏差变化率	土壤湿度偏差						
	NB	NM	NS	ZO	PS	PM	PB
NB	PK	PZ	PM	L	NK	NK	NK
NM	PZ	PM	L	NM	NK	NK	NK
NS	PM	L	NM	NZ	NK	NK	NK
ZO	L	NM	NZ	NK	NK	NK	NK
PS	NM	NZ	NK	NK	NK	NK	NK
PM	NZ	NZ	NK	NK	NK	NK	NK
PB	NZ	NK	NK	NK	NK	NK	NK

该模糊控制器的设计思想是当实际土壤湿度大于最佳土壤湿度时，即土壤湿偏差变化率为 PS、PM 和 PB 时，无论土壤湿度偏差变化方向如何，输出量都为 NK，即不浇水；当实际土壤湿度等于最佳土壤湿度时，即土壤偏差变化率为 ZO，此时

只有偏差变化率为负时才浇水，且从 NS 到 NB，输出时间从 NZ 依次递增到 L；当土壤湿度偏差为 NS，即土壤轻度缺水时，此时只有湿度偏差方向不为正时，才进行浇水，且偏差变化率从 ZO 到 NB 时，输出时间从 NZ 依次递增到 PM；当土壤湿度偏差为 NM 时，此时可以理解为土壤中度缺水，除了偏差变化率为 PB 时不浇水，其余偏差变化率等级，即从 PM 到 NB，输出时间从 NZ 依次递增到 PZ；当土壤湿度偏差为 NB 时，可以理解为此时土壤严重缺水，且当偏差变化率从 PB 到 NB，输出时间从 NZ 依次递增到 PK。此表是根据偏差变化率判断土壤湿度变化走势，再结合当前土壤湿度偏差，从而做出灌溉决策。若作物灌溉参数发生改变，则规则库需要重新进行调整。

根据输出变量 U 的模糊控制规则表以及输入输出变量的隶属函数赋值表，利用 MATLAB 中的模糊控制工具箱进行模糊推理系统的搭建。模糊控制器采用 Mamdani 推理算法，使用最大隶属度法完成解模糊，最终得出灌溉阀门开启时间的模糊控制规则量化表，如表 7.9 所示。

表 7.9　U 的模糊控制规则量化表

E	EC												
	−6	−5	−4	−3	−2	−1	0	1	2	3	4	5	6
−6	6	6	6	6	5	5	4	4	3	3	0	0	0
−5	6	6	6	6	5	5	4	4	3	3	0	0	0
−4	6	6	5	5	4	4	3	3	3	3	0	0	0
−3	6	6	5	5	4	4	3	3	3	3	0	0	0
−2	5	5	4	4	3	3	3	3	2	2	0	0	0
−1	5	5	4	4	3	3	3	3	2	2	0	0	0
0	4	4	3	3	3	3	2	2	1	1	0	0	0
1	4	4	3	3	3	3	2	2	1	1	0	0	0
2	4	4	3	3	2	2	1	1	0	0	0	0	0
3	4	4	3	3	2	2	1	1	0	0	0	0	0
4	2	2	2	2	1	1	0	0	0	0	0	0	0
5	2	2	2	2	1	1	0	0	0	0	0	0	0
6	2	2	1	1	1	1	0	0	0	0	0	0	0

该模糊控制规则量化表是本次模糊控制器设计的最终结果。由于模糊推理和反模糊推理计算量大，本设计采用合成推理的查表法，事先计算出该表，然后再将其输入到计算机控制系统，这样可以大大提高效率并节省内存。

为了验证所设计模糊控制器的合理性，借助 MATLAB 进行模糊控制的仿真。首先建立一个 Mamdani 推理系统，在 MATLAB 的 fuzzy 模块中构建模糊控制器，输入输出变量分别为湿度偏差 E、湿度偏差变化率 EC 和电磁阀开启时间 U。将 49 条条件语句输入到模糊控制规则库里，观察模糊控制规则的 rules 输出结果和

Surface 曲面图，分别如图 7.24 和图 7.25 所示。

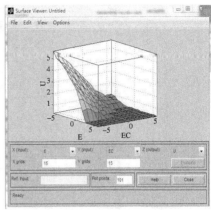

　　图 7.24　rules 输出结果　　　　　　图 7.25　Surface 输出曲面图

　　通过 rules 可以查看规则制定是否合理，如图 7.24 中，设置 E 为-4.4，查看图 7.20，该值对应到 NM 和 NB 之间，偏差变化率 EC 为-4.09，对应到 NM。查询表 7.9，得到的模糊输出子集是 PM 和 PZ，对应到图 7.23，输出值应该在 4～5，由此可见，该规则制定合理。Surface 则是三维图，可直观查看土壤湿度偏差 E、偏差变化率 EC 以及灌溉时间 U 的变化趋势。

　　接下来建立 Simulink 仿真环境，其主要由模糊控制器模块、比例模块、限幅模块、显示模块、sin 函数模块以及阶跃函数等组成，仿真模型如图 7.26 所示。由于土壤湿度是一个综合性的环境因子，其与光照强度、空气温湿度等有一定关系，因此建立一个精确反应土壤基质湿度的数学模型比较困难。查阅资料，近似参考模型为

$$\Delta y = 100\sin(\pi \times t / 200) \tag{7.18}$$

式中，Δy 表示土壤湿度的变化；t 表示经过灌溉量换算的电磁阀打开时间。

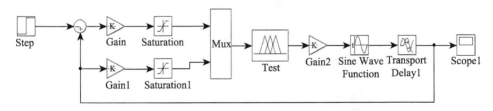

图 7.26　模糊控制系统 Simulink 仿真模型

　　首先将土壤湿度值设为 29.8%(目标湿度)，定义 $k_e = 100$，$k_{EC} = 200$，$k_U = 6.67$，然后观察模糊控制器系统达到稳定时的超调量大小和响应速度。图 7.27 为模糊控制

器仿真输出曲线。

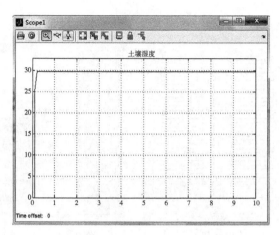

图 7.27　模糊控制器仿真输出曲线

从模糊控制仿真输出曲线图可以看出，系统具有较小的超调量，土壤湿度与目标湿度之间的误差可以控制在 5%范围内，稳态和瞬态响应时间均<1s，用时较短，灵敏度高，而且系统稳定性好，可以满足节水灌溉的要求。

7.5　软件业务设计与实现

7.5.1　系统登录窗口设计

为了提高系统的规范性和安全性，本系统设计的用户登录界面如图 7.28 和图 7.29 所示。当用户点击该系统软件时，软件立即加载登录界面，如图 7.28 所示，加载成功后会出现用户登录界面，如图 7.29 所示。

图 7.28　系统登录加载界面

图 7.29　系统登录界面

根据用户输入的用户名、密码、身份类型，系统自动进行相应的判断。分别检测用户名和密码是否为空、用户名是否存在、密码是否正确，并弹出相应的提示框。当信息验证正确后，软件自动跳转到主程序。

加载界面用来跳转到登录窗口，通过调用登录程序的属性节点来完成该过程。该部分程序用到了拆分路径函数、创建路径函数、索引数组函数、格式化写入字符串函数以及延迟函数等。通过 Slide 滑块动态体现加载过程，同时将各个状态通过索引数组函数展现在字符串显示模块中，程序框如图 7.30 所示。

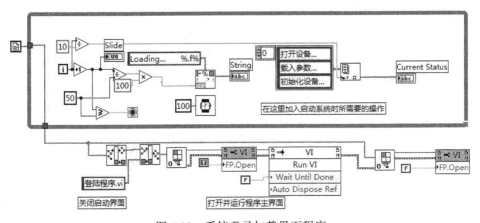

图 7.30　系统登录加载界面程序

系统登录界面程序如图 7.31 所示，该部分程序采用事件结构。当用户点击登录按钮时，程序首先判断用户名和密码是否正确，当两者都正确时，即判断结果相与为"1"时，跳入选择结构的"真"选项中，此时系统提示"登录成功"字样，并通过调用属性节点的方式跳转到主程序。

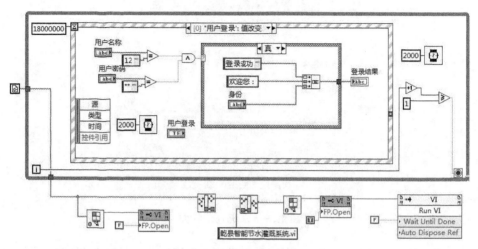

图 7.31　系统登录界面程序 I

　　事件结构的超时端设置为常数 180000，当用户超过 3min 还没有输入登录时，程序就会跳转到超时分支，该分支使用了对话框函数，会向用户发出超时提醒字样，此时用户可通过重新登录进入系统，程序框图如图 7.32 所示。

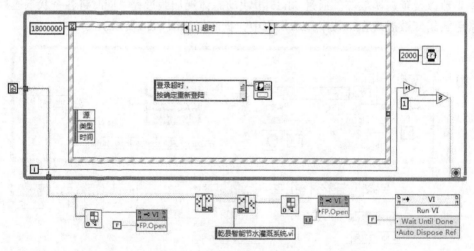

图 7.32　系统登录界面程序 II

7.5.2　实时地图面板设计

　　本系统实时地图面板用于展示园区电磁阀分布情况，根据园区地理位置对乾县阳峪镇千亩果园进行了分区，绘制了大致地图，主要显示各个电磁阀的开启/关闭状态以及实现点对点控制。当电磁阀的状态发生变化时，该界面为用户提供直观地显示,同时在软件右上角展示系统时间。上位机的控制指令通过电脑串口向外发送,控制指令为十六进制。乾县果园分区地图如图 7.33 所示。

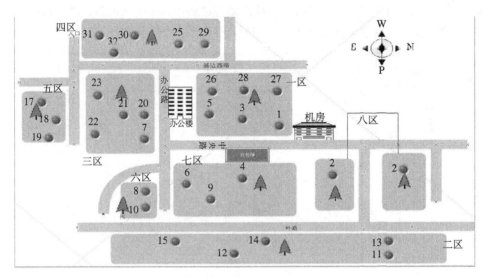

图 7.33　乾县果园分区地图

在进行点对点控制时,采用触发结构进行控制指令的发送,其中主要用到了 VISA 工具包函数, 包括 VISA 配置串口函数、VISA 写入函数和 VISA 关闭等。VISA 写入函数的外形结构图如图 7.34 所示,它的接口包括 VISA 资源名称、写入缓冲区、错误输入(无错误)、VISA 资源名称输出、返回数、错误输出。其各个接口功能如表 7.10 所示。VISA 写入函数也提供了同步传输和异步传输两种方式的选择,在 VISA 写入函数上右键单击出现的快捷菜单中选择"同步 I/O 模式"下的子菜单中可看到异步、同步的选择。

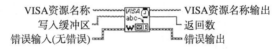

图 7.34　VISA 写入函数的外形结构图

表 7.10　VISA 写入函数接口名称及功能

接口名称	接口功能
VISA 资源名称	指定要打开的串口
写入缓冲区	包含要写入设备或接口的数据
错误输入(无错误)	节点运行前发生的错误
VISA 资源名称输出	返回资源名称的副本
返回数	包含实际写入的字节数
错误输出	包含错误信息

　　该部分控制将各个电磁阀的通信协议以触发的形式向外发送，首先用校验子 VI 和索引数组函数计算出校验位，然后用创建数组函数将其进行打包，形成一个数组，最后用字节数组和字符串转化函数，将控制协议送到 VISA 写入函数，以十六进制的形式向外发送，完成数据指令的发送。点对点控制后面板程序如图 7.35 所示。

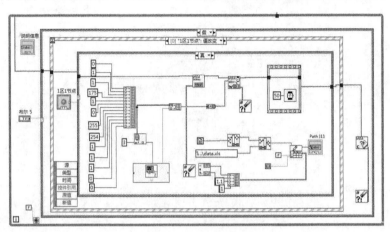

图 7.35　点对点控制后面板程序

7.5.3　分区定时控制设计

　　在分区定时控制方式下，用户可根据自身需求对指定区域的节点号进行灌溉定时设置，当灌溉时间结束时(即倒计时为 0)，无须作人员下发控制指令，系统自动执行关闭电磁阀的操作，该控制方式的前面板如图 7.36 所示。

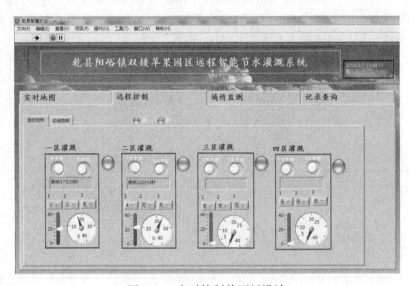

图 7.36　定时控制前面板设计

在用户选择开/关中继后，输入想要打开区域的电磁阀节点号和倒计时时间，系统自动进行灌溉开启，同时将倒计时剩余时间显示到前面板，最后，当倒计时结束时，将控制关闭的指令再次发送出去，完成整个分区定时控制。在这个过程中，该部分的主函数用到了连接字符串函数，子 VI 中用到了创建数组函数，其外形结构图分别如图 7.37 和图 7.38 所示。

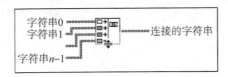

图 7.37　连接字符串函数

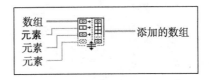

图 7.38　创建数组函数

程序的主体结构是事件循环，当事件结构触发时立即执行循环结构中的程序。此时，程序跳入子 VI 进行灌溉开启指令的发送，并通过连接字符串将倒计时剩下的分钟数和秒数相连接，当倒计时结束时，进入顺序结构最后一帧中的子 VI 将灌溉关闭指令再次发送出去，定时控制后面板程序如图 7.39 所示。其中，子 VI 程序的数据发送方式和点对点控制方式相同，此处不再赘述。

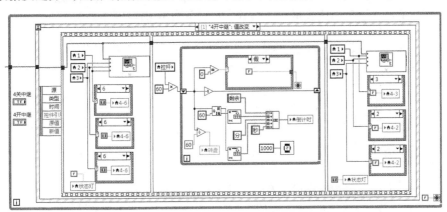

图 7.39　定时控制后面板程序

7.5.4　分区轮询控制设计

在分区轮询控制方式下，用户可根据控制分区的远近自主决定是否打开中继，

自行设定灌溉日期、时间灌溉节点号以及灌溉时间。轮询控制的前面板如图 7.40
所示。

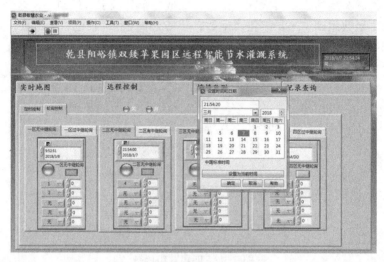

图 7.40　轮询控制前面板设计

在轮询控制方式下用到了选项卡控件，分别用来表示开中继和关中继的情况。
调用选项卡的属性节点，选择属性为允许多种颜色，将其连接到选项卡控件，为每
个选项卡设置不同的颜色，具体后面板设计如图 7.41 所示。子 VI 中用到了数组插
入函数，作用是在 n 维数组中索引指定的位置插入元素或子数组，连线数组至该函
数时，函数可自动调整大小以显示数组各个维度的索引，输出数组函数返回的数组
中已经对元素、行、列或页进行了替换，其外形结构图如图 7.42 所示。

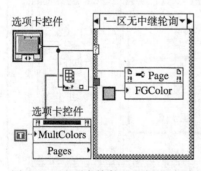

图 7.41　选项卡控件后面板设计图

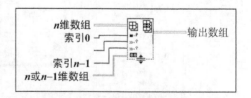

图 7.42　数组插入函数外形结构图

轮询控制部分的主体程序采取选择结构和顺序结构相结合的方式，首先通过获
取时间函数得到当前系统时间，然后通过比较设定时间与系统时间是否相等，从而
决定是否进入选择结构。电磁阀节点的选择采取枚举的方式选择，控制灌溉的数据

指令通过调用子 VI 的方式发送，该控制方式的主要程序如图 7.43 所示。

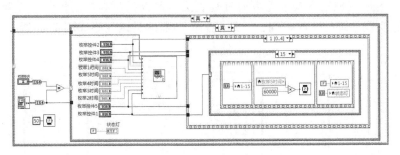

图 7.43　轮询控制后面板程序

7.5.5　自适应模糊控制设计

在自适应模糊控制方式下，上位机系统根据接收到的土壤湿度信息进行模糊决策。首先设定期望的最佳土壤湿度，然后根据墒情传感器返回的当前湿度值，与最佳土壤湿度做差，求出最佳湿度与采集到的土壤湿度值之间的偏差，进而求出偏差变化率。将湿度偏差与偏差变化率作为模糊推理的输入，对输入输出变量进行模糊化，通过模糊控制规则表中的控制规则进行决策，最后进行解模糊，控制阀门的开启时间，从而得到生长阶段内的最佳土壤湿度，并达到节水灌溉的目的。模糊控制流程图如图 7.44 所示。

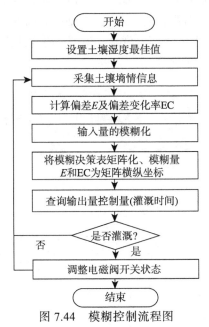

图 7.44　模糊控制流程图

通过 LabVIEW 上位机软件首先实现土壤墒情信息的采集、处理并存入数据库，然后按照上节设计的模糊控制器得出量化查询表，将查询表作为文件存于计算机内存中，在自适应控制方式下即可通过查表法迅速查找模糊控制量化表以获得控制量，快速实现系统的实时控制，二维模糊控制器的具体程序如图 7.45 所示。

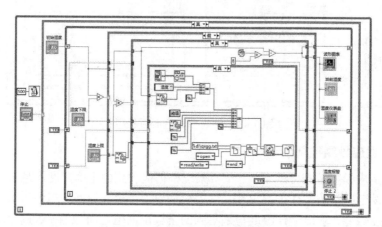

图 7.45　二维模糊控制器程序

7.5.6　墒情监测面板设计

墒情监测面板主要实现串口数据的接收、解析、分析和存储，在该部分通过 Access 数据库完成土壤墒情数据的存储，以方便后期的数据管理和报表打印。前面板通过直观化的仪表盘和温度计分别展现土壤湿度和温度，当用户需要使用模糊控制功能时，也是在该界面输入土壤湿度最佳值。该界面用选项卡对四个监测区域进行切换，其前面板如图 7.46 所示。

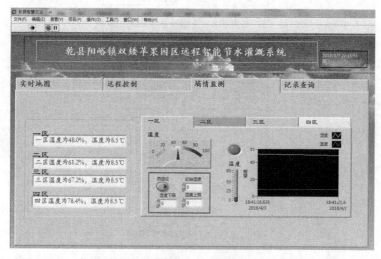

图 7.46　监测显示前面板设计

数据接收部分主要用 VISA 读取函数，如图 7.47 所示。它的接口包括 VISA 资源名称、字节总数、错误输入(无错误)、VISA 资源名称输出、读取缓冲区、返回数、错误输出。字节总数用来读取字节的数量，读取缓冲区存储着从设备读取的数据。其余的接口功能和 VISA 写入函数相同，这里不再赘述了。

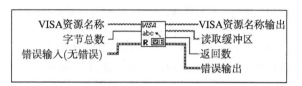

图 7.47　VISA 读取函数

土壤墒情信息通过串口返回到上位机系统，然后进行数据包的解析。首先使用索引数组函数得到各个位上的数值，进行区号的判断，然后依据判断结果进入相应的条件结构中，调用子 VI 进行数据的计算、处理，最终将土壤湿度、温度等以波形图、数字、仪表盘等方式表示出来，串口读取程序设计如图 7.48 所示。

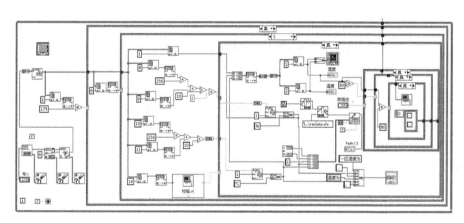

图 7.48　串口读取程序设计

为了方便地实现控制信息和土壤墒情数据的记录和管理，本系统选用 LabVIEW 自带的 Database Connectivity Toolkit 工具包进行数据库的访问。但由于其没有创建数据库的功能，首先需要通过 Microsoft 软件中的 Access 软件创建一个名为 Agro.accdb 的数据库文件。创建好系统所使用的数据库后，就可以通过 LabVIEW 软件中的函数对数据库进行访问了。

DB Tools Open Connection.VI 如图 7.49 所示，用来打开指定路径上已保存的数据库文件，其中，connection information 是存储的连接信息文件的绝对路径，user ID 指定访问数据库所需的用户标识，根据系统路径打开数据库。

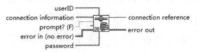

图 7.49　DB 工具打开连接(DB Tools Open Connection.VI)

DB Tools List Table. VI 如图 7.50 所示,用来判断数据库文件中是否存在数据表格,通过 table 连线端返回 connection reference 连线端指定表名的数组。

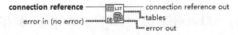

图 7.50　DB 工具列表(DB Tools List Table.VI)

创新列表(DB Tools Create Tables.VI)如图 7.51 所示,用来在 Access 数据库中插入表格,连线端 table 和 column information 分别表示创建新表的名称和指定表格的列属性。

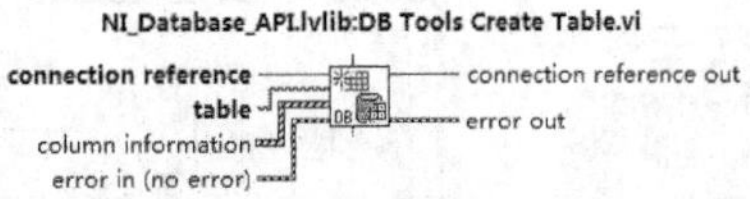

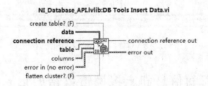

图 7.51　创新列表(DB Tools Create Tables.VI)

插入数据(DB Tools Insert Data.VI)如图 7.52 所示,通过 connection reference 连线端在 Access 数据库中插入新行。

图 7.52　插入数据(DB Tools Insert Data.VI)

断开连接(DB Tools Close Connection.VI)如图 7.53 所示,用来关闭数据库连接通道。

NI_Database_API.lvlib:DB Tools Close Connection.vi
connection reference
error in (no error)　　　　　　error out

图 7.53　断开连接(DB Tools Close Connection.VI)

将土壤监测数据信息写入 Access 数据库的程序如图 7.54 所示，首先通过 DB Tools Open Connection.VI 连接到指定的数据库文件，然后使用 DB Tools List Tables.VI 判断数据库中是否存在用户想要找的表格，若存在，则运行 DB Tools Insert Data.VI 将数据存入表格中；若不存在，则通过 DB Tools Create Tables.VI 创建新的表格，之后再用相同的方法将监测数据存到新的表格中。

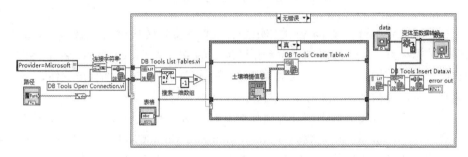

图 7.54　土壤监测数据写入数据库程序

7.5.7　记录查询面板设计

记录查询面板的主要功能是对存储到数据库中的监测数据进行提取，并显示到前面板上的表格中，可以将其导出保存为 Excel 文档，方便用户备份数据，或者拷贝到其他电脑使用。在前面板设置数据读取路径控件、两个多列列表框以及布尔控件等即可完成历史信息查询的显示功能。其前面板如图 7.55 所示，记录查询表格 1 中信息包括日期、时间、区号、湿度和温度，表格 2 中的信息包括日期、时间、区号、开关量。当操作者按下前面板中的"接收数据"按钮时，数据库中的历史信息就会显示在多列列表框中。当用户点击"报表打印"按钮，可将历史信息导出并保存在 Excel 中。

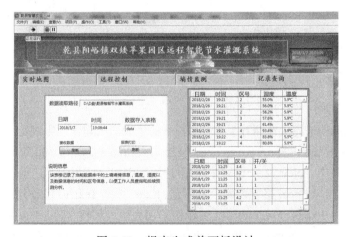

图 7.55　报表生成前面板设计

在记录查询功能的设计中用到了 Database Variant To Data.VI，如图 7.56 所示。

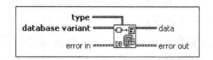

图 7.56　Database Variant To Data.VI

Database Variant To Data.VI 的作用是将数据库变量转换成 LabVIEW 可以识别、处理的数据类型。type 连线端表示数据转换后的数据格式，database variant 连线端表示需要进行数据转换的变体数据类型，如一维数组变体或二维数组变体，data 连接端则表示转换后的结果数据。

记录查询面板提取数据部分程序如图 7.57 所示。此模块整体由事件结构控制，当用户按下前面板中的接收数据按钮时，Database Variant To Data.VI 将数据库提取到的变体类型转换为数值量，然后显示在表格中。在该部分还通过索引数组对温度和湿度信息进行提取，以便墒情监测面板中的波形图显示。

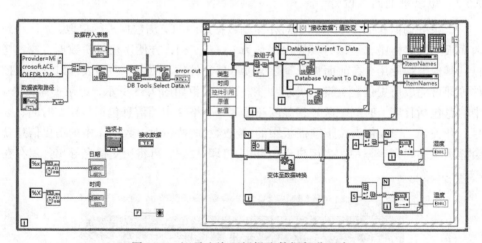

图 7.57　记录查询面板提取数据部分程序

为了便于研究人员进行查看，本设计采用 LabVIEW 报表生成工具包(report generation toolkit)来完成监测数据 Excel 表格的生成。主要使用报表工具包中的 New Report.VI、Excel Easy Title.VI、Excel Easy Text.VI、Excel Easy Table.VI 和 Excel Bring to Front.VI。其中，New Report.VI 的作用是用来创建新的报表；Excel Easy Title.VI 的作用是为生成的 Excel 报表创建一个标题；Excel Easy Text.VI 的作用是在生成的报表中插入文本；Excel Easy Table.VI 的作用是用来生成表格；Excel Bring to Front.VI 的作用是控制生成报表的窗口状态。报表生成功能的设计程序如图 7.58 所示。

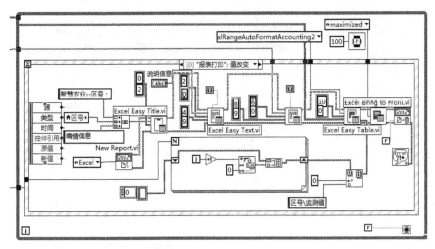

图 7.58　报表生成功能程序框图

程序首先将选定的数据库表格中的数据按列提取出来并与设置的列名称合并显示到前面板中的表格中,当按行显示数据库存储的数据后,点击"报表打印"按钮即可实现 Excel 表格的生成。

7.5.8　生成应用程序文件

在生成安装文件前,需将所有 VI 进行工程打包,放入新建的项目中,如图 7.59 所示。放入一个项目文件后,在项目文件的最后有一个程序生成规范选项,单击鼠标右键,如图 7.60 所示,在弹出的快捷菜单中选择"新建","应用程序(EXE)选项"。

图 7.59　监控中心项目文件图

图 7.60　新建应用程序

之后会出现一个应用程序属性对话框,如图 7.61 所示。左边为属性类别栏,右边为信息栏。在"信息"类别中可以设置程序生成规范名称、目标文件名、目标文件位置及说明信息。本设计在此部分使用系统默认值。

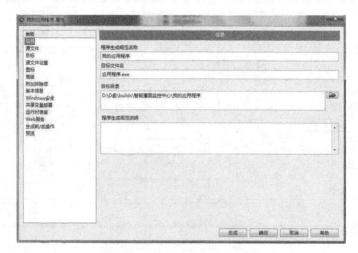

图 7.61　应用程序属性对话框

　　在"源文件"类别中，选择要添加的 VI，将程序运行时的登录窗口 VI 添加到"启动 VI"中，将项目中的其他功能程序同时选入到"始终包括"一栏，本程序中所包含的数据文件也选入到"始终包括"栏中，如图 7.62 所示。

图 7.62　"源文件"类别设置

　　对其他类别均不做设置，使用系统默认值，完成以上类别设置且没有提示错误就可点击属性对话框右下角的"生成"按钮，完成后即产生上位机软件的应用程序文件。

7.5.9　安装文件生成

　　在生成应用程序文件后，程序生成规范目录下会出现生成的应用程序 EXE 文件，如图 7.63 所示。在生成安装文件时，需选择"程序生成规范"—"新建"—"安装程序"选项，如图 7.64 所示。而后，会出现安装文件生成的属性对话框，在"产品信息"类别中可以设置程序生成规范名称、产品名称及安装程序目标，如图 7.65 所示。

图 7.63　应用程序文件

图 7.64　新建安装程序

图 7.65　安装文件属性对话框

　　本设计中的其他类别选项均不作更改，使用系统默认值，然后点击"安装程序属性"界面上的"生成"按钮，则可进行安装文件的生成，如图 7.66 所示。

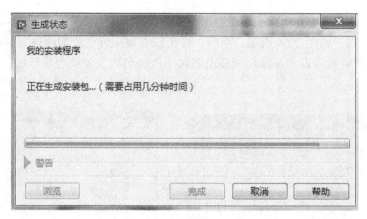

图 7.66 安装文件的生成

第四篇 案 例 分 析

第8章 案例分析——市级现代果业展示中心建设方案

8.1 项 目 提 要

8.1.1 项目背景

我国农业正处于传统农业向现代化农业的转型时期，现代农业发展迎来了前所未有的机遇。2016年4月，中华人民共和国农业部、国家发展和改革委员会等按照《国务院关于积极推进"互联网+"行动的指导意见》(国发〔2015〕40号)的部署要求，共同研究制定了《"互联网+"现代农业三年行动实施方案》。该方案鼓励大力发展智慧农业，强化体制机制创新，全面提高农业信息化水平，推动农业技术进步、效率提升和组织变革，培育发展农业信息经济，为加快实现农业现代化提供强大创新动力。

目前，国家倡导各地大力发展精准农业，在高标准农田、现代农业示范区、绿色高产高效创建和模式攻关区、园艺作物标准园等大宗粮食和特色经济作物规模生产区域，以及农民合作社国家示范社等主体，构建天地一体的农业物联网测控体系，实施农情信息监测预警、农作物种植遥感监测、农作物病虫监测预警、农产品产地质量安全监测、水肥一体化和智能节水灌溉、测土配方施肥、农机定位耕种等精准化作业。以农技服务、农资服务、农机服务、金融服务为主要内容，搭建线上农业经营服务体系，提供现代农业"一站式"服务。结合农田作业需求，加大智能监测设备的应用，提高种、肥、药精准使用及一体化作业水平，显著提高管理作业质量和效率。将遥感技术、地理信息系统、定位系统与农业物联网结合，开展自然灾害分析预警与农作物产量预测，着力提升种植业生产管理的信息化水平。

在陕西农业信息化建设中，"互联网+"现代农业有着广阔的应用前景，如精准农业、智能化专家管理系统、远程监测和遥感系统、生物信息和诊断系统、食品安全追溯系统等。传统的农业靠大量使用化肥、农药，过量消耗水来提高农业产量，已经造成水土流失、生态环境恶化、生物多样性损失等不良影响。化肥、农药的过量和不合理使用，导致化肥、农药残留，造成土质酸化、硬化、环境破坏，对农业生产的可持续性造成严重威胁。在现代果业展示中心规划建设中，方案拟针对不同的作物对象，综合应用现代物联网技术，建立数字化、信息化技术和控制作业装备高度集成系统，从而形成从生物信息及环境信息实时获取、无线传输、数字化分析处理到科学管理决策、实施完整的智能管理系统，实现园区内部空间分布的户太八号、黄冠梨等资源、植物生长环境和生产管理信息的高效实时采集、监测、科学分析处理，优化资源配置和成产科学管理，提高园区生产的科学性、主动性，减少低效投入，改变传统农业作业方式，进而将成功经验在其他果园进行推广。

8.1.2 园区现状概括

现代果业展示中心占地总面积约 180 亩(东西长约 0.265km，南北长约 0.502km)，现建成展示中心 1 座、联栋玻璃大棚 2 座(24 联栋和拟定办公区域)，5 联栋薄膜棚 1 座、会议室 1 座、单栋薄膜棚 2 座、露天桃园 5 块、露天葡萄园 5 块、露天苹果园 1 块、露天梨园 1 块、15 联栋薄膜棚 1 座、园区布局示意图如图 8.1 所示。

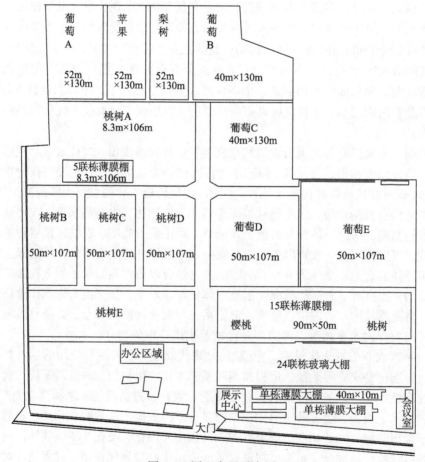

图 8.1 园区布局示意图

展示中心：占地面积约 $150m^2$(南北约 17m、东西约 9m)，内设吧台 1 座、会客桌椅 1 套、简易陈列展柜 1 套、新风系统 1 台，市电已安装完毕，实景图如图 8.2 所示。

图 8.2　展示中心

24 联栋玻璃大棚：南北长约 40m，东西总长约 140m(与联栋棚长度相等)，占地面积约 $5600m^2$。大棚分为南北两部分，湿帘统一安装于北侧区域，12 个风机(380V、1.1kW)在南侧区域排列分布。棚内均匀分布植物补光灯设备，且设施配套用电、滴灌管道已布设完毕。棚顶装配内遮阳、外遮阳及 45 台顶风机设备，实景如图 8.3 所示。

图 8.3　24 联栋玻璃大棚

办公区域：左边联栋玻璃大棚约 30m×32m，内部正在建设，规划为办公场所(暂不使用)，实景如图 8.4 所示。

15 联栋薄膜大棚：由 15 个占地约为 50m×9m 的大棚东西走向连接而成，总长度约 140m。每个大棚顶部已配备东、西 2 个手动卷膜机，共计 30 个，联栋棚的西侧已安装电动卷膜机 1 台，棚内已种植樱桃和桃树两种经济作物，实景如图 8.5 和图 8.6 所示。

图 8.4　左边联栋玻璃大棚

图 8.5　15 联栋薄膜大棚外景

图 8.6　15 联栋薄膜大棚内景

　　露天种植区域：桃园 5 块、葡萄园 5 块(已布设手动阀门及滴灌带)、苹果园 1 块、梨园 1 块，实景如图 8.7～图 8.10 所示。

　　小型会议室：内设桌椅、空调、投影仪等基础硬件设施，水电齐备。

　　单栋薄膜棚：2 座单栋薄膜棚分别占地 400m² (40m×10m)、360m²(30m×12m)。

5 联栋薄膜棚：占地约 3200m²(40m×80m)，已装配滴灌带，内部种植户太八号，实景如图 8.11 所示。

图 8.7　桃园实景

图 8.8　户太八号园实景

图 8.9　苹果园实景

(a) 黄冠梨　　　(b)红香酥

图 8.10　黄冠梨和红香酥实景

园区其他设施：灌溉首部、小气候监测仪、太阳能灭蚊灯、摄像头等实景如图 8.12 所示。

图 8.11　5 联栋薄膜棚

图 8.12　其他设施实景图

8.1.3　建设目标与原则

1. 建设目标

现代果业展示中心建设应以"信息服务、业务管理、决策支持、能力建设"为主要内容,创新融合物联网技术、GIS 技术、大数据技术,无缝整合水肥一体智能灌溉系统、环境气象监控系统、病虫害防控系统、专家诊断系统、智能办公管理系统和远程教育培训系统,最终实现"工程发展、农民富裕、职工受益、生态优美"的目标。

2. 建设原则

1) 高度的安全性和可靠性

系统建设和运作严格按照《信息安全等级保护管理办法》和信息产业部有关规定执行。平台建设应整体考虑网络、系统、应用、数据等多层面的安全设计,根据不同角色实施不同的安全策略。确保系统持续稳定运行,防止信息的损坏、泄露或被非法修改;具备应对各种事故的恢复机制,确保信息的数据安全性和服务连续性。

2) 良好的可扩展性和易用性

可扩展性要求系统在数据存储、数据结构和应用功能的实现上预留空间,系统架构设计上应可扩展,特别是各类应用服务的定制化应用分析工具,都必须基于可配置进行设计,以满足未来变化的需要。

3) 严格的规范性

系统设计实现应符合相关国家标准和行业标准,严格遵循信息产业部颁布的信息综合应用平台建设标准和规范,特别是信息应用服务相关标准和规范落实,是各地区统一建设、规范应用的基础和保障。

4) 充分利用现有资源

要符合陕西省农业厅下发的总体目标、建设思路和建设原则,必须与原有及新建项目进行衔接,实现数据复用、交换和协同应用等功能。部门间数据共享、图像信息综合应用、指挥调度平台的衔接。要充分利用已建成的应用系统的数据资源,采用先进合理的技术,实现各类数据资源的高度整合和关联,提高农业物联网信息数据库运行效率,降低系统对硬件的要求,以满足综合研判分析。

8.1.4　项目主要内容

项目紧紧围绕"互联网+"现代农业建设方向,根据园区实际情况,制定了以"精准管理、提质增效、智能控制、智慧决策"为宗旨的两期建设内容。

一期建设周期为 1.2 年,主要完成园区基础硬件平台搭建及其配套软件开发,其中包括建设具有内网专用服务器的中央控制中心 1 座、数据可视化展示终端 2 处(监控中心和会议室)、全方位覆盖园区的视频监控系统 1 套、具有"无线、无电、无流量"

特色的水肥一体化智能滴灌单元多套、农田墒情监测站 3 座、小气候观测站 1 座、温室自动控制系统 1 套、病虫害防控系统及微信公众号跨平台实时管理系统各 1 套。

二期建设周期为 1 年，旨在完善园区硬件配套设施，进一步优化软件智能分析决策功能。二期建设的系统有虫情测报系统、植物长势模型系统、农业水质远程监测系统、综合预测预警软件和农产品生产精准管理软件。

8.2　需　求　分　析

8.2.1　总体需求

近年来，我国农业信息化、现代化建设取得较大发展，引起了社会各界的广泛关注，但农业现代化水平相对落后，存在作物种植费力费时，可靠性和时效性差等缺陷，为解决此问题，设计现代农业示范园区，引进先进技术实现园区生态环境信息获取，建立农作物长势分析模型及病虫害防控系统，为农业生产科学化管理提供决策支持。

农业示范园区建设为加强生产管理，提高农户收入提供有利条件。与此同时，如何使节水灌溉、病虫灾害预警、气候水质信息监控、植物生长模型等技术发挥作用，进一步提高园区智能化水平，降低劳动生产率，使产出与效益最大化是一个迫切需要解决的问题。无论从经济社会的发展趋势，还是从其他行业的成功经验来看。依托高新技术手段，改革传统管理模式和体制，通过技术促进和带动管理是十分有效的手段。

8.2.2　系统需求分析

合理的系统需求分析是成功设计整个系统的重要前提，主要解决未来系统"做什么"的问题。即在充分认识原系统的基础上，通过现场调研、问题识别、业务往来分析、可行性分析、功能需求分析、数据流程分析，最终完成系统的逻辑方案设计。

以上述理论为指导，现代农业示范园区建设的主要工作是对农业园区现场进行走访调研，通过与园区工作人员和农业种植领域专家进行调查问卷或面谈等方式，获取有关农业种植基础知识和园区工作人员对农业种植与生产管理遇到的困难，以及急需解决的实际问题。最后对调研结果进行分析整理，梳理并总结出所要研发系统的用户实际需求和系统功能需求。

8.2.3　用户需求分析

现代农业园区针对的用户主要是三类。

(1) 农业种植户或园区技术人员的需求主要包括：①农业园区中农作物的土壤墒情、农田小气候、农业水质、病虫灾害等参数的实时数据、历史数据、预警信息的检索功能,要求检索界面友好、操作便捷,最好达到即看即会用的目的;②园区监测系统与预测预警信息准确可靠性高,能够自动化、智能化的控制相关设备,并为园区种植提供决策支持。

(2) 园区技术服务人员需求主要包括:①从园区在线监控系统采集农作物生态环境的各类土壤墒情、气象数据、水质及病虫灾害信息,通过智能信息处理技术对所获取的数据信息进行深入数据挖掘研究和科学化分析处理,实现精准灌溉、虫情测报、智能控制、植物长势预测,并把园区各类参数信息通过 Internet 或 4G 手机等渠道向广大种植户发布农田信息;②用户界面友好、功能操作便捷,方便检索土壤墒情、气象数据、水质、病虫灾害信息及植物长势预测结果,并对所获取的数据信息进行统计分析,以发现各参数信息变化规律与农作物健康生长之间的关系,为农作物精细化种植提供决策依据。

(3) 系统管理员需求主要包括:①方便对整个智能系统的软硬件设备进行升级,维护,数据库备份与恢复,用户管理,数据增加、删除、修改等工作;②采用数据预处理方法,对监测数据进行修复和去噪处理,确保监测的数据正常;③实时监测各个监测点的智能土壤墒情传感器、水质传感器、气象传感器、网关、路由器、变送器、无线通信、太阳能电池板、防火墙、控制终端等硬件设备是否正常工作。

8.2.4　功能需求分析

以用户需求和原有设施为基础,建设的示范园区主要包括在线采集数据与实时显示、数据检索与统计分析和智能控制等功能。

1. 在线采集数据与实时显示

在农作物种植过程中,通过智能传感器在线采集园区生态环境数据,并在中央控制中心的测控终端、远程监控中心的 Web 浏览器、基于手机界面的微信公众号实时显示农作物生态环境数据和设备运行状态数据。要求用户界面友好,操作便捷。

2. 数据检索与统计分析

数据检索与统计分析功能主要包括农作物生态环境历史数据检索、历史数据统计分析、数据曲线绘制以及数据下载功能。方便领域专家和农业信息化专家研究农作物生态环境参数信息变化规律与农作物健康生长的关系。

3. 智能控制

智能控制功能主要包括水肥自动化控制与温室自动控制,通过对农产品信息反馈进行智能水肥一体化滴灌控制;针对大棚气候,通过对天窗、湿帘、风机、卷被、多色补光灯等设备的自动控制,实现温室大棚生态环境信息的自适应控制。

4. 操作记录及植物生长档案

操作记录及植物生长档案功能实现用户田间生产操作的记录,实时记录农作物生长过程中的生态环境信息。凭借这个档案，可追溯农作物品种、种植田块、采收时间、种植者、加工者等信息，确保高质量农产品走向市场。建立农产品质量管理体系，必须从种植源头上控制，每个环节都要经过信息处理。植物生长档案建立后，还将由专人进行不定期检查以确保农作物种植的质量。

5. 植物长势分析及灾害预测预警

植物长势分析及灾害预测预警功能通过射频识别、无线感知等技术手段对植物长势信息收集和获取，并通过各种通信网络，可靠地实现信息实时通信和共享，对获取的数据信息进行分析和处理，建立植物生长状态模型，预测植物长势，实现对植物生长智能化决策和远程监控。病虫害防控系统利用物联网技术、模式识别、数据挖掘和专家系统技术，达到对设施农业病虫害的实时监控和有效控制，实现农作物病虫害防治的预警。

6. 品质监控及质量追溯

品质监控及质量追溯功能主要包括果品质量把控及质量追溯：按照从生产地到销售地每一个环节可相互追查的原则，建立农产品生产、经营记录档案登记制度，记录生产者以及基地环境、农业投入品的使用、田间管理、加工、包装等信息。健全农产品编码标准，确保全程质量控制信息的传递和可追溯，形成互联互通、产销一体化的农产品质量安全追溯信息平台。

7. 信息发布与信息调控管理

信息发布与信息调控管理功能主要包括将农作物生态环境信息、病虫害预测结果、作物生长预警信息和农作物生产管理等信息通过 Web 或手机快速发布给各类用户，用户根据预警度级别采取相应的作物调控措施，确保温室大棚生态环境适合农作物生长。此外，还应有信息采编、增加、删除和修改等功能。

8. 系统维护

系统维护功能主要包括系统数据库的备份与恢复、系统基本参数设置、知识库维护、案例库维护、用户权限管理、系统软件升级、用户接口管理等功能，以增强系统的鲁棒性。

8.3　总　体　设　计

8.3.1　工程总体架构

园区各个系统的实地部署如图 8.13 所示。

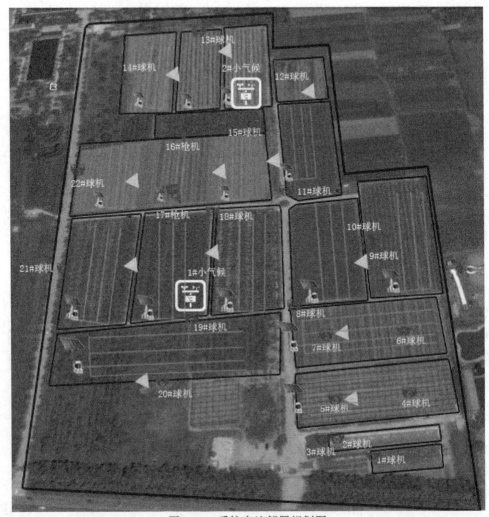

图 8.13　系统实地部署规划图

| 枪机摄像头 | 滴灌系统 | 病虫害防控系统 |
| 球机摄像头 | 农田墒情监测站 | 小气候观测站 |

8.3.2　应用系统总体架构

大数据驱动的现代果园应用系统的总体架构如图 8.14 所示。

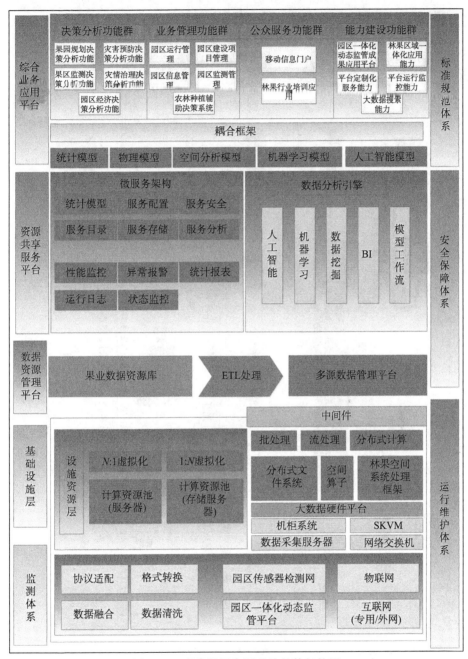

图 8.14　现代果园应用系统总体架构图

8.3.3　园区技术路线

整个园区的技术路线如图 8.15 所示。

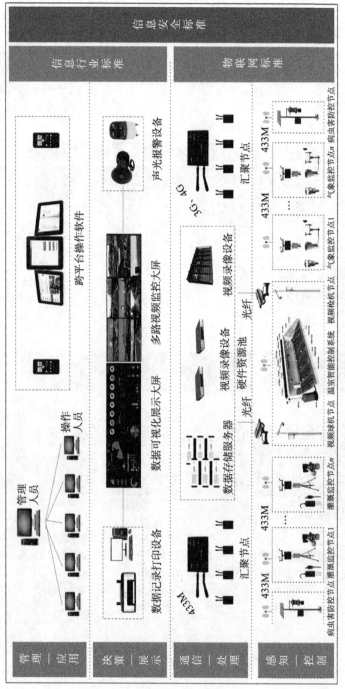

图 8.15　现代果园技术路线图

8.4　硬件系统设计

8.4.1　中央控制中心

1. 系统概述

中央控制系统是指对声、光、电等各种设备进行集中控制的设备，可实现资源共享、影音互传和相互监控。园区的中央控制系统具有以下特点。

(1) 提供多种用户操作的界面。(标准 PC/LCD 触摸屏/手控面板)个性化控制界面设计使用户操作方便，得心应手。面向园区全部设备总揽全局，一目了然，且能同时对多路设备进行控制。

(2) 低成本，高集成度，高性能，设备控制方式齐全，操作界面清晰，系统扩展功能强，可靠性高等特点。单机接入：空调、遮光帘、植物补光灯、录像机、视频展示台、摄像机、录音卡座、计算机、笔记本、功放、有线麦克、无线麦克、电动屏、投影机、电源控制器等。

2. 系统组成

中央控制系统由防火墙、网口 KVM 切换器、路由器、光纤交换机、业务服务器、服务器机柜、大屏视频显示器、**滚动 LED 屏**、声光报警器、计算机、操作台、稳压器、恒温设备组成。建设内容包括电气工程、空调及新风系统、防雷接地系统、安防系统、综合布线系统、消防报警系统以及屏蔽系统等系统安装。系统连接如图 8.16 所示。

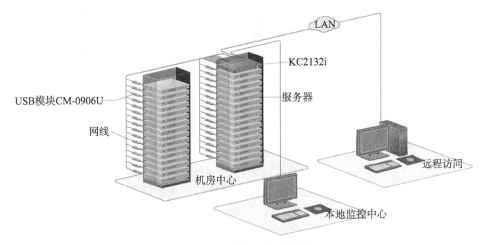

图 8.16　系统连接示意图

3. 设备选型

1) 滚动 LED 屏

滚动 LED 屏由多块 16 个 F3.75 8×8 点阵组成，接口类型为 HUBO8，可实现无限级联，根据园区用户的展示需求，实时显示文字信息。

2) 大屏视频显示器

大屏视频显示器承担着主控系统、监控系统的计算机、网络、视频信号的集中显示，为工作人员的调度与管理等提供有效监测手段，以满足园区作物参数智能化的实时数据采集、处理、监视与控制的自动化系统需要。

根据上述用途，本着经济、实用、安全、便利的原则，结合园区自身特色，提出一整套解决方案。使用"LG55"无边框拼接单元(WH550SXE)，单屏尺寸：宽1222.6mm×高695.1mm×厚100mm；LG 屏 DID 窄边拼接屏 LTD550HC01，两屏间双边拼缝为 8mm；运用拼接单元处理器可全高清显示 AV、DVI、HDMI、VGA 信号源，屏幕分辨率 3840×2160。再结合超窄边拼接技术、信号切换技术、纯数字化拼接技术、无损远程传输技术、图像拼接处理技术等综合应用组成功能多样化、控制智能化、操作先进化的大屏视频显示系统，为园区用户显示出高亮度、高清晰度、无干扰的优质液晶拼接画面，效果如图 8.17 所示。

图 8.17　大屏视频显示器效果图

3) 会议室显示器

会议室显示器采用夏普 60 寸超高清大屏智能网络平板液晶电视，这款LCD.60SU870A 搭载广色域技术，NTSC 覆盖率达到了 96%。侧入式背光，使用了夏普最新的"新煌彩技术"，优化对 HDR 的效果。画面可呈现更加深邃的黑色画面，明暗更为细腻，针对每一帧进行渲染，亮度的色彩与灰暗的色彩形成鲜明对比，更接近人眼的光色。音质方面，LCD.60SU870A 则采用音响和屏幕分体式设计。独立的音响系统拥有四个低音单元，总功率 20W，支持杜比和 DTS 双解码技术。与

YAMAHA 合作定制了 Audio Engine 音域扩张修复技术,对信号源的音频进一步优化处理,高频不失真,低频下潜更深。系统方面,采用安卓 4.4 系统,搭载 64 位四核心处理器。内容方面则是跟爱奇艺合作,资源比较丰富。中央控制系统建设所需设备清单如表 8.1 所示。

表 8.1　中央控制系统建设所需设备清单

序号	设备名称	型号	数量/套
1	防火墙	深信服 NGAF.1020	1
2	路由器	UBNT ERPro.8	1
3	光纤交换机	HP Switch 2/8 EL 光纤存储交换机(8 口)	1
4	业务服务器	定制,适合园区使用	3
5	服务器机柜	跃图高档服务器机柜 ADT8042.C	1
6	会议室显示器	夏普 60 寸液晶屏	1
7	大屏视频显示器	LG 55 寸 2×3 拼接显示器	6
8	滚动 LED 屏	星光彩 P6 全彩 LED 屏	1
9	声光报警器	谋福 一体化声光工业报警器(AC220V)	1
10	计算机	联想拯救者系列	3
11	操作台	宇通 F0	5
12	稳压器	征西 SBW100KW 380VA 稳压器	1

注:机房装修,配电,设备连接之外的安装工作由园区负责。

8.4.2　视频监控系统

1. 系统概述

视频监控系统由摄像、传输、控制、显示以及记录登记五大部分组成。摄像机通过同轴视频电缆、无线传输等传输方式将视频图像传输到控制主机,控制主机再将视频信号分配到各监视器及录像设备,同时可将需要传输的语音信号同步录入到录像机内。通过控制主机,操作人员可发出指令,对云台上、下、左、右的动作进行控制,也可对镜头进行调焦变倍的操作,并可通过控制主机实现在多路摄像机及云台之间的切换。利用特殊的录像处理模式,可对图像进行录入、回放和处理等操作,使录像效果达到最佳。视频监控系统可实现园区实时全景监控,辅助管理人员科学决策,园区视频监控系统如图 8.18 所示。

2. 系统构成

该系统主要由监控器(球机或枪机)、硬盘录像机(同轴或网络)和远程显示终端三部分组成。

(1) 监控器:由安装在监视点的高分辨率彩色摄像机、室外专业防护设备和数据无线传输模块等组成，监控球机系统供电采用"太阳能电源为主，市电电源为辅"的供电策略。它主要负责图像数据的采集和信号处理。园区安装 20 个球机和 2 个枪机摄像机，实现全方位 360°水平旋转、90°垂直旋转和 20 倍镜头聚焦、变焦及调整光圈大小等功能。在无遮挡的情况下，任意一个摄像机可实现对园区种植区域 140m×300m 范围内的概况进行总体观察和局部重点观察。

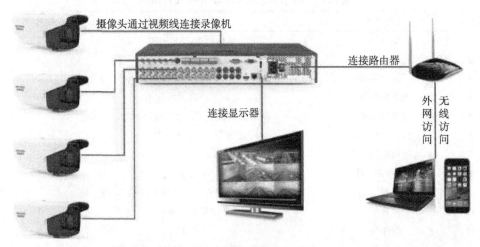

图 8.18　视频监控系统连接图

(2) 硬盘录像机：录像机是闭路电视监控系统中不可或缺的设备，它可以将监视现场的画面实时、真实地记录下来，并方便于事后检索查证。园区使用 1 台 24 路的同轴硬盘录像机，采用先进的 H.264 视频编码技术，具有高清晰度的画质，支持硬盘配额存储模式，可为不同通道分配不同的录像存储空间，支持 4 个 4TB 硬盘，实物如图 8.19 所示。

图 8.19　同轴硬盘摄像机

(3) 远程显示终端：包括远程视频信息中心和用户办公终端。远程视频信息中心设备负责完成前端设备和图像的切换控制、全方位球机和三维可变镜头的控制。远程视频信息中心设备可以对监视图像进行分区控制和分组同步控制，借助软件还可以提供图像检索和处理功能。主要实现的功能如下：①在远程视频信息中心的监视设备上监视现场的实时图像；②视频图像循环存储，图像存储时间不低于 1 周；③中心安装视频管理服务器，对视频图像进行集中存储；④园区监控中心可以对视频监视点进行监视、控制；⑤图像分辨率为 704 像素×576 像素，传输速率不少于 25 帧/秒；⑥具备红外夜视功能，光线昏暗时也可以看清被监视对象；⑦具备防网络阻塞功能；⑧具有系统管理权限之分；⑨利用网络传输视频信息；⑩为系统容量扩充留有余量。

3. 设备选型

(1) 高清红外球机：精密电机驱动，反应灵敏，运转平稳，精度偏差少于 0.1 度，在任何速度下图像无抖动；支持 RS.485 控制下对 HIKVISION、Pelco.P/D 协议的自动识别；支持数据断电不丢失、断电状态记忆功能，上电后自动回到断电前的云台和镜头状态；支持光纤模块接入，支持防雷、防浪涌、防突波，室外球达到 IP66 防护等级；支持定时任务预置点/花样扫描/巡航扫描/水平扫描/垂直扫描/随机扫描/帧扫描/全景扫描等功能，最低照度 0lx；采用高效红外阵列，低功耗，照射距离达 80m；内置热处理装置，降低球机内腔温度，防止球机内罩起雾；恒流电路设计，红外灯寿命达 30000h；支持以太网控制，同时支持模拟接入；可通过 IE 浏览器和客户端软件观看图像并实现控制；支持 SDHC 卡和标准的 SD 卡存储；支持 1 路音频输入和 1 路音频输出；支持多种网络协议，TCP/IP、HTTP、DHCP、DNS、RTP/RTCP；支持自动光圈、自动聚焦、自动白平衡、背光补偿和低照度(彩色/黑白)自动/手动转换功能。

(2) 红外枪机：采用高性能 SONY CCD；分辨率高，700TVL，图像清晰、细腻；低照度，0.001Lux@(F1.2，AGC)，0 Lux with IR；支持 ICR 红外滤片式自动切换，自动彩转黑，实现昼夜监控；支持 OSD 菜单控制，适合客户自定义设置；支持宽动态功能，宽动态范围大于 75dB；支持 3D 数字降噪功能；支持 SMART IR 技术；支持电子防抖功能；支持强光逆转功能；符合 IP66 级防水设计。

(3) 硬盘录像器

硬盘视频录像机技术参数指标要求如表 8.2 所示。

表 8.2　硬盘视频录像机系统参数清单

视音频输入	视频输入	24 路，BNC 接口(支持同轴视控)
	视频输入信号类型	HDTVI:720P25、720P30、720P50、720P60、1080P25、1080P30、CVBS 模拟信号
	网络视频输入	默认：8 路 300W；禁用 24 路及以上模拟通道时：32 路 300W
	音频输入	4 路，PAC 接口(电平：2.0Vp.p，阻抗：1kΩ)
视音频输出	VGA 输出	1 路，与 HDMI 同源，分辨率：1920×1080/60Hz，1280×1024/60Hz，1280×720/60Hz，1024×768/60Hz
	HDMI 输出	1 路，分辨率：1920×1080/60Hz，1280×1024/60Hz，1280×720/60Hz，1024×768/60Hz
	音频输出	1 路，RCA 接口(线性电平，阻抗：1kΩ，VGA)

续表

视音频编解码参数	视频压缩标准	H.264
	视频编码分辨率	1080P(非实时)/720P/WD1/4CIF/VGA/CIF
	视频帧率	1/16fps～实时
	视频码率	32Kbps～6Mbps
	码流类型	复合流/视频流
	双码流	支持，字码分辨率：WD1/4CIF 非实时，CIF/QVGA/QCIF 实时
	音频压缩标准	G.711u
	音频码率	64Kbps
	同步回放	24 路
硬盘驱动器	类型	4 个 SATA 接口，1 个 eSATA 接口
	最大容量	每个接口支持容量最大 4TB 的硬盘
录像管理	录像模式	手动录像、实时录像、移动侦查录像、报警录像、动测或报警录像、动测且报警录像
	回放模式	即时回复、常规回放、事件回放、标签回放、外部文件回放
	备份模式	常规备份、事件备份
网络管理	网络协议	IPv6、HTTPS、UPnP(即插即用)
智能功能	智能侦查	支持 1 路
外部接口	语音对讲输入	1 路，独立，RCA 接口
	网络接口	1 个，RJ45 10M/100M/1000M 自适应以太网口
	USB 接口	3 个
	串行接口	3 个
	报警输入	16 路
	报警输出	4 路

(4) 视频监控业务平台：Web 用户访问总数可接入 100 个，并发在线用户总数 20 个；远程监控客户端在线接入总数 30，并发接入总数 20 个；平台可接入前端摄像头数量 50 个。

4. 设备清单

视频监控系统建设所需的设备清单如表 8.3 所示。

表 8.3　视频监控系统的建设设备清单

序号	设备名称	型号	数量	单位
1	200 万高清红外球型摄像机	海康威视网络红外云台球机	20	台
2	200 万高清红外枪型	海康威视 1080P 夜视枪型摄像机	2	台
3	24 路硬盘录像机	海康威视 32 路 8TB 硬盘录像机	1	台
4	监控视频存储硬盘	4TB	4	块
5	支架	—	22	台
6	镀锌立杆(含避雷针)	6m,直径 20cm,壁厚 8mm	14	个
7	监控箱及抱箍	不锈钢,防水(40m×30m×50m)	22	个
8	光纤及视频辅材	熔纤、光纤,2000m	1	个
9	摄像头立杆基座	—	22	根
10	排插/线材等	—	1	批
11	交换机/路由器	5 口 100M	5	个

8.4.3　水肥一体化滴灌单元

1. 系统概述

水肥一体化节水灌溉系统是借助压力系统或地形自然落差,将可溶性固体或液体肥料,按照土壤养分含量和作物需肥规律配兑成肥液,随灌溉水一起通过管道系统,并顺着滴头均匀、缓慢地浸润作物根系区域,将传统的浇地变为浇作物,使主要根系土壤始终保持疏松和适宜含水量的一种系统。该系统通过自动化系统,由计算机软件和相关硬件控制系统执行灌溉计划,精确控制电磁阀实时启闭,并具有完善的保护和报警机制,避免人为干预的同时节省了大量的劳动力,还能够根据气象和土壤数据对灌溉计划进行优化,使灌溉更加精准,实现灌溉系统的灌溉效益最大化。

目前,园区部分种植区域已有手动灌溉基础设施。在现有的基础上进行升级改造,即可建成标准智能化精准灌溉系统。拟为园区规划 12 套无线节水灌溉系统,实现园区全覆盖。无线控制端单元辅以土壤墒情监测和气象信息监测站,形成一个完整的高效节水灌溉自动控制系统,实现园区无线远程智能精准灌溉,保证灌溉时间和灌溉量的准确度,从而减少水资源浪费,避免灌溉过度等情况发生,达到保产减损,提质增效的效果。

2. 系统组成

水肥一体化智能滴灌系统主要包括太阳能板、太阳能立杆、蓄电池、电磁阀、电磁阀井、土壤墒情传感器、手持控制器、无线中继器、田间控制器等组成。水肥一体化智能滴灌系统结构图如图 8.20 所示,组成部分的具体介绍如下。

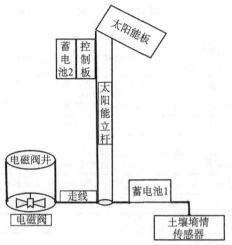

图 8.20　智能化精准灌溉系统图

(1) 手持控制器：手持控制端是整个系统的人工控制部分，主要负责发送控制指令以及接收田间控制器或者无线中继反馈的指令。信号发射部分采用 433MHz LoRa 无线传输模块。LoRa 是 LPWAN 通信技术中的一种，是美国 Semtech 公司采用和推广的一种基于扩频技术的超远距离无线传输方案。这一方案改变了以往关于传输距离与功耗的折中考虑方式，为用户提供一种简单的，能实现远距离、长电池寿命、大容量的系统，进而扩展传感网络。基于 LoRa 技术具有的远距离、低功耗(电池寿命长)、多节点、低成本的特性，控制距离在单跳模式下可达 5km 以上。整个数据传输进行严格的 CRC 校验和 FEC 前向纠错算法，保证数据传输的正确性和控制的精准度。按键式手持控制端如图 8.21 所示，触摸屏式手持控制端如图 8.22 所示。

图 8.21　按键式手持口控制端　　　　图 8.22　触摸屏式手持控制端

(2) 无线中继器：为保证园区信号全覆盖，采用无线中继器形成多跳自组织网络，无线中继器主要负责手持端的控制指令与田间控制器的反馈指令的转发，为使无线信号能够覆盖整个片区，可将其架设在空旷地方或者安装在整片区域的最高点。无线中继器的外观如图 8.23 所示。

(3) 田间控制器：田间控制器是整个系统的下位机部分，也是智能节水灌溉系统用的最多、最重要的部分，其主要负责接收并处理无线中继或手持端发出的无线控制指令，然后驱动脉冲电磁阀产生动作。田间控制器硬件电路主要包括 LM2596 降压稳压电路、3 路继电器脉冲电磁阀驱动电路、LoRa 无线模块驱动电路。田间控制器的外观如图 8.24 所示。

图 8.23　无线中继器

图 8.24　田间控制器

水肥一体化智能滴灌设备系统安装示意图如图 8.25 所示。

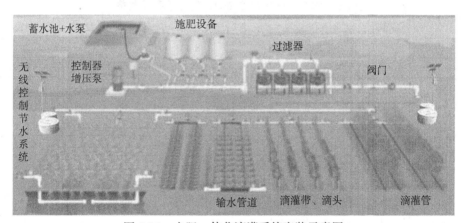

图 8.25　水肥一体化滴灌系统安装示意图

3. 系统组网方式

中央控制室和 12 个节水灌溉单元之间进行组网，最远传输半径为 5.10km，数据传输可选的方式包括 GPRS、超短波电台、LoRa 扩频和光缆，各方式比较见表 8.4。通过表中比较分析，拟采用 LoRa 扩频方式进行组网，确保经济性的前提下，既有充分的带宽，又具备良好的稳定性，施工难度也较小，是性价比相对较高的选择。

表 8.4　组网方式对比表

序号	名称	GPRS	超短波	LoRa 扩频	光缆
1	工程量	小	小	小	大
2	传输带宽	低	极低	高	极高
3	稳定性	一般	一般	较好	很好
4	建后维护	易	易	易	难
5	是否需审批	否	是	否	否
6	建设成本	低	一般	一般	高
7	使用费用	有	无	无	无

由于中控室位于项目区的南侧偏东，而 LoRa 扩频无线传输中心站的覆盖角度为 60°，需要配置 2～3 个中心站实现向北一侧的 180°覆盖，每个中心站有 6～7 个子站，基本能确保带宽平衡，并可以为日后视频安防监控等提供硬件基础设施。每个灌溉单元需设置 1 个子站，共计 12 个，形成多跳自组织的组网方式。

4. 标准配置清单

水肥一体化智能滴灌系统标准配置清单如表 8.5 示。

表 8.5　水肥一体化智能滴灌系统标准配置清单表

序号	名称	型号	数量	单位
1	电磁阀	S/N 3120	12	个
2	太阳能供电系统	HD.XT007.12V	12	套
3	无线通信控制器	SX1278	12	个
4	太阳能支架及控制箱	—	12	个
5	按键式手持控制端	BHLT.SX37	1	个
6	无线中继器	BHLT.ZJ26	1	个
7	电磁阀井	—	12	个
8	田间控制器	BHLT.TJ15	12	个
9	信号线与耗材	—	1	批
10	水肥一体化滴灌软件系统	—	1	套

8.4.4　土壤墒情监测站

1. 系统概述

园区土壤墒情监测系统的目标是利用无线传感网络技术，使用科学的方法对果园环境参数进行精确的数字化，实现果园土壤墒情信息的自动存储和处理功能，为园区种植研究和生产管理提供准确、可靠的数据支撑，实现园区现代化、精细化管理。系统能够实现对土壤墒情的长时间连续监测,用户可以根据监测需要,灵活布置土壤温湿度传感器,也可将传感器布置在不同的深度,测量剖面土壤水分的情况。系统还提供额外的扩展功能,可根据监测需求增加对应传感器(土壤电导率和地下水水位等),从而满足系统功能升级的需要。

(1) 工作原理:土壤墒情监测系统是对土壤的含水率及土壤湿度状况进行监测,即土壤的干湿程度,可用土壤中水的质量占烘干土重的百分数表示,也可以用土壤含水率相当于田间持水量的百分比,或相对于饱和水量的百分比等相对含水率表示。土壤的相对湿度、土壤含水程度对于灌溉具有重要参考价值。

(2) 测量方法:常用的土壤墒情模拟和预报方法有经验公式法、土层水量平衡法、土壤水动力学法、概念性模型、机理模型、随机模型及 BP 神经网络模型。系统利用土壤水分传感,结合地域的数学模型,依托计算机网络环境,建立集墒情信息管理、查询服务、预测分析为一体的决策支持系统,实现对土壤墒情信息的远程监测、预报与灌溉控制功能,并将土壤含水率维持在适合植物生长的最佳含水量的范围之内。

2. 系统组成

根据园区土质情况,每个墒情监测站布设 3 个土壤温湿度传感器、1 个采集与传输一体化终端、1 套太阳能供电装置和 1 套支架及防护箱。终端通过土壤水分传感器感知土壤下 20cm、40cm 和 60cm 的水分变化情况,并将信息通过 433M 扩频技术传输到路由节点;支架及防护箱采用高强度金属支架及防护箱,高度可调,抗风耐腐蚀,适合恶劣的自然环境。系统连接方式与安装图如图 8.26 和图 8.27 所示。

图 8.26　墒情测站连接图

图 8.27　墒情监测站安装示意图

3. 设备选型

(1) 墒情传感器：采用 FDR 频域法的土壤温湿度传感器，优点是体积小巧化，安装、操作及维护简单，环氧树脂纯胶体封装，密封性好，可直接埋入土壤中使用，且不受腐蚀，对土质影响较小，应用地区广泛。主要参数如表 8.6 所示。

表 8.6　技术参数指标

电源电压范围	DC5.12V(直流电压)
水分测量范围	0～100%
水分测量精度	3%FSD
温度测量范围	−30～+60℃
温度测量精度	0.5℃(0～+60℃)
探针长度	<100mm
探针直径	Φ3～3.5mm
探针材料	不锈钢
密封材料	环氧树脂
响应时间	<1s
测量稳定时间	<2s
输出信号	RS485
测量频率	100MHz
测量区域	以中央探针为中心，周围 30mm 高为 100mm 区域
产品功耗	<0.5W
运行环境	−30～+85℃
外形尺寸	85 mm×50 mm×20mm(不含探针)

(2) 墒情采集终端：由 STC15W4K16S4 主控制器、LM2596 降压稳压模块、SIM900A 通信模块、LoRa 无线模块、土壤墒情传感器驱动模块构成。12V 太阳能经过 LM2596 降压稳压后为土壤墒情监测系统供电，土壤墒情传感器检测出土壤温湿度信息，由 STC15W4K16S4 主控制器驱动 SIM900A 通信模块和 LoRa 无线模块分别上传至物联网云平台与机房电脑端进行显示。墒情传感器如图 8.28 所示，墒情采集终端如图 8.29 所示。

图 8.28　墒情传感器

图 8.29　墒情采集终端

4. 田间墒情监测站

田间墒情监测站标准配置如表 8.7 所示。

表 8.7　田间墒情监测站标准配置清单

序号	名称	型号	数量	单位
1	土壤温湿度传感器	HSTL.TR05YY	12	个
2	无线通讯控制器	SX1278	3	个
3	太阳能供电系统	HD.XT007.12V	3	套
4	监测仪器箱及支架		3	个
5	墒情采集终端	BHLT.SQ58	3	个
6	墒情监测与控制软件		1	套

注：系统须符合《土壤墒情监测规范》SL364.2006。

8.4.5　农田小气候观测站

1. 系统概述

农田小气候指农田中作物层里形成的特殊气候。对农作物的生长、发育、产量以及病虫害都有很大影响。根据园区所处的地势、方位、土壤性质及林果状况差异的不同，进行全天候掌握收集区域内的小气候气象数据，为园区管理人员提供精准的作物生长发育和提高产量所需要的重要环境信息。为了解园区内葡萄、苹果等的生长环境并更好地选择和改善作物的生长环境，要时常监测园区的环境变化，提供空气温度、空气湿度、土壤湿度、土壤温度、光照度、蒸发量、降雨量、风速、风向、结露、气压、总辐射量、光合有效辐射等 15 项环境因子数据信息的实时采集、传输，并对数据进行科学分析，进而寻找改善作物生长环境条件的措施，提高农作物的产量和质量。配置病虫害预测模型，把主要的农作物病虫害都囊括其中进行预报预测。

2. 系统组成

农田小气候观测站主要由供电部分、数据采集部分、数据传输部分组成。具体功能如下。

(1) 供电部分：采用自适应太阳能供电系统。

(2) 数据采集部分：数据采集部分是观测站的核心部分，可实现定时采集农田现场的多项气象环境信息，主要利用采集器实现现场气象参数的采集，主要采集的要素包括空气温度和相对湿度、植物冠层温度、二氧化碳、有效光合辐射、地表温度、地下 10cm 温度、地下 20cm 温度等相关气象技术参数(表 8.8)。采集器采集数据之后发送到采集器的液晶屏显示。

表 8.8　相关气象技术参数

气象要素	通道数型号	测量范围	分辨率	准确度
气温	PTS.3	$-40\sim80℃$	$0.1℃$	$\pm0.4℃$
相对湿度	PTS.3	$0\sim100\%RH$	$0.1\%RH$	$\pm3\%RH$
风向	EC.9X	$0\sim360º$	$3º$	$\pm3º$
风速	EC.9S	$0\sim60m/s$	$0.1m/s$	$\pm(0.3+0.03V)m/s$
降水量	L3		$0.1mm$	$\pm0.2\%$
气压	QA.1	$300\sim1100hPa$	$0.1hPa$	$\pm0.3hPa$
日照时间	TBS.2A	$0\sim24h$	$0.1h$	$\pm0.1h$
太阳辐射	TBQ.2	$0\sim2000W/m^2$	$1W/m^2$	$\leqslant5\%$
光和有效辐射(光谱：400～700nm)	TBQ.5	$0\sim2000W/m^2$	$1W/m^2$	$\leqslant5\%$
叶面湿度	YMS.D1	$0\sim100\%RH$	$0.1\%RH$	$<10\%RH$
土壤湿度	TDR.3	$0\sim100\%$	0.1%	$\pm2\%$
土壤温度	PTWD.2A	$-40\sim80℃$	0.1	±0.5
土壤热通量	HF.1	$-500\sim500W/m^2$	$1W/m^2$	5%
红外表面温度(叶片)	—	$0\sim50$	0.1	±0.3

(3) 数据传输部分：农田小气候观测站数据传输部分包括两个方面，一方面是自动气象监测仪的液晶屏现场显示；另一方面是远程数据的传输。现场数据的传输是指从采集器到液晶屏的数据传输，传输的数据为采集器采集到的现场气象参数，传输方式采用总线 RS232 方式。远程数据传输主要依靠无线网络实现，传感器采集终端间通过 ZigBee 自组网的方式，采集终端和监控中心之间的数据传输采用 LoRa 扩频传输技术实现，监控中心将数据通过 4G TD.LTE 或光纤上传至云端(外网)服务器。

3. 工作模式

(1) 根据园区需要设定时间为 5min、30min 自动采集各项气象因子。

(2) 通过无线网络传输获取现场实时数据信息，自动上传记录实时采集数据，形成小气候信息数据库。

(3) 将小气候历史数据按需求生成各种统计图形，使测报人员精准快速统计分析，准确预报。

4. 标准配置表

农田小气象观测站标准配置如表 8.9 所示。

表 8.9　农田小气象观测站配置清单

序号	名称		说明	型号	数量
1	阳光气象系列传感器		测量园区内作物生长的各个气象参数	HSTL.ZFSQ HS.FS01 PMS5003ST	1
2	液晶自动气象站记录仪		具有液晶显示汉字功能，采集、显示、记录气象数据	SDWe070C06	1
3	观测支架		气象专用观测支架，放置传感器、防护箱等气象设备	定制	1
4	通信设备		采用 ZigBee、433M 无线通信方式	CC2630 sx1278	1
5	电源系统		采用市电和自适应太阳能供电系统	定制	1
6	盘存储控制器		保存数据	FS.1U	1
7	防雷系统	避雷针	保护现场气象站	—	1
		电源防雷器		—	1
		信号防雷器		—	1
8	气候信息监测软件		实时显示、查看环境信息	/	—

注：观测站应满足 GB/T 20524.2006 国家标准要求。

8.4.6　温室自动控制系统

1. 系统概述

根据园区内葡萄、苹果等生长的气候条件，创造一个人工气象环境，系统定时或轮询测量风向、风速、温度、湿度、光照、气压、雨量、太阳辐射量、太阳紫外线、土壤温湿度等农业环境要素，与此同时，系统一方面通过串口传输方式将数据融合到现场中控设备进行作物生长要求本地估算、显示与报警；另一方面通过无线模块将信息同步至中央机房，中心根据多因子决策模型计算结果和专家知识库建议远程智能控制开窗(顶窗侧窗)、卷膜、加温、排气扇、风机、湿帘、生物补光以及喷淋灌溉等环境控制设备，实现温室环境自动调控，达到适宜植物生长的范围，为植物生长提供最佳环境。系统结构示意图如图 8.30 所示。

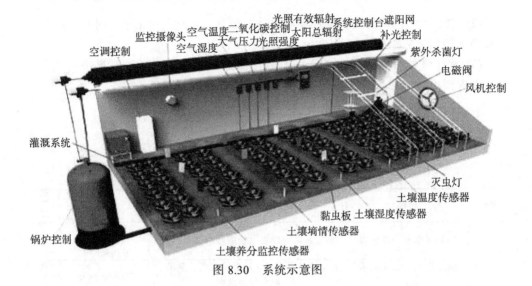

图 8.30　系统示意图

2. 系统组成

(1) 中心服务器控制平台：实现监测、查询、运算、建模、统计、控制、存储、分析、报警等多项功能。

(2) 现场控制节点：由测控模块、电磁阀、配电控制柜及安装附件组成，与中心服务器控制平台可通过有线或无线方式连接到一起。根据温室大棚内空气温湿度、土壤温度水分、光照强度及二氧化碳浓度等参数，对环境调节设备进行控制，包括内遮阳、外遮阳、风机、湿帘水泵、顶部通风、电磁阀等设备。

3. 系统需求

在每个智能农业大棚内部署空气温湿度传感器、土壤温度传感器、土壤含水量传感器、光照度传感器、二氧化碳传感器等，分别用来监测大棚内的环境参数。

(1) 对大棚作物种植状况进行管理，根据种植作物的不同，在系统中分别设定每个大棚或每批大棚的土壤及空气的温湿度和二氧化碳指标范围，光照度等参数便于园区实行科学种植。

(2) 通过土壤及环境感应器可检测空气及土壤中的温湿度、二氧化碳的含量，当检测值超过设定的参数指标时，系统通过屏幕提醒的方式提醒园区管理和操作人员。

(3) 对大棚作物种植状况进行监控，通过视频观察作物的生长情况，对绿色无公害农产品的生产过程进行视频追溯及展示，农业技术人员通过互联网对农作物病虫害进行远程视频诊断，农业技术人员通过调阅网络视频对农户生产管理技术进行现场指导。

4. 温室自动控制系统

温室自动控制系统主要由二氧化碳监测部分、空气温湿度监测部分、土壤温度监测部分、土壤水分监测部分、农业大棚用光照度监测部分、土壤 pH 监测部分、风速风向传感变送器监测部分组成，组成的标准配置清单如表 8.10 表示。

表 8.10　温室自动控制系统选型清单

一、农业环境监控

1. 二氧化碳监测

序号	设备名称	型号	数量	单位
1	二氧化碳传感器	KTR.CO2.NDIR	1	套
2	电源供应器	DC.12V/3A	1	个
3	二氧化碳监控协议模块	订制	1	套

2. 空气温湿度监测

序号	设备名称	型号	数量	单位
1	空气温湿度传感器	KTR.11	1	套
2	8 路模拟量采集模块	KTR.8017 1	1	台
3	电源供应器	DC.12V/3A	1	套
4	空气温湿度监控协议模块	订制	1	套

3. 土壤温度监测

序号	设备名称	型号	数量	单位
1	土壤温度传感器	KTR.TW	1	套
2	8 路模拟量采集模块	KTR.8017	1	台
3	电源供应器	DC.12V/3A	1	个
4	土壤温度监控协议模块	订制	1	套

4. 土壤水分监测

序号	设备名称	型号	数量	单位
1	土壤湿度传感器	KTR.100	1	套
2	8 路模拟量采集模块	KTR.8017	1	台
3	电源供应器	DC.12V/3A	1	个
4	土壤湿度监控协议模块	订制	1	套

5. 农业大棚用光照度监测

序号	设备名称	型号	数量	单位
1	光照度传感器变送器	KTR.200	1	套
2	8 路模拟量采集模块	KTR.8017	1	台
3	电源供应器	DC.12V/3A	1	个
4	光照度监控协议模块	订制	1	套

6. 土壤 pH 监测

序号	设备名称	型号	数量	单位
1	土壤 pH 传感器变送器	KTR.300	3	套
2	8 路模拟量采集模块	KTR.8017	1	台
3	电源供应器	DC.12V/3A	1	个
4	土壤 pH 监控协议模块	订制	1	套

7. 风速风向传感变送器监测

序号	设备名称	型号	数量	单位
1	风速风向传感变送器	KTR.300D	1	套
2	8 路模拟量采集模块	KTR.8017	1	台
3	电源供应器	DC.12V/3A	1	个
4	风速风向监控协议模块	订制	1	套

二、辅助材料

序号	设备名称	型号	数量	单位
1	控制柜	定制	1	个
2	模块采集柜	KTR.101	1	个
3	工业电源 (10A)	DC12V/10A	1	个
4	通信线	UTP.5	800	m
5	电源线	RVV3×1.0	800	m
6	PVC	$\phi20$	800	m
7	辅材	订制	1	批
8	温室大棚监控软件	/	1	套

8.5 软件功能设计

8.5.1 软件系统架构

1. 软件系统结构

应用软件是实现整个系统功能的载体,是系统最终能否发挥效用的关键所在。软件系统采用 B/S 架构,分为数据层、应用层、界面层三层架构。

(1) 数据层。该层主要完成园区内各类数据(土壤的温湿度、土壤盐碱度、电导率、气压、pH、二氧化碳、氨氮含量、风速、风向以及视频等)的自动采集、存储和处理，各类控制指令(节水灌溉系统)的发送，各类测控设备的配置和管理等。系统会将已经执行过的灌溉计划数据保存到数据库中，随时可以对历史灌溉计划数据进行查询。由开发人员或专业技术人员进行配置和维护。

(?) 应用层。该层为软件业务的核心层，最主要的内容是数据分析与设备的闭环控制(如灌溉计划的制定和执行)。服务器软件结合已知作物不同生长阶段的需水信息、以往灌溉的经验值等数据，根据模糊算法，制定出科学合理的灌溉计划。灌溉计划形成后，即由该层的自动控制程序负责执行，按照计划时间点自动发出相应的控制指令，操作抽水泵和电磁阀等设备。在灌溉计划执行的过程中，根据自动监测的气象、土壤墒情等数据做出预警，并生成优化灌溉方案。例如，如果灌溉期间检测到降水，在降水量超过设定的限值后系统会参考墒情信息自动调整，减去降水量后重新安排计划并下发、覆盖上次计划。

(3) 界面层。界面层是人机交互的通道。园区建设遵循"可靠实用、科学先进"的设计理念，设计一套界面美观、简单易用且具有丰富的分析图表和三维拟合过程的园区应用软件，使数据更加客观形象、更具说服力，并提供细致的向导和帮助，实现易学、易用、易维护。

2. 软件系统功能

为实现园区的自动化和智能化，方便园区管理人员集中展示、远程监测、无线控制、在线管理等操作；以及高校科研人员、农业领域专家、学者建模分析，深入开展户太八号、皇冠梨等果品长势模型、提质增效、产品溯源和精准管理等研究。园区引进多套应用软件进行系统化、标准化管理，系统具备用户管理、数据管理与展示、设备控制、数据分析与决策、专家会诊平台等功能，具体如图 8.31 所示。

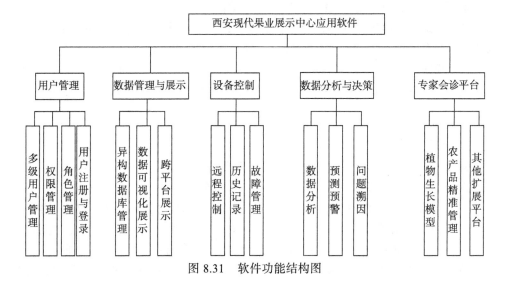

图 8.31　软件功能结构图

现代果园展示中心软件将基于面向服务构架(service oriented architecture, SOA)进行设计，并基于 Web 服务实现信息资源的共享模式。从技术角度而言，SOA 带来了"松散耦合"的应用程序组件，在此类组件中，代码不一定绑定到某个特定的数据库，可以大幅度提高了代码重用率，还可以在增加功能的同时减少工作量。Web服务是目前实现 SOA 框架的首选，它向外部暴露了一个能够通过网络进行调用的API，使用基于 XML 的消息处理作为基本的数据通信方式，消除使用不同组件模型、操作系统和编程语言的系统之间存在的差异，使异构系统能够作为计算网络的一部分协同运行。开发人员可以使用过去创建分布式应用程序时使用组件的方式，创建由各种来源的 Web 服务组合在一起的应用程序。通过 Web 服务，客户端和服务器能够自由地使用 HTTP 进行通信，不论两个程序的平台和编程语言是什么，都可以跨越不同区各部门网络防火墙限制。

综合考虑，现代果园展示中心的信息共享模式将主要基于上述两种方式实现，达到跨平台异构多源数据的访问和互操作。

8.5.2　异构数据库管理

异构数据库系统可以实现数据的共享和透明访问。实现数据共享的同时，每个数据库系统仍保有自己的应用特性、完整性控制和安全性控制，是对数据库进行统一管理，保护数据库安全性的系统，主要有以下几项功能。

(1) 数据操作。DBMS 提供数据操作语言 DML，供用户实现对数据的追加、删除、更新和查询等操作。

(2) 数据库的运行管理。数据库的运行管理功能是 DBMS 的运行控制、管理功能，包括多用户环境下的并发控制、安全性检查和存取限制控制、完整性检查和执行、运行日志的组织管理、事务的管理和自动恢复。

(3) 数据库的维护。这一部分包括数据库的数据载入、转储、数据库的重组合重构以及性能监控等功能，这些功能分别由各个使用程序完成。

异构数据库的建立将实现数据的独立性和共享性，将保证园区不同类型的数据都能够快速的存储、查找和排序等，节省了大量人力物力，提高了园区生产管理水平。

8.5.3　用户管理

对使用该系统的用户分成管理员(超级管理员、市级领导)、操作员(园区员工)和外部接口账号(普通用户)等不同的角色，对不同的角色授予相应的权限。

一般系统权限控制到菜单级别，权限管理按照菜单功能对系统权限进行维护。系统将权限进行分类，首先是针对数据存取的权限，通常有录入、浏览、修改、删除四种；其次是功能，它可以包括统计所有非直接数据存取操作等功能；最后，该系统还可能对一些关键数据表的某些字段的存取进行限制。该系统的权限管理具有可扩展性,当系统增加了新的其他功能时,对整个权限管理体系不会产生较大的影响。

普通操作员登录系统时需要通过身份验证,只有合法用户才能进入该系统,并受相应的权限控制。用户管理信息主要包括用户信息(账号、密码、姓名等个人基本信息和状态等平台信息)、角色设定、用户的模块资源授权和具体动作权限分配等。

8.5.4 多路视频实时监测

多路视频实时监测功能主要负责将园区内 20 个高清高速红外球型网络摄像机(200 万像素)、2 个固定枪机摄像机以及未来无人机的图像数据实时采集、信号处理与集中展示。此外,还可以对监视图像进行分区控制和分组同步控制(切换摄像机的检测区域的角度和远近),并借助图像检索和处理算法实现如下功能。

(1) 园区设备运行状态监控、日常操作记录、非法入侵报警等。

(2) 植物长势、叶面积大小、叶面颜色、病虫害等动态捕获。

(3) 保留视频图像数据,以供专家建模、分析、会诊、决策。

8.5.5 多源信息可视化展示

多源信息可视化是指利用饼图、柱状图以及折线图等常见图形,以及 WEBGIS 地图、视频展示等方式,将结构数据(文字、数字)或非结构数据(数据报表、果园图像和果园监控视频等)转换成适当的可视化图表。2 台农田小气候的监测数据(包括降水量、风速、风向、结露、气压、总辐射量和光合有效辐射等 15 项环境因子数据信息),12 个土壤监测站系统的监测数据,智能灌溉系统的控制状态(包括目前各个电磁阀的状态、轮询灌溉剩余时间等),2 个温室大棚的状态及相关监测信息(包括温室大棚内的温湿度、光照强度等信息),以及通过互联网获取的西安市长安区的气象数据、天气数据、污染物数据等信息,使数据更加客观,更具说服力。

8.5.6 设备管理

在设备监控界面上直观显示相关电磁阀的位置、状态、是否启用轮灌、正在灌溉的组别、灌溉持续时间、当前系统时间显示等信息。该界面可以对电磁阀的状态统一实时查询;轮灌启动、界面锁定;电磁阀的单独开启关闭、状态查询。界面锁定以后(安全模式),操作人员在整个界面上不能有任何操作动作(不能控制设备,只能浏览查询信息),只有通过密码实现解锁才能进行控制操作。

设备运行过程中出现故障,系统会根据设定的报警参数进行报警提示,主要包括系统中监测到的一些设备报警以及模拟量的越限报警,对于不重要报警信息,可以通过声光方式在监控室显示。告警信息一览表如表 8.11 所示。

表 8.11　告警信息一览表

时间	告警描述	告警类型	告警信息
2016.06.03 00:37:51	设备断电	事件报警	桐梓三号果园
2016.06.07 21:54:01	设备电量不足 50%	电量报警	桐梓二号果园
2016.06.13 06:31:45	3 号电磁阀故障	事件报警	桐梓三号果园
2016.06.19 09:17:22	设备温度过高	温度报警	桐梓一号果园
2016.06.26 05:13:24	2 号电磁阀事故	事件报警	桐梓二号果园
2016.06.29 03:08:43	1 号电磁阀故障	事件报警	桐梓一号果园
2016.07.01 15:48:06	设备电量不足 50%	电量报警	桐梓四号果园
2016.07.10 19:26:57	设备温度过高	事件报警	桐梓一号果园
2016.07.18 20:20:34	设备断电	事件报警	桐梓二号果园
2016.07.23 22:41:26	5 号电磁阀事故	事件报警	桐梓五号果园

8.5.7　多模式控制

该园区控制模式之间可以相互切换，分为自动灌溉、指定区域灌溉、轮询灌溉、定时灌溉、预约灌溉等，满足不同条件下的灌溉需求。其中，自动灌溉是系统软件根据灌溉模型的分析计算原理，在每个区域种植作物后，将作物名称和种植时间上报给管理中心，即刻自动生成灌溉计划并执行；指定区域灌溉通过软件打开指定区域灌溉电磁阀，以灌溉特定区域；轮询控制是以时间段为单位进行交替灌溉；定时灌溉是指用户可以提前设定灌溉时间，当到达灌溉结束时间时，系统自动结束灌溉；预约灌溉是指用户提前通过软件设定灌溉日期和时间点，满足用户提前安排的需求。

8.5.8　日志管理

日志管理包括登录日志和操作日志两部分。登录日志主要是操作员每次登录系统的记录；操作日志详细记录了操作员的每一项动作，包括各泵阀的开启、关闭时间，灌溉时长、周期等，以及采集到的雨量、土壤等墒情数据。

8.5.9　综合预测预警与温室智能控制

通过单一因子控制温室大棚湿帘、鼓风机、内外遮阳、补光机等设备，存在特殊天气误判情况，难以实现真正的温室大棚智能控制。因此，根据园区一期建设的基础硬件所监测的虫害、植物长势、墒情、气候、空气污染等信息，借助软件业务平台，开发异构数据统一管理、多因子不同权重预测预警模型。该模型将预测结果划分为四个常用等级：严重警告、警告、提醒、正常。通过对多因子的综合权重计算，得出当前所属级别，并结合专家支持库建议和植物成灾机理、历史演变规律等做出相应控制，如开窗、通风、补光等，并为运行在种植现场的远程综合自动控制平台提供生产优化、决策指导、多源传感网络的信息存储等功能，进而实现对园区内 24 联动和 15 联动温室大棚的智能控制。

8.5.10　作物长势模型

1. 系统组成

作物长势模型系统主要包括环境监控模块、生长管理模块、技术咨询模块及帮助手册模块，各模块之间关系如图 8.32 所示。

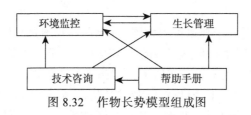

图 8.32　作物长势模型组成图

生长管理模块和环境监控模块是系统的主要部分，完成环境参数的采集、农作物种植管理、病虫害防治等任务。其中，生长管理模块完成栽培过程中对实际操作历史记录的存档和借助数据库对产量、产期进行预测推理；环境监控模块完成实时数据采集和环境控制。技术咨询包括农作物栽培管理知识、农作物生长发育特性、病虫害的图片和视频信息。帮助手册是对整个软件的使用帮助以及农作物种植中常用资料的集合。

2. 系统功能

(1) 生长管理模块：主要包括生长期判断模块(有效积温计算模块、农作物生长状况数据库模块)、生长管理决策模块(专家决策数据库)、病虫害综合防治模块、预测模块、软件帮助模块。判断出生长管理阶段后，其重点在水肥管理、病虫害防治等方面，及对可能出现的异常情况进行预测，如温度超限、植株徒长和病虫害爆发等。

(2) 生产决策模块：可根据收获期的要求决定播种育苗期，预测生长发育期判断农作物果穗和坐果数，各生长发育阶段的水肥与 CO_2 管理对策，病虫害的防治对策等。

(3) 技术咨询模块：包括种植模式、温室环境自动控制系统的组成介绍，温室环境控制原理，温室环境参数的控制方法；栽培设施，包括栽培槽、栽培基质、供水系统等，每一项包括技术指标、参考配比、说明、要求；品种选择及播种育苗方法及设备；土壤整地方法或基质栽培设施系统，基质配制与消毒；定植密度(行株距)及地膜滴灌系统安装方法；整枝方法及吊秧放秧，喷花、疏花、疏果、疏叶技术。

第 9 章　案例分析——林果水旱灾害监测预警与风险防范技术

项目背景：我国是一个林果种植大国，林果业在我国具有极其重要的战略地位。然而林果生产受自然因素和自然灾害的影响很大。本项目为贯彻落实党中央、国务院防灾减灾救灾工作重大部署，按照《关于深化中央财政科技计划(专项、基金等)管理改革的方案》要求，围绕科技部制定国家重点研发计划"重大自然灾害监测预警与防范"重点专项实施方案，以西北地区特色林果(苹果、葡萄)为研究对象，研究林果水旱灾害监测与风险防范技术，有助于增强对水旱灾害的防范与管理，促进林果业的可持续发展。

项目需求：建立我国西北地区林果灾害综合数据库，研发综合监测预警技术体系 2 套，构建林果水旱灾害综合监测预警与风险评估平台 1 个；研发减损保产、提质增效技术体系 4 套，开发减灾产品 5 个；技术示范推广面积 52 万亩，减少损失5%以上。

研究内容：针对影响我国范围内林果生产的水旱等主要灾害，研究其致灾、成灾机理及其演变规律，构建多维度、多尺度的林果主要灾害综合监测预警技术体系，研究林果灾害风险评估技术，研发林果综合减损保产、提质增效技术，并对我国西北的苹果、葡萄等主产区进行示范应用。

拟解决的关键技术问题：林果园区多元信息小尺度动态监测与无线传输技术；北斗信号土壤回波特性及不同类型土壤参数反演算法研究；林果水旱致灾历史演变规律及其成灾机理研究；林果灾害多源时序异构数据库构建与预测预警模型研究；灾害信息图谱建立与风险评估预警平台研发；水旱胁迫条件下减损增效技术研究及其示范应用。

技术路线：针对西北地区水旱林果灾害监测与风险防范总体需求，选取西北地区省域、林果连片种植区及田块等典型区域作为研究对象，围绕林果水旱灾情监测、致灾机理、预测预警、风险评估和示范应用等方向进行研究。首先，以多尺度动态监测数据为基础，结合当地观测站的历史数据，理清西北地区林果水旱灾害时空演变规律，利用 Gompertz 和 Vaganov-Shashkin 模型探究林果成灾机理及阈值。其次，研究异构数据的统一表达方法和集成标准，利用多源数据构建基于 WebGIS 的林果灾害综合预测服务系统，为西北地区林果水旱灾害提供有效、实时的预警信息。其次，依托多源数据库，运用 3S(RS、GIS、GPS)技术，构建水旱风险评估平台，形成西北地区多尺度果业水旱灾害信息图谱；应用研发的林果减损增效技术，探究新型技术推广模式，实现林果的减损保产、提质增效。

9.1　国内外现状及趋势分析

林果水旱灾害监测预警与风险防范技术关系到农业生产的稳定性和可持续性。目前，发达国家在林果水旱灾害数据监测、模型建立、平台建设等方面已取得较多成果，在技术集成及示范应用推广方面也进行了深入研究。我国的林果水旱灾害监测预警与风险防范技术正处于探索阶段，监测设备依赖进口，且适用性及自动化程度低，较难进行大范围的应用推广。

针对上述情况，研发技术集成性强、自动化程度高的林果水旱灾害监测技术与设备，建立基于风险评估体系及分析平台的林果水旱灾害监测预警体系将是我国林果水旱灾害监测预警与风险防范技术的两大必然趋势。

一方面，随着多种地面、遥感传感器的应用，综合利用卫星、航空、车载和地面传感网络获取多源数据，研发基于多源数据的监测系统及设备成为防范和减轻林果水旱灾害带来损失的重要手段。李谢辉等[37]利用层次分析法和 GIS 技术，构建河南省水旱灾害生态风险综合评价模型。张强等[38]对西北地区干旱气象灾害监测预警、减灾技术进行研究。赵鸿等[39]评述了高温和干旱缺水影响过程中作物的阈值反应及其临界值，以及高温干旱对作物影响中存在的问题进行了研究。另一方面，水旱灾害风险评估体系及分析平台建设是防御或减轻林果水旱灾害的重要基础，构建易于推广、适用性强的林果水旱灾害监测预警体系与平台是必然趋势。目前，联合国国际减灾战略(United Nations International Strategy for Disaster Reduction，UNISDR)引领全球诸多机构和组织关注灾害风险评估，发展和应用了一系列较为成熟的灾害风险评估方法和模型，近年来完成了灾害风险指标计划、多发区指标计划和美洲计划，并在全球尺度上绘制了国家单元甚至更为精细单元的灾害风险地图。这将为我国林果水旱灾害监测及风险防范技术提供重要借鉴。

此外，根据调研数据显示，国外从事相关研究的主要机构如表 9.1 所示，国内从事相关研究的主要机构如表 9.2 所示，项目研发相关的主要文献、专利、标准如表 9.3 所示。

综上所述，我国在林果水旱灾害技术研发过程中，将针对区域性灾害影响变化特征进行深入研究，加强灾害风险平台建设和损失评估系统的建立。从水旱灾害形成过程的不确定性、机理复杂性展开研究，特别是区域尺度上将更关注区域性减灾平台搭建与技术和信息共享，分步骤建设国家自然灾害风险与损失综合评估平台。

表 9.1　国外从事相关研究的主要机构

序号	机构名称	研究内容	相关研究成果
1	联合国减少灾害风险办公室	利用科学方法，减少灾害风险	Using science for disaster risk reduction
2	日本山梨大学	预测水旱灾情	Global projections of changing risks of floods and droughts in a changing climate
3	得克萨斯，水资源中心	预测洪涝	NOAA'S advanced hydrologic prediction service: building pathways for better science in water forecasting
4	孟加拉共和国帕塔卡里理工大学	农业灾害识别	Disaster risk identification in agriculture sector: farmer's perceptions and mitigation practices in Faridpur
5	土耳其加齐奥斯曼萨帕大学生物系统工程系	基于数据挖掘方法预测年度季节性地区干旱	Seasonal and annual regional drought prediction by using data-mining approach

表 9.2　国内从事相关研究的主要机构

序号	机构名称	相关研究内容	相关研究成果
1	中国科学院	基于多源数据的土壤水分估算及森林火灾风险评估应用	Mapping high-resolution soil moisture over heterogeneous cropland using multi-resource remote sensing and ground observation
2	中国农业科学院农业信息研究所	我国农业自然灾害风险评估	对全国 31 个省份的农业自然灾害风险进行评估，分析我国农业自然灾害风险的大小、构成、演变趋势和空间分布等特征
3	中国水利水电科学研究院水资源研究所,北京	总结农业干旱预测预警理论和方法	农业干旱灾害风险评价及预测预警研究进展
4	西北农林科技大学	区域作物需水估算及管理系统研发	Estimation of crop water requirement based on principal component analysis and geographically weighted regression
5	河海大学	气候干旱、水文干旱对农业的影响	Propagation of drought: from meteorological drought to agricultural and hydrological drought, advances in meteorology

表 9.3　项目研发相关的主要文献、专利、标准

序号	类型	名称	机构	作者
1	文献	The role of Science and Technology in Disaster Reduction	United Nations Educational, Scientific and Cultural Organization(联合国教科文组织)	Badaoui Rouhban
2	文献	Evaluating the Performance of Several Data Mining Methods for Predicting Irrigation Water Requirement	Charles Sturt University, Australia(澳大利亚)	Mahmood A Khan, Md Zahidul Islam, Mohsin Hafeez
3	文献	大数据灾害预测与警情流转机制	南京信息工程大学	勇素华，杨传民，陈芳

续表

序号	类型	名称	机构	作者
4	文献	大数据技术在城市洪涝灾害分析预警中的应用研究，硕士论文，2015	华中科技大学	刘雄
5	文献	水旱灾害对粮食生产的影响及风险管理研究，博士论文，2016	东北农业大学	李海成
6	文献	Wireless sensor networks for agriculture: the state-of-the-art in practice and future challenges	Indian Institute of Technology Kharagpur	Ojha T, Misra S, Raghuwanshi N S
7	文献	无线传感器网络农田环境监测管理平台设计	中国农业大学	伍丹，高红菊，梁栋
8	图集	World Atlas of Natural Disaster Risk	北京师范大学	史培军
9	论文	水旱灾害风险评估方法体系及其实证研究	合肥工业大学	金菊良
10	文献	基于 GNSS-R 信号的土壤湿度反演研究	中科院，武汉大学	严颂华，张训械

9.2　研究目标及内容

9.2.1　项目目标及考核指标

1. 申报项目与所属指南方向的关联关系

项目针对我国林果水旱灾害预测预警与风险防范技术的国家重大战略需求，以指南拟定的研究内容为指导，选取西北地区苹果、葡萄等林果为研究对象，以林果水旱灾情监测为前提，结合水旱致灾机理、预测预警、风险评估三方面的研究，将研究成果在西北地区进行推广示范。

(1) 课题 1 以水旱灾害田间监测技术为主线，主要研究林果田间小气候、土壤墒情等参数的实时监测技术；研究植株高度、密度、发育期等生长参数信息的视频图像自动化观测技术；研究适用于信号易衰减、易遮挡环境下的无线组网技术及低功耗、远距离通信技术。本课题从小范围监测影响西北林果生产的水旱等主要灾害，从以下两个方面为指南目标提供支撑：①多角度、多方式实时监测影响林果生产的水旱灾害信息，为减损保产、提质增效技术研究提供及时反馈；②多源监测数据为指南所要求的我国林果灾害综合数据库建立提供数据支撑。

(2) 课题 2 用雷达遥感和反演技术研究林果根系分布状况与土层结构。研究分层介质地物背景与其上方目标、置于其上目标、部分埋藏目标和下方埋藏目标复合散射模型。将获得林果生长土层结构分布和林果根系发达状况基本数据，探寻的不同土质对北斗信号的反射特征，以及特质土壤区域分布的界定、描绘方法。获得土壤类型、特质土壤分布图。构建果树生长状态遥感采集系统，建立果树生长状态大数据库，设计基于深度学习的果树变化检测和分类算法，开发面向果树生长状态智能监测系统。为项目总体构建多维度、多尺度的林果主要灾害综合监测预警技术体系，研究林果灾害风险评估技术，林果综合减损保产、提质增效技术提供遥感技术数据服务。

(3) 课题 3 针对林果水旱灾害监测预警的重大科技需求，聚焦西北林果连片区，建立监测网络、厘清林果水旱灾害机理，解决指南中要求的揭示西北地区林果水旱灾害的历史演变规律和致灾、成灾机理，为灾害风险防范提供理论和方法支撑的问题。同时，根据项目指南的要求，本书在灾害机理研究的基础上，研发林果水旱灾害减损增效体系，为综合防灾减灾提供科技支撑服务。

(4) 课题 4 针对西北地区林果水旱灾害监测预警与防范应用需求，开展多维度(卫星、地面传感网和移动测量等)、多尺度(地域、田块和植株等)网络化协同的田间信息的采集、表示、清洗、存储、融合与规范管理技术研究，构建多源异构林果田间信息基础数据库；研究林果(苹果、葡萄)减损增效机制，开发林果水旱灾害预警模型，构建林果灾害综合预测预警技术体系，促进多平台信息应用模式的形成，满足我国林果水旱灾害预测预警与风险防范技术的国家重大战略需求，提升信息技术的产业化应用水平。

(5) 课题 5 开展西北地区林果水旱自然灾害风险评估指标体系及方法研究，构建多尺度风险评估平台，形成西北地区多尺度果业水旱灾害信息图谱及相应的数据库，对指南方向中"形成并完善从全球到区域、单灾种和多灾种相结合的多尺度分层次重大自然灾害监测预警与防范科技支撑能力"的完成起到极大地支撑作用。

(6) 课题 6 以多尺度灾害信息图谱、预测预警模型和风险评估平台为依托，以"机理研究-技术集成-模式探索"为主线，主要研究林果高效用水机理；研究典型林果种植区配套减损增效技术体系；研究新型减损增效技术推广模式。此外，本课题将研发林果综合减损保产、提质增效技术体系，并在西北地区苹果、葡萄等主产区进行示范应用，从以下两个方面为指南目标提供支撑：①研究林果在经受水分胁迫时的自我调控机制，为减损保产、提质增效技术研究提供理论依据；②通过建立先进示范区和探索新型推广模式，达到指南所要求的技术示范推广面积为 50 万亩以上的目标。

2. 项目目标及评测方式/方法

(1) 项目目标。针对我国林果水旱灾害预测预警与风险防范技术的国家重大战略需求，选取西北地区省域、林果连片种植区及田块等典型区域作为研究对象，围绕林果水旱灾情监测、致灾机理、预测预警、风险评估和示范应用等方向，分别开展以下关键技术研究：①林果园区多源信息小尺度动态监测与无线传输技术；②北斗信号土壤回波特性及不同类型土壤参数反演算法研究；③林果水旱灾害成灾机理及演变规律研究；④林果灾害多源时序异构数据库构建与预测预警模型研究；⑤灾害信息图谱建立与风险评估预警平台研发；⑥水旱胁迫条件下减损增效技术研究及其示范应用。

(2) 评测方式/方法。研究成果主要通过论文、专著、查新鉴定等方式进行评测；技术研发成果主要通过申请专利、技术指南、成果应用、技术查新、专家验收、第三方评价等方式进行评测；示范工程建设主要通过专家实地考察与验收等进行评测；人才培养主要通过学位论文、博士后出站报告、职称晋升、人才称号等进行评测。

3. 项目成果的呈现形式及描述

项目成果以解决西北地区林果水旱为目的，以林果水旱灾害田间观测技术、遥感监测技术为支撑，建立多维度林果水旱灾害预测预警模型，构建多平台林果灾害风险评估体系，研发林果减损增效技术，并开展不同区域、不同尺度的示范应用。

理论研究方面。开展林果园区多元信息小尺度动态监测与北斗信号土壤回波特性及土壤参数反演算法研究，将采集数据实时存储并采用无线传输技术上传至服务器，以便为致灾机理、预测预警提供数据支撑；揭示西北地区林果水旱灾害历史演变规律，模拟西北地区林果水旱灾害致灾、成灾阈值，探究西北地区林果水旱灾害致灾、成灾机理；开展林果灾害多源时序异构数据库构建与预测预警模型研究，探究水旱灾害风险评估方法与多尺度水旱灾害风险评估平台搭建；开展水旱胁迫条件下减损保产、提质增效技术研究，并在国内外学术期刊发表高水平论文或出版学术著作。

9.2.2　项目研究内容、研究方法及技术路线

1. 项目的主要研究内容

针对我国林果水旱灾害预测预警与风险防范技术的国家重大战略需求，选取西北地区典型区域作为研究对象，从林果水旱灾情监测、致灾机理、预测预警、风险评估和示范应用等方向，项目将重点围绕以下六个关键技术开展研究：林果园区多元信息小尺度动态监测与无线传输技术；北斗信号土壤回波特性及不同类型土壤参数反演算法研究；林果水旱致灾历史演变规律及其成灾机理研究；林果灾害多源时序异构数据库构建与预测预警模型研究；多平台林果灾情风险评估体系研究；水旱胁迫条件下减损增效技术研究及其集成示范应用。其主要研究内容分述如下。

(1) 林果园区多元信息小尺度动态监测与无线传输技术。林果生长环境监测技术：研发田间小气候、田间水环境及土壤墒情信息为一体的物联网监测系统，系统集成降雨量、降雪量等水情参数和不同高度层条件下的湿度和光合有效辐射等气象要素及不同水文地质条件下田间持水量等土壤墒情指标，分析其对林果生长状况的影响。

林果生长信息视频图像自动观测技术是利用计算机视觉和视频图像处理技术动态观测林果作物株高、密度、发育期等全过程生长信息，进一步监测林果作物的挂果数量、叶片厚度和质量、LAI和叶片叶绿素，从而分析不同水旱灾害条件下作物生长参数对果树生长、产量及果实品质的影响。

无线组网及低功耗、远距离通信技术：研究具有自适应、自调节、广覆盖特性的无线传感器网络，探究一种适用于监测西北地区林果生长环境的最优采集节点配置方案；研究一种基于区域化压缩感知的数据处理方法，提高数据传输效率。

(2) 北斗信号土壤回波特性及不同类型土壤参数反演算法研究。研究复杂分层介质地物表面及其与上方目标、置于其上目标的复合电磁散射规律；研究裸土和植被覆盖区目标湿度参数反演方法；寻找北斗信号的土壤反射波参数与土壤湿度之间的关系，反演果林土壤湿度；研究不同盐碱土壤区域分布的界定方法，研究动态描绘西北地区不同特质土壤分布区域。

构建果树生长状态遥感系统，实时采集树叶、树干、果实的生长变化过程，完成数据传输、存储功能；建立果树生长状态标准大数据库，依据先验知识，对果树生长状态进行标定，建立神经网络训练数据集；设计深度学习算法与误差函数，构建网络模型，实时检测果树生长变化类别(病虫、营养成分缺失等)；开发便捷易用的决策系统，以图形、列表等直观的形式给用户提供操作界面。

(3) 林果水旱致灾历史演变规律及其成灾机理研究。林果水旱灾害历史演变规律：利用林果水旱灾害多源数据资料，开展空间连续旱涝评估，阐明西北地区近50年林果水旱灾害长时间尺度演变规律。采用统计降尺度方法，结合陕西渭北旱塬等林果范围，对水旱灾害时空变化规律再认识。

分析干旱、洪涝对西北地区林果生产的成灾机理。通过不同生长模型，模拟不同区域、不同林龄及不同生长阶段的林果致灾阈值及其损失，探究林果水分亏缺滞后效应。

林果水旱灾害脆弱性评价与风险区划：区分渐发型和突发性灾害成灾机理，构建西北地区林果水旱灾害脆弱性曲线，进而完成西北地区林果灾害风险区划方案。结合课题1和课题2的数据，描绘西北地区不同特质林果水旱灾害风险的空间差异性。

"政府-专家-农户"一体化水资源调配综合管理方案。以政府为主导，以专家为两翼，以农户为终端，研发"政府-专家-农户"一体化、实时联动、相互反馈的西北地区水资源调配综合减损增效技术。

(4) 林果灾害多源时序异构数据库构建与预测预警模型研究。多源异构林果田间信息基础数据库建设：整合已有林果水旱灾害数据资源和多源现场监测数据，研究异构数据的统一表达方法和数据库集成技术，合理、有效地整合、挖掘和处理海量的数据，构建以西北核心监测实验区为基础，满足预测预警与防范应用需求的基础数据库。

林果种植水需求智能化诊断方法研究。根据实测需水量与产量的对应数据,建立林果业的全生育期若干生育阶段的水分生产函数的模型和推理规则知识库系统。建立水需求适时智能化诊断的推理规则知识库系统,实现水旱信息的自动分类与检索,供给水决策的智能诊断。

林果水旱灾害预测预警模型研发。研究在大数据平台下对历史数据批处理挖掘方法和实时数据流挖掘方法,研究整合不同部门的海量数据,利用机器学习对其进行科学的分析和预判,实时、动态、准确地反映西北地区林果的水情、旱情变化情况及其变化规律,构造精准检测预警模型。研发满足不同生育期生长特点的水旱灾害预警模型,构建基于 WebGIS 的林果灾害综合预测预警技术体系。

(5) 多平台林果灾害风险评估体系。林果水旱灾害由系统特征、风险因子构成和综合灾害情景表达。以气象、地形与土地利用等基础地理信息、农业和社会经济等方面数据为依据,运用田间模拟与水旱发生灾情实践调查的方法,进行西北地区省域、县域和田块三个尺度林果(苹果、葡萄)水旱灾害系统的特征分析、风险因子信息采集,并进行综合灾害情景风险表达。

林果水旱灾害风险分析,评估指标体系构建。针对林果(苹果、葡萄)水旱灾害风险的成因、灾情和危害——成灾环境(降水、水文信息、坡度、坡向)、致灾程度(灾害的规模、强度、频率、影响范围及等级)、承灾体(土地利用、土壤特性、人口密度、生产水平、GDP、第一产业比重、抗灾特性——产量)、防灾减灾能力(防、减灾预案、管理措施)等方面的分析,选择西北典型区水旱灾害敏感因子,构建评估指标体系。

林果水旱灾害评估方法建立。以上述各因子为基础数据,通过多种评价方法的对比、配合使用,优选建立不同尺度林果(苹果、葡萄)水旱灾害评估方法,进行西北林果(苹果、葡萄)水旱灾情风险评估和区划。

(6) 水旱胁迫条件下减损增效技术研究及其集成示范应用。基于水分调亏机制的林果高效用水方案:研究调亏灌溉和分根区交替灌溉技术提高林果水分利用效率,改善林果品质;采用对林果在不同生育期益亏水处理手段,最大限度的利用林果在经受水分胁迫时的"自我保护"作用和水分胁迫解除后的"补偿"作用,避免生长冗余。

林果种植区减损增效技术体系。选取陕西省渭北旱原、宁夏回族自治区贺兰山东麓、甘肃秦安县和吐鲁番等地为试验田,研究基于"3S"技术的精准区划减损增效指挥子系统、林果种植区水资源高效调度子系统和智能化预报与决策支持子系统;建立具有实时监测、稳定传输、智能诊断、科学决策等功能的林果减损增效指挥系统;集成一套集智能灌溉信息采集装置、田间灌溉自动控制设备等农业减灾产品和智能决策指挥平台为一体的减损增效技术体系。

林果减损增效技术试点推广。以高效用水方案和减损增效技术体系为依托,通过建立"政府帮扶+高校指导+区域示范+乡村培训"的链条式技术推广服务模式，在西北地区建设具有创新研究和技术推广功能的"1+5+10+N"示范体系，为该区林果减损增效技术的发展起到重要引领和推动作用。

林果减损增效技术产业化推广。提出适用于西北地区减损增效技术体系产业化推广的新模式，按照"公司+基地+农户"模式探索在农户专业化生产基础上的技术推广与扩散的新途径、新方法。

2. 项目拟采取的研究方法

针对项目主要内容，结合理论与实际，采用以下几种方法进行研究。

课题 1：林果水旱灾害田间监测技术

1) 林果生长环境监测

从低功耗、高性能无线传感器网络角度出发，采用分簇路由机制，研究多层次无线传感器网络节点布设、基于压缩感知的数据收集方法及低功耗、远距离传输技术；采用物联网技术，利用电化学传感器，以"S"法对 5 个以上数据采集点进行(指标)监测，取其平均值作为当前气候数据，实时感知农田环境及林果生长发育等信息。

2) 林果生长信息视频图像自动观测

通过前期实验基础确定传感器技术指标(摄像机高度、作物距摄像机水平距离)，对采集到的视频图像进行预处理，结合自适应图像分割算法与聚类算法对图像进行分割及特征提取，并根据连通区域的几何、位置特征进行统计分析，获取作物生长信息。

课题 2：林果水旱灾害遥感监测技术

1) 对比分析法

将主动微波与被动微波遥感、主动雷达探测与 GNSS-R 相结合，相互补充、相互对比印证。引入被动微波土壤水分光谱法中"亮温"参量和主动雷达微波反射波的谱强度参量，以及雷达微波和北斗卫星信号占据的不同频段，从理论层面，推理微观几何关系(土壤表面不同粗糙度)下的土壤湿度反演算法的合理性。

2) 实验验证法

选用多基(地基、车载)、多点(选不同区域测量点)、双频(B1、B3 两个频点)测试方法对西北果林区域实地测量，依据斯奈尔定律和菲涅尔定理剔除宏观几何关系的影响，捕获微观几何关系，综合考虑主要因素，忽略次要因素简化模型。并结合称重烘干法、感湿计法、张力计法检验土壤湿度反演结果的准确性。

3) 图像遥感与对比验证法

监测不同季节、不同种类果林正常色泽特征，获得标准图像数据，用于病虫灾害影响的非正常色泽比对。

课题 3：林果水旱灾害成灾机理及演变规律

1) 旱涝评估模型

在旱涝演变规律研究中，采用目前广泛应用的干旱指数(帕尔默干旱指数、标准化降水指数、标准化降水蒸散指数)进行监测。另外，结合地面观测和遥感观测的综合指标，建立综合干旱监测指数，开展空间连续旱涝监测。

2) 生长模型与生理响应模型

利用 Gompertz 生长模型，模拟西北地区林果(如苹果、葡萄等)年内生长对水分盈亏的生理响应过程，阐释不同林龄、年内不同生长阶段的水旱灾害对林果致灾阈值及其损失。利用 Vaganov-Shashkin 生理响应模型，通过控制影响细胞生长过程的主要外在气候因子模拟细胞的变化，确定水分亏缺与盈余对林果生长的影响阈值。

课题 4：多维度林果水旱灾情预测预警模型

课题主要包括数据库系统建设和预警系统构建两个部分，数据库系统包括数据库管理系统和满足预测预警与防范应用需求的基础数据库系统。预警系统包括基于减损增效机制的水需求适时智能化诊断和知识库系统，满足不同生育期生长特点的水旱灾害预警模型系统及基于 WebGIS 的林果灾害综合预测预警系统。其结构示意图如图 9.1 所示。

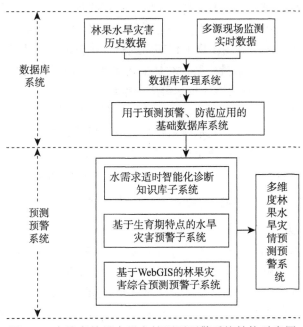

图 9.1　多维度林果水旱灾情预测预警系统结构示意图

课题 5：多平台林果灾情风险评估体系

1) 水旱灾害风险分析

构建基于林果水旱灾害风险-水旱灾害脆弱性-水旱灾害损失风险分析过程。将水旱灾害系统分为水旱致灾因子、承载体、防灾减灾措施和孕灾环境 4 个子系统，基于最大熵分布随机模型进行致灾因子危险性分析；探讨在一定孕灾环境和防灾减灾条件下，承灾体系统易损性与致灾因子间的定量关系，进行水旱灾害脆弱性建模和分析。

2) 水旱灾害风险评估

基于加速遗传算法的改进层次分析法提取评价指标的权重，采用加权综合分析法构建水旱灾害风险评估模型，进行林果水旱灾害风险等级评价和灾情风险区划研究，建立多尺度林果灾害信息图谱，建立水旱灾害系统各要素的风险评价指标体系。

3) 县域尺度风险评估平台构建

基于地理科学空间分析思维，结合生态学景观和尺度的理解，运用 3S 技术，集成数据库模型，构建县域尺度的灾害风险评估平台，实现中尺度林果水旱灾害致灾因子的快速提取以及空间可视化表达，开发林果水旱灾害风险等级评价和灾情风险区划功能。

课题 6：林果减损增效技术及其应用

1) 林果高效用水机理

根据调亏灌溉机理，研究水分对林果生长发育的各个阶段和具体的生理代谢过程的影响，从而利用林果在经受水分胁迫时的"自我保护"作用和水分胁迫解除后的"补偿"作用，把有限的水量在作物生育期内进行最优分配；运用林果作物在非气象因素限定下各生育期的需水量模型，对林果耗水状况进行最优调控。

2) 典型林果种植区减损增效技术集成与推广应用

采用实地调研法，全方位调研区域水土资源优化配置、节水机理、减损增效技术和制度，形成减损增效综合技术体系与综合发展模式，并建立试验示范区，进行技术组装集成与典型示范，形成不同区域减损增效综合技术解决方案与标准体系。并以政府政策和高校技术为驱动，企业为主导，推动技术地广泛应用。

3. 项目研究方法(技术路线)的可行性、先进性分析

1) 项目研究方法(技术路线)的可行性分析

项目主要针对我国西北地区林果水旱灾害监测预警与风险防范技术问题，关注基础理论研究、关键技术研发，为后期技术集成与示范的技术路线开展研究提供理论基础。在研究内容上，参阅大量科学文献和最近研究动态，针对我国林果水旱灾害预测预警与风险防范技术的国家重大战略需求，选取西北地区省域、林果连片种植区及田块等典型区域作为研究对象，结合林果种植区对无线传感器网络的应用需求，从无线传感器节点布设、视频图像自动监测、数据压缩与无线低功耗传输角度

入手，在试点区建立林果作物自动观测系统，研究田间环境要素、林果作物生长参数与水旱灾害之间的相关性，为其他课题提供数据支撑。

项目应用雷达遥感与反演技术遥感与反演林果根系分布状况与林果土层结构，利用测向 L 波段机载散射计测量数据，国家遥感中心、国家测绘局所进行的典型地物表面外场双站散射数据对地物模型的合理性，计算结果的正确性进行校验，对地物与目标的复合散射模型的合理性，对复合散射模型计算结果的正确性进行校验；对地物参数、地物附近目标几何与电磁参数的反演结果进行校验。这为林果区域和地物的反演与电磁遥测提供了理论的可行性依据。

结合田间长时序站点观测和遥感反演数据，查清西北地区水旱灾害历史演变规律；布置了科学规范的观测试验，为遥感提取不同空间尺度上的林果种植信息，研究林果的水热时空动态、植被时空动态及植被对水热分配差异的响应，遥感反演土壤水分等致灾因子、孕灾环境指标提供了理论基础和技术支撑。多尺度的林果水旱灾害评估理念真正反映了地理空间中水旱灾害风险的变化实质和动态特征，不同尺度林果水旱灾害风险评估指标的筛选、数据相关分析以及建模方法多为国内外应用多年的经典方法，为项目的顺利开展提供了理论基础，保证了项目研究的切实可行性。

林果灾害多源时序异构数据库构建与预测预警模型研究是构建林果水旱灾害预测预警的关键，因此本项目研究从物联网的感知层到应用层的网络化协同的田间信息的采集、表示、清洗、存储、融合与规范管理技术，研究多源异构数据统一表达方法和数据库集成技术，合理、有效地整合、挖掘和处理海量的数据，采用关系型数据库与 NoSQL 数据库相结合的技术路线，构建数据库访问服务平台，集成主流的灾害和监控数据。采用 3 层智能化决策结构进行设计，实现水需求适时智能化诊断，利用数据挖掘技术中的预处理方法以及统计学对收集的数据进行清洗，通过数值化、标准化、降维、数据一致性检查以及无效值与缺失值等处理方法提高数据的质量。数据预处理后，采用大数据分布式存储 HBase 存储这些结构化和半结构化的数据。利用大数据 Spark 对历史数据进行离线分布式批处理，利用 Streams 流计算框架对实时数据进行分析，对警兆进行评估，建立基于大数据的水旱灾害预警模型。因此，利用多种新方法、新技术对多维数据进行处理，对水需求适时智能化诊断并建立水旱预警模型，最后得到构建基于 WebGIS 的林果灾害综合预测服务系统是可行的。

项目将水旱灾害系统分为水旱致灾因子、承载体、防灾减灾措施和孕灾环境 4 个子系统，通过林果田间小气候、田间土壤墒情等生长环境的实时监测技术与北斗信号土壤回波特性及不同类型土壤参数反演算法的研究，分析揭示西北地区林果水旱灾害的致灾阈值与成灾机理，并构建林果灾害多源时序异构数据库与风险评估预警平台，利用已有的研究成果，研发减损增效体系并进行推广和实地应用具有较强的理论依据和应用意义。

2) 项目研究方法(技术路线)的先进行分析

创新性的将 LoRa 和 NB-IoT 无线远程传输技术应用在林果作物综合参数在线监测仪器上进行数据采集，并结合微波遥感技术，探测土壤浅表构造和土壤类型，研究不同类型的土壤保湿性能和根系分布对抗旱的作用。采用的 GNSS-R 遥感理论与传统的 L 波段微波遥感理论具有较高的相关性，关注北斗卫星导航定位信号的反演问题——"多径干扰回波"，其在土壤探测方面的理论基础研究能够给北斗土壤遥感起到很好的指导和借鉴作用，将拓展到北斗系统地物识别的新领域。利用 SPEI、SPI、综合干旱指数，结合遥感和实测数据，从宏观和微观两方面研究林果生产的成灾机理。并利用多种新方法、新技术对多维数据进行处理，对水需求适时智能化诊断，并建立水旱预警模型，最后构建基于 WebGIS 的林果灾害综合预测服务。项目首次在西北水旱灾害易发与林果密集分布区开展灾害风险评估技术研究，分析林果灾害风险要素空间分布、动态变异和评估体系，构建水旱灾害风险评估平台，建立多尺度林果水旱灾害信息图谱，因此项目具有一定的先进性。

9.3　项目任务分解方案

9.3.1　项目任务分解情况

项目围绕"西北地区林果水旱灾害监测预警与风险防范技术"关键问题，应用系统工程原理，按照科学研究、技术研发、工程示范一体化的原则，设置了林果水旱灾害田间监测技术、林果水旱灾害遥感监测技术、林果水旱灾害成灾机理及演变规律、多维度林果水旱灾情预测预警模型、多平台林果灾情风险评估体系、林果减损增效技术及其应用 6 个课题，各课题相互之间的逻辑关系如图 9.2 所示。

课题 1 和课题 2 分别从样地尺度和遥感尺度研发实时动态监测技术；课题 3 综合课题 1、课题 2 的采集数据与当地观测站的历史数据，理清西北地区林果水旱灾害时空演变规律，利用机理模型探究林果成灾机理及阈值；课题 4 整合课题 1、课题 2 的多源现场监测数据，研究异构数据的统一表达方法和集成标准，构建以西北核心监测实验区为基础，满足预测预警与防范应用需求的基础数据库，结合课题 3 探究的林果成灾机理，利用多源数据构建基于 WebGIS 的林果灾害综合预测服务系统，为西北地区林果水旱灾害提供有效、实时的预警信息；课题 5 运用 3S(RS、GIS、GPS)技术，集成课题 4 构建的数据库模型，构建县域尺度的水旱灾害风险评估平台；课题 6 结合以上五个研究课题的内容研发林果减损增效技术并在西北地区开展示范应用。各个课题具体作用如下。

课题 1 以水旱灾害田间监测技术为主线，实现林果田间小气候、田间土壤墒情等生长环境的实时监测和植株高度、密度、发育期等生长参数信息的视频图像自动化观测；研发无线传感网络节点的最优布设方案、低功耗、数据压缩技术，实现多角度多方式实时监测影响林果生产的水旱灾害信息，为减损保产、提质增效技术研究提供反馈。多源监测数据为林果灾害数据库的建立提供数据支撑。

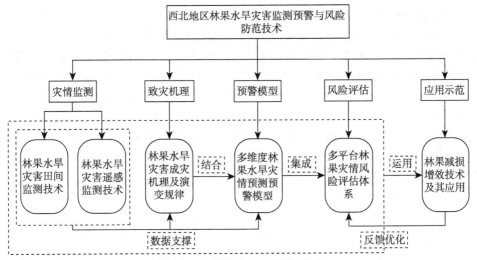

图 9.2　各课题之间的逻辑关系

　　课题 2 利用雷达微波和北斗信号两种遥测技术反演林果土壤湿度，动态描绘西北地区不同特征土壤分布区域。本课题可以丰富课题 1 的数据，同时课题 1 的部分数据也用于对遥感数据进行验证。为项目总体构建多维度、多尺度的林果主要灾害综合监测预警技术体系，研究林果灾害风险评估技术，研发林果综合减损保产、提质增效技术提供遥感技术数据服务。

　　课题 3 主要是完成林果水旱灾害成灾机理的分析，并对水旱灾害的演变规律进行探索。实现林果水旱灾害多源数据的整合及分析和林果水旱灾害脆弱性及风险区划图的建立，进而实现"政府-专家-农户"一体化水资源调配、林果作物综合减损增效。通过获取课题 1 的林果水旱灾害田间监测数据与课题 2 的林果水旱灾害遥感监测数据，可以阐明林果水旱灾害长时间尺度演变规律。通过模拟不同区域、不同林龄及不同生长阶段的林果致灾阈值及其损失，可以探究林果水分亏缺滞后效应，为课题 6 中研发针对农作物水旱胁迫的减损增效智能灌溉体系具有重要的指导作用。

　　课题 4 主要完成林果水旱灾害多源数据的整合及挖掘，并对数据进行处理，建立起林果水旱灾害预测预警模型。主要实现了多源异构数据统一表达和数据库集成技术，实现构建西北地区林果水旱灾害多源异构数据库，并利用数据库数据实现林果水旱灾害预测预警模型的建立，实现基于 WebGIS 的林果灾害综合预测预警技术体系构建与系统研发。该课题对于项目的顺利开展奠定了坚实的基础，并提供了夯实的理论模型，通过获取课题1的林果水旱灾害田间监测数据、课题2的林果水旱灾害遥感监测数据及课题3的林果水旱灾害成灾机理数据建立起多源异构数据库，通过数据处理可实现林果水旱灾害预测预警模型，为课题5的多平台林果灾情风险评估体系提供了充足的数据资源，为课题6中基于水分调亏机制的林果高效用水方案提供了理论模型。

课题5中结合课题1提供的林果田间气象监测等数据，对水旱灾害风险的主导因子(致灾因子、成灾环境和承灾体)等方面数据进行采集、调查与分析，结合课题2提供的遥感观测数据，分析研究导致西北典型区水旱灾害敏感因子，构建恰当的水旱灾害评估指标体系。依据水旱灾害系统中 4 个子系统各要素的风险评价指标体系，结合利用子课题1获取的林果水旱灾害评价指标的分析与参与，构建水旱灾害致灾因子风险性模型、承载体脆弱性模型、孕灾环境敏感性模型和防灾减灾能力模型，进而建立综合评价林果水旱状况的研究方法。依照子课题1的评价指标体系、子课题2的风险评价方法，构建相应的风险评估平台，并据此形成相应的信息图谱和风险评估数据库。

课题 6 结合以上五个研究课题的内容，对林果水旱灾害进行减损增效技术应用；以"机理研究-技术集成-模式探索"为主线，结合课题3所研究的生长模型，从生物学角度研究林果在经受水分胁迫时的自我调控机制，并以课题3~5所研究的多尺度灾害信息图谱、预测预警模型和风险评估平台为依托，针对特定的灾害情况与等级，制定典型林果种植区配套节水灌溉技术体系，实现新型节水灌溉技术的推广，为减损保产、提质增效理论研究提供技术支撑；并在西北地区苹果、葡萄等主产区进行示范应用，通过建立先进示范区和探索新型推广模式，达到推广指南所要求的技术示范推广面积50万亩以上，林果减损5%以上的目标。

9.3.2 林果水旱灾害田间监测技术

1. 研究目标

课题针对西北林果种植区空间跨度大、水量分布不均、气候差异显著等实际情况，选取甘肃河西走廊、宁夏贺兰山区、陕西渭北旱塬等区块的典型林果种植区为试点基地，以水旱灾害田间监测技术为主线，主要研究林果田间小气候、田间土壤墒情等生长环境的实时监测技术；研究植株高度、密度、发育期等生长参数信息的视频图像自动化观测技术；研究适用于信号易衰减、易遮挡环境下的无线组网技术及低功耗、远距离通信技术。

2. 主要研究内容

子课题1：林果生长环境监测技术研究

研究田间灌溉水体质量、渠道水位、降雨量、降雪量及流速等水情参数和不同高度层条件下的温度、湿度、风速、风向和光合有效辐射等气象要素；研究西北地区不同种植林果类型(苹果、葡萄、梨等)、不同水文地质条件下土壤饱和含水量和田间持水量等指标，探究一种适用于监测西北地区林果生长环境的传感器垂直梯度分布和最优监测点个数的集成方案。

于课题 2：林果生长信息视频图像自动观测技术研究

利用计算机视觉和视频图像处理技术动态观测林果作物株高、密度、发育期等全过程生长信息。通过作物生长信息进一步监测林果作物的挂果数量、叶片厚度和质量、叶面积指数和叶片叶绿素。通过上述林果生长参数指标可以反映作物生长状态和果树产量等信息，分析不同水旱灾害条件下作物生长参数对果树生长、产量及果实品质的影响。

子课题 3：无线组网及低功耗、远距离通信技术研究

研究多层次无线传感器网络节点布设，基于压缩感知的数据收集方法及低功耗、远距离传输技术，实时感知网络覆盖区域内的农田环境及林果生长发育等信息。针对无线传感器网络在林果园区内信号遮挡、网络覆盖度差问题，研究具有低功耗、远距离传输特性的 LoRa 扩频技术与具有超强网络覆盖、多设备接入优点的 NB-IoT技术，在低频的 433MHz 节点中加入自组网协议及纠错算法，给出节能最优、距离最远的精准林果业传感器网络系统架构和网络拓扑，确保园区数据精准感知，可靠稳定传输；针对园区监测信息种类繁杂、数据量大、汇聚节点能量损耗严重等特征，设计基于压缩感知的数据收集方法及采样过程区域化数据传输策略，去除冗余数据，降低网内数据量，从而降低无线传感网络中心节点能量消耗，实现网络负载均衡。

3. 拟解决的重大科学问题或关键技术问题

田间作物生长环境监测技术：模拟多要素综合林果生长环境，构建植株长势、田间小气候、田间水环境及土壤墒情信息为一体的物联网监测系统，研究复杂环境下林果生长环境理化指标的动态监测技术及土壤墒情信息依土层的变化规律。

林果生长信息自动化观测技术：针对西北地区光照强度大，地形地貌错综复杂，导致获取到的作物图像受光照影响较大，背景信息复杂的问题。探索图像分割技术，研究自适应彩色图像分割算法、聚类算法以实现图像特征提取，实现作物生长参数信息自动化、实时性连续观测。

传感器自适应组网及数据高效传输技术：研究能够克服作物冠层变化造成空间尺度上通信链路广域渐变性，且具有自适应、自调节、广覆盖特性的网络拓扑结构；研究一种基于区域化压缩感知的数据处理方法，进行稀疏变换、分散式编码和数据重构，并借助地面无线传感网络监测的各环境因子之间的关联关系，实现果业数据边压缩边传输的目的，提高数据传输效率。

4. 拟采取的实验手段

在田间信息采用方面，采用固定式与便携式相结合的实验手段。固定式小气候自动监测设备的传感器主要安装在作物内活动层、外活动层和顶部。其中，矮秆作物(如户太八号、猕猴桃等)传感器设置 3 层，分别在 25cm、150cm 和 300cm 处，高秆作物(如苹果、梨等)传感器设置 6 层，分别在 5cm、25cm、50cm、150cm、200cm和 300cm 处；固定式水情监测系统安装在近田间河道(明渠)、水库、灌区首部等位置，采用温度补偿式雨量、pH、盐度、氨氮等电化学传感器和磁致伸缩式液位测量仪完成田间水情信息精准监测；便携式小气候监测仪以监测点 GPS 仪定位点为中心，长方形地块采用"S"法，近似正方形田块采用"X"法或棋盘形采样法确定 5 个以上数据采集点进行监测，以其平均值作为当前气候数据；采用取土烘干法、张力计法、频域反射仪法(FDR 法)相结合的方法采集土壤墒情信息，传感器分 3 层设置在地下 10cm、30cm 和 60cm 处。

在视频图像自动化观测作物生长信息方面，根据前期实验基础设置合适的 CCD传感器技术指标(如摄像机安装高度、作物距摄像机水平距离)，通过对网络摄像机传回的监控视频流进行操作确定特定变焦倍数下摄像机云台的旋转步长量化值及旋转角度，采用三角测量原理实现株高的远程无损测量。通过图像采集装置获取原始图像，对图像传感器标定以获取图像采集器的焦距和倾斜角度参数，并根据此参数将作物图像从前下视图像转换成正下视图像，完成图像预处理，通过最大类间方差算法获取到分割图像，最后通过确定图像密度样本区计算出作物密度。对源图像中的每个像素进行颜色空间转换并提取颜色特征，再结合自适应图像分割算法与聚类算法对图像进行分割及特征提取，根据对连通区域的几何和位置特征进行统计分析获取作物生长信息。

在多层次无线传感器网络节点布设及低功耗、远距离传输技术方面，底端传感子网采用信号衍射性好的 433MHz 无线模块，该模块采取 LoRa 扩频传输技术以降低功耗，增大信号的覆盖范围，并加入前向纠错算法(forward error correction, FEC)实现主动纠正被干扰的数据包。汇聚节点采用 ZigBee 建立通信链路，满足数据聚合后数据通信量增大对带宽的需求。网关终端采用 NB-IoT 数据传输，将采集的园区林果信息实时、稳定地传输到云端服务器。

在处理林果生长信息监测数据方面，采取压缩感知的方法进行数据采集，去除冗余信息，将监测网络进行区域划分，分散中心区域的负载。将网络拓扑随机划分成多个区域，每个区域选出一个区域中心节点接收其他节点的采样值，中心节点使用压缩感知方法获得区域测量值，将这些节点的测量信息发送到汇聚节点用于数据重构。

5. 拟采取的技术路线

课题 1 拟采取的技术路线如图 9.3 所示。

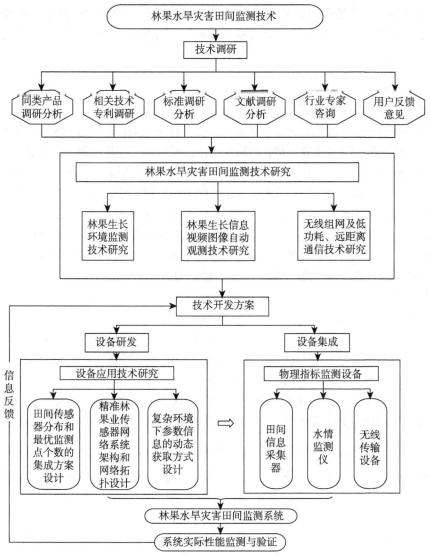

图 9.3　课题 1 拟采用的技术路线

9.3.3　林果水旱灾害遥感监测技术

1. 研究目标

本课题用雷达遥感和反演技术研究林果根系分布状况与林果土层结构。研究分层介质地物背景与其上方目标、置于其上目标、部分埋藏目标和下方埋藏目标复合散射模型。利用林果土层结构和林果根系分布状况的基本数据，探寻不同土质对北斗信号的反射特征，研究特质土壤区域分布的界定和描绘方法。获得土壤类型、特质土壤分布图。构建果树生长状态遥感采集系统，建立果树生长状态大数据库，设计基于深度学习的果树变化检测和分类算法，开发面向果树生长状态智能监测系统。

2. 研究内容

子课题 1：果林种植区土壤湿度的电磁遥感与反演技术

针对林地分层介质地物背景与其上方目标、置于其上目标、部分埋藏目标和下方埋藏目标复合散射模型生成，耦合散射的理论推导和数值计算问题，研究复杂分层介质地物表面及其与上方目标、置于其上目标的复合电磁散射规律。研究裸土和植被覆盖区目标湿度参数反演方法；针对北斗信号的土壤反射问题，寻找北斗信号的土壤反射波参数与土壤湿度之间的关系，通过对介电常数的探测，反演果林土壤湿度；研究不同盐碱土壤区域分布的界定方法。并依据西北地区水土监管部门的土壤性质定标资料，借助北斗定位的优势，研究动态描绘西北地区不同特质土壤分布区域。

子课题 2：基于深度学习的果树变化检测的智能监测

构建果树生长状态遥感系统，实时采集树叶、树干、果实的生长变化过程，完成数据传输、存储功能；建立果树生长状态标准大数据库，依据先验知识，对果树生长状态进行标定，作为神经网络训练数据集；设计深度学习算法与误差函数，构建网络模型，训练模型，调优，建立验证集，完成网络模型优化，直到得出满足当前要求精度的神经网络；利用设计好的神经网络实现变化检测与分类，当检测出果树生长状态发生变化时给出变化类别(病虫、营养成分缺失等)；开发便捷易用的决策系统，以图形、列表等直观的形式给用户提供操作界面。

3. 拟解决的重大科学问题或关键技术问题

研究分层介质地物背景下部分埋藏目标和下方埋藏目标复合散射模型，掌握林果生长土层结构分布和林果根系发达状况。探寻北斗信号的土壤反射波参数与土壤构性之间的关系，以及不同特质土壤区域分布的界定方法。

建立果树生长状态标准大数据库，采集不少于 10 万张的果树生长状态图像，基于人工智能对遥感图像预处理(主要包括雨雪雾霾、光线变化和运动模糊等遥感成像时遇到的问题)，依据专业知识和专家诊断，标注图像，建立训练集、测试集与验证集。

借鉴成熟的深度学习、机器学习、迁移学习、增强学习等理论，利用卷积神经网络、循环神经网络、长短时记忆网络、残差网络等网络模型，构建满足任务需求的神经网络模型。

4. 拟采取的实验手段或技术方法

利用中国电波传播研究所的测向 L 波段机载散射计测量数据、国家遥感中心、国家地理测绘局所进行的典型地物表面外场双站散射数据对地物模型的合理性、计算结果正确性进行校验，并对地物与目标的复合散射模型的合理性、对复合散射模型计算结果的正确性进行校验；对林果生长土层结构分布和林果根系发达状况数据的反演结果进行校验。

构建具有一定适应性的国内先进的果树生长状态遥感采集系统，在数据精度、存储容量、处理速度等方面经测试和专家鉴定到达国内领先水平。构建丌源标准果树生长状态大数据库，并提供线上测量与评估，面向全球开放。设计先进网络模型，在损失函数、准确率、收敛速度等方面经相关权威机构测试达到国内领先水平。

9.3.4　林果水旱灾害成灾机理及演变规律

1. 研究目标

面向西北地区林果水旱灾害监测预警与防范技术的国家重大战略需求，在理清西北地区林果水旱灾害时空演变规律基础上，分析干旱、洪涝对西北地区林果生产的成灾机理，研究西北地区苹果、葡萄等主产区综合减损保产、提质增效的关键技术，为构建区域重大自然灾害综合风险防范体系提供理论和决策支持。

2. 研究内容

子课题 1：西北地区林果水旱灾害历史演变规律

水旱是西北地区林果生长及致损的最主要灾害之一，如何构建水旱监测模型，进行有效、可靠、实时、大尺度的旱涝监测与预警，对区域综合风险防范体系构建具有重要现实意义。利用林果水旱灾害多源数据资料，进而采用 SPEI 指数衡量区域水分亏缺量变化的分布频率，并结合地面观测和遥感观测的综合指标，建立综合干旱监测指数，将自然降水、潜在蒸发量、土壤湿度、地表温度等要素有效结合，以土壤含水量为切入，改进已有气象农业旱涝综合指标，开展空间连续旱涝评估，阐明西北地区近 50 年林果水旱灾害长时间尺度演变规律。与此同时，采用统计降尺度方法，处理气候模拟输出的低分辨率资料，并对 GLDAS 土壤数据进行处理。在空间上重点结合陕西渭北旱源、甘肃河西走廊和宁夏贺兰山区等主要林果范围，对水旱灾害时空变化规律进行再认识，解答西北地区林果水旱灾害在历史上如何演变发展，是否存在空间响应差异等问题。

子课题在关注西北地区林果水旱灾害历史演变规律的同时，改进已有林果灾害旱涝监测指标，对比于已有旱涝指标(如 SPEI、SPI、MDSI 和 MMSDI 等)的优势，将降水、辐射、土壤湿度有效结合，为更准确的表征西北地区(干旱、半干旱)林果生长环境旱涝演变特征提供关键理论依据与科技支撑。

子课题 2：不同生长阶段的西北地区林果致灾阈值与损失评估

通过 Gompertz 生长模型、Vaganov-Shashkin 生理响应模型，模拟西北地区不同林龄、不同区域及不同生长阶段的林果致灾阈值及其损失，探究林果水分亏缺滞后效应。以苹果种植为切入点，重点研究水旱致灾因子对苹果不同生长阶段(萌芽期、开花期、花芽分化临界期、果实膨大期、成熟期和休眠期)的致灾阈值；以葡萄种植为切入点，重点研究水旱致灾因子对葡萄不同生长阶段(萌芽期、花前花后期、浆果期、浆果膨大期、采摘期)的致灾阈值。与此同时，利用林果生长模型，探究前期水旱灾害发生，对后期林果水分亏缺的滞后效应，明确西北地区水旱灾害前期预警时间，为后期综合灾害风险防范体系建立提供理论基础。

本课题关注西北地区林果生长的年内变化和年际变化，探究水旱灾害对林果(如苹果、葡萄)不同阶段、两种尺度的影响。在模型构建中，将林果生长的温度、降水和光照等限制性因子与水旱灾害紧密相结合，阐明西北地区林果生长的温度、降水的交互控制机制。例如，在温度、热量足够的情况下，降水过多所产生的抑制影响是否超过气温、热量充足(优越)的促进作用，着重回答两者的权衡机制和致灾阈值响应变化的问题。

子课题 3：西北地区林果水旱灾害脆弱性评价与风险区划

区分渐发型和突发型灾害成灾机理，建立林果水旱灾害脆弱性及风险区划图。以干旱灾害为切入点，研究渐发型灾害对西北林果灾害成灾机理；以雨涝灾害为切入点，研究突发型灾害对西北林果灾害成灾机理，明确两种不同类型灾害成灾机理差异；在此基础上，构建西北地区林果水旱灾害脆弱性曲线，进而完成西北地区林果灾害风险区划方案，为后期多平台林果灾害风险评估体系构建提高理论基础。

本课题在区分渐发型和突发型灾害对西北林果生产的成灾机理的同时，有效结合子课题 2(不同生长阶段的西北地区林果致灾阈值与损失评估)的模型模拟结果，构建致灾因子与灾害损失的脆弱性曲线；结合课题 1 的林果水旱灾害田间监测技术获得数据，提升尺度与课题 2 的林果水旱灾害遥感监测技术相结合，描绘西北地区不同特质林果水旱灾害风险的空间差异性。

子课题 4："政府–专家–农户"一体化水资源调配综合管理方案

研发"政府–专家–农户"一体化水资源调配综合减损增效技术。以政府为主导，成为林果灾害风险管理的核心；以专家为两翼，成为林果灾害风险管理的智库；以农户为终端，成为林果灾害风险管理的对象，研发"政府–专家–农户"一体化、实时联动、相互反馈的西北地区水资源调配综合减损增效技术。在此基础上，提出一套水资源合理调配、精准指导的综合减损保产的关键技术。

本课题是西北地区林果灾害旱涝机制、风险区划成果的具体应用，重点在于提出一套"政府–专家–农户"一体化的水资源调配管理方案，如何精准化、专业化的组织不同层级的主体，利用多维度林果水旱灾情预测预警模型，在林果水旱需求适时智能化诊断方法和推理规则库表达技术基础上，通过 WebGIS 等信息传播手段，对西北地区林果水旱灾害风险进行综合防范。

3. 拟解决的重大科学问题或关键技术问题

本课题"林果水旱灾害成灾机理及演变规律"主要包括 4 个核心问题：西北地区林果水旱灾害如何演变，即历史本底问题；西北地区林果水旱灾害如何致灾，即微观机理问题；西北地区林果水旱灾害风险格局，即宏观灾害格局；西北地区林果水旱灾害如何适应，即风险适应问题。

4. 拟采取的实验手段或技术方法

在水旱历史本底研究中，不但需要阐明历史演变规律，还要对综合干旱监测指数取得方法进行创新，重点将地面观测和遥感观测相结合，将自然降水、潜在蒸发量、土壤湿度、地表温度等要素有效结合；在微观机理研究中，结合 Gompertz 生长模型、Vaganov-Shashkin 生理响应模型，模拟西北地区不同林龄、不同区域及不同生长阶段的林果致灾阈值及其损失；在风险格局研究中，需要结合子课题 2 的主要成果，绘制空间脆弱性曲线，进而构建西北林果水旱灾害区划方案；在水旱灾害适应研究中，通过成灾规律对区域水资源合理利用的再认识，进而提出一套"政府–专家–农户"一体化的水资源调配管理方案，拟采取的技术路线如图 9.4 所示。

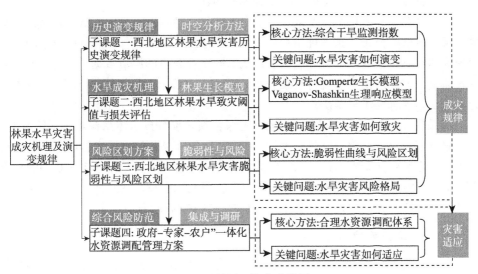

图 9.4　课题 3 技术路线图

9.3.5　多维度林果水旱灾情预测预警模型

1. 研究目标

面向西北地区林果水旱灾害监测预警与防范技术的国家重大战略需求，以西北地区苹果、葡萄等典型果业为研究对象，构建西北地区林果水旱灾害多源异构数据库，研究林果水旱灾害预测预警模型，研究基于 WebGIS 的林果灾害综合预测预警技术体系，为探索西北地区林果水旱灾害成灾机理及演变规律提供数据支撑，为林果灾情风险评估和预报预警提供理论模型。

2. 研究内容

子课题 1：多源异构林果田间信息基础数据库构建

整合已有林果水旱灾害数据资源和多源现场监测数据，研究异构数据的统一表达方法和集成标准，构建以西北核心监测实验区为基础，满足预测预警与防范应用需求的基础数据库。综合关系型数据库以及非关系型 NoSQL 数据库各自的优势，建立多维度林果水旱灾情的 NewSQL 数据库管理系统。

子课题 2：林果种植水需求智能化诊断方法研究

根据实测需水量与产量的对应数据，建立林果业全生育期若干生育阶段的水量与产量函数模型和推理规则知识库系统，以解决供水量在各生育期合理分配的问题。建立水需求适时智能化诊断的推理规则知识库系统，研究水旱信息的自动分类与检索、供给水决策的智能诊断方法。

子课题 3：林果水旱灾害预测预警模型构建

针对大数据来源广、数据量大、结构多样及质量参差不齐的现状，研究林果水旱灾害大数据的分布式预处理与存储方案，研究在大数据平台下对历史数据的批处理挖掘和实时数据的流挖掘方法，整合从不同途径获得的海量数据，对全样本、全要素和全方位的预警信息进行复杂关联分析，构建基于大数据的"精准预警"模型，为预测水旱灾害提供科学决策。

子课题 4：基于 WebGIS 的林果灾害综合预测预警技术体系构建与系统研发

整合多源异构林果田间信息基础数据库，利用林果种植水需求智能化诊断方法和水旱灾害预测预警模型，研究灾情大数据可视化方法，构建基于 WebGIS 的林果灾害预测预警系统，实时、动态、准确地反映西北地区林果的水情、旱情变化情况及其变化规律，为西北地区林果水旱灾害提供有效的预警信息。

3. 拟解决的关键问题

(1) 多源异构数据库的统一表达方法。基于西北地区林果水旱灾害监测预警与防范应用需求，研究多源异构数据的清洗、存储、统一表达方法和数据库集成技术，研究如何基于 NoSQL 数据库高扩展性和关系型数据库的高查询效率，构建适合林果业灾害数据的 NewSQL 新型数据库，开发构建以西北地区核心监测实验区为基础，满足更大范围要求的多源异构林果田间信息基础数据库。

(2) 智能诊断和预测方法。以苹果、葡萄为主要对象，以西北地区核心监测实验区为基础，研究林果水旱减损增效机制、水需求适时智能化诊断方法和推理规则库表达技术，研究基于灾害证据的不确定性推理方法。研发满足不同生育期生长特点的相应水旱灾害预警模型，构建林果灾害综合预测预警技术体系、研究灾害大数据场景下的全样本、高效率的相关性分析，实现林果水旱灾害的"精准"预测与防控。

4. 拟采取的实验手段

在基础数据库构建方面，根据历史灾害数据以及实时监测数据建立多源灾害数据库管理系统，其结构如图 9.5 所示。鉴于多维度林果水旱灾情数据具有数据量大、结构化、半结构化、非结构化数据各占一定比例的特点，本项目拟采用关系型数据库与 NoSQL 数据库相结合的方法，构建数据库访问服务平台，集成主流的灾害和监控数据，将存储于 ORACLE、DB2、MySQL 和 SQL SERVER 等数据库中的结构化数据与存储于 NoSQL 数据库(如 Redis、MongoDB、HBase 等)中的半结构化、非结构化数据进行集成，构建 NewSQL 数据库系统，如图 9.6 所示。

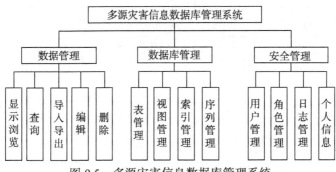

图 9.5　多源灾害信息数据库管理系统

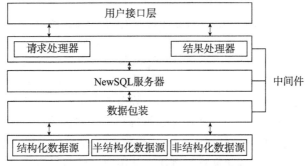

图 9.6　灾害数据的集成访问示意图

在林果种植水需求智能化诊断方法研究方面。首先，拟采用 3 层智能化决策结构进行设计，分别为人机接口层(第 1 层)、内部接口层(第 2 层)、数据库层(第 3 层)。系统功能如图 9.7 所示。其次，建立智能调节水推理规则知识库系统，根据实测需水量与产量的对应数据，研究如何建立林果业的全生育期若干生育阶段的水量与产量函数模型和推理规则知识库系统，解决供水量在各生育期合理分配的问题。

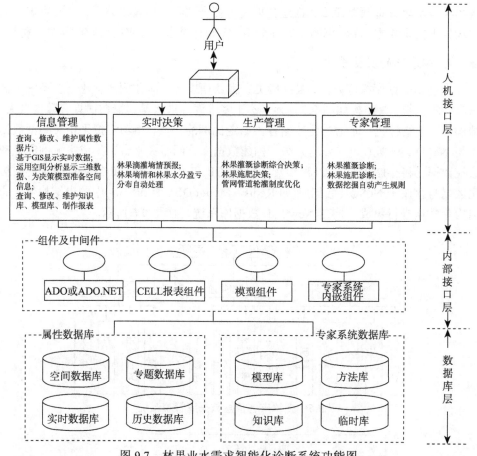

图 9.7　林果业水需求智能化诊断系统功能图

　　林果水旱灾害预测预警模型的构建主要包括"大数据的预处理与存储"和"大数据的水旱灾害预警模型构建"两个阶段，实施方案如图 9.8 所示。

　　大数据预处理与存储阶段。首先，利用数据挖掘中的预处理方法以及统计学方法对收集的数据进行清洗，通过数值化、标准化、降维、数据一致性检查、无效值和缺失值处理等方法以提高数据的质量。数据预处理后，采用大数据分布式存储 HBase 存储结构化和半结构化数据。其次，从历史上已经发生的水旱灾害数据中抽取与水旱因素相关的关键特征，将警度的划分作为类别，构造多类别的样本集。最后，针对实时采集的田间数据以及动态获取的遥感等周期性的数据，构造具有时间标签的数据流，采用大数据的流数据挖掘方法，通过分析与研究这些数据流，为确定警情、发现警源提供依据。

　　在大数据的水旱灾害预警模型构建阶段，搭建大数据计算环境，利用关联规则挖掘方法从已知的水旱灾害数据集抽取关联规则，构造关联规则分类模型；利用决策树挖掘方法，从已知的水旱灾害数据集抽取决策规则，构造决策树分类模型；构建大数据环境下的回归预测分析模型，对全样本数进行关联分析，根据划分的警度等级，确定回归分析结果的警度。构造针对水旱灾害预警的集成学习方法，对多个预测结果进行投票，预测相应的警度。

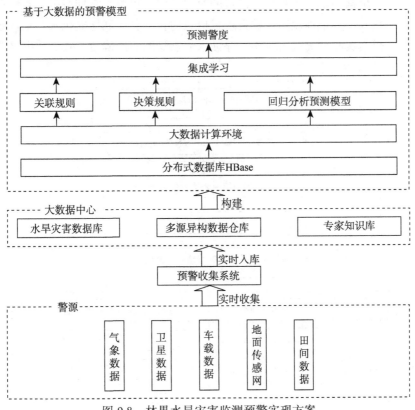

图 9.8 林果水旱灾害监测预警实现方案

在基于 WebGIS 的林果灾害综合预测预警技术体系构建与系统研发方面，研究林果水旱灾情预警指标体系及预警指数，建立水旱灾情预警系统。根据旱情监测结果、墒情预报结果及地表水分等信息，通过水旱预测模型对其水旱灾情进行预测。预警系统设计分为数据层设计和应用服务层设计两个方面。数据层的数据类型包括林果地理基础数据、林果水情与旱情数据、历史灾害数据和预警模型数据。依据平台设计目标及用户需求，将系统划分为系统维护管理、历史灾害信息管理、地图管理与操作、统计与查询分析、林果水需求智能化诊断、水旱灾害可视化决策支持等子系统。应用服务层设计的主要功能体现在林果灾害区域数据查询与统计，以及林果水旱灾害预警信息的表达与服务，为西北地区林果水旱灾害提供有效的预警信息。

5. 拟采取的技术路线

拟采取的技术路线图如图 9.9 所示,以西北地区苹果、葡萄等典型果业为研究对象,通过课题 1 和课题 2 获得苹果、葡萄果园的生长环境土壤数据、气象数据、生长信息视频图像数据及遥感等多源现场监测数据,建立西北地区林果水旱灾害多源异构数据库。根据测试的需水量与产量的对应数据,以及生育期若干生育阶段的水量与产量函数模型和推理规则,进行水旱信息的自动分类和智能化水需求诊断,并将其诊断结果与实际情况进行对比,验证水需求诊断的准确性。在大数据平台下对

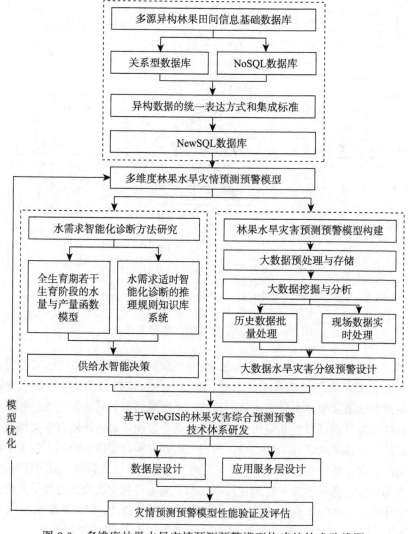

图 9.9 多维度林果水旱灾情预测预警模型构建的技术路线图

历史数据进行批处理挖掘和实时数据流挖掘,通过建立的水旱预测模型对其水旱灾情进行预测,对比历史数据验证水旱灾情预测的准确性,分析水旱预测模型系统的可行性。测试基于 WebGIS 的林果灾害综合预测预警体系性能,并进行信息反馈,实现预测模型优化。

9.3.6　多平台林果灾情风险评估体系

1. 研究目标

以西北地区主要林果——苹果、葡萄等典型果业为对象,通过资料收集和实际调研,分析水旱灾害风险的主导因子——致灾因子、成灾环境、承灾体、防灾减灾能力的地理空间变异性、风险空间尺度效应和空间耦合模式,结合定点遥感观测数据,形成全面、客观评价林果(苹果、葡萄)水旱灾害的评价指标体系,建立致灾因子危险性、承灾体脆弱性、灾害损失和孕灾环境发生概率等评估模型,构建林果(苹果、葡萄)水旱风险评估平台,建立西北地区多尺度林果(苹果、葡萄)水旱灾害信息图谱及相应的数据库。

2. 主要研究内容

子课题 1:林果水旱灾害评估指标体系分析选择

以气象、基础地理信息、农业和社会经济等方面数据为依据,运用田间模拟与水旱发生灾情实践调查的方法,对林果(如苹果、葡萄)水旱灾害风险的主导因子——致灾因子(如灾害的规模、强度、频率、影响范围及等级)、成灾环境(如降水、水文信息、坡度、坡向)、承灾体(如土地利用、土壤特性、人口密度、生产水平、GDP、第一产业比重、抗灾特性——产量)、防灾减灾能力(如农田管理措施)等全面分析,利用一定的技术和方法确定西北典型区水旱灾害敏感因子,构建林果(如苹果、葡萄)水旱灾害评估指标体系。

子课题 2:林果水旱灾害评估方法研究确定

针对林果(如苹果、葡萄)水旱灾害风险的主导因子——致灾因子、成灾环境、承灾体、防灾减灾能力的地理空间变异性、风险空间尺度效应和空间耦合模式,结合定点遥感观测数据,基于加速遗传算法的改进层次分析法提取评价指标的权重,建立林果(如苹果、葡萄)水旱灾害致灾因子危险性、承灾体脆弱性、灾害损失和孕灾环境发生概率等评估模型。

子课题 3:林果水旱风险评估平台构建

利用 C#或 Java 程序语言结合 ArcGIS Engine 技术,开发构建林果(苹果、葡萄)水旱灾害风险评估平台,进行林果(苹果、葡萄)水旱灾害风险等级评价和灾情风险区划研究,建立多尺度林果(苹果、葡萄)灾害信息图谱和数据库。

3. 拟解决的重大科学问题或关键技术问题

林果(苹果、葡萄)水旱灾害风险评估指标体系构建。本课题针对林果水旱灾害风险的主导因子——致灾因子(灾害的规模、强度、频率、影响范围及等级)、成灾环境(降水、水文信息、坡度、坡向)、承灾体(土地利用、土壤特性、人口密度、生产水平、GDP、第一产业比重、抗灾特性——产量)、防灾减灾能力(农田管理措施)等方面的分析,选择西北典型地区林果水旱灾害敏感因子,构建灾害风险评估指标体系和表征灾害特征的信息图谱。

林果(苹果、葡萄)水旱灾害评估方法和模型确定。依据气象、地形、土壤与土地利用等基础地理信息,以及农业和社会经济等方面的数据,应用确定的评估指标体系,构建致灾因子危险性、承灾体脆弱性、灾害损失和孕灾环境发生概率等评估模型。

4. 拟采取的实验手段

在田间环境信息数据采集方面,在连片林果(苹果、葡萄)种植区及田块两个尺度作各选择 4~5 个为研究样区,在林果(苹果、葡萄)生长发育的不同生育阶段、变化敏感时期和遥感卫星过境时期,在基本观测点和田间试验区同步进行生态环境和气象要素观测,作物生态参数观测,植物叶片和植被冠层反射光谱测定;景观照片和高光谱遥感影像拍摄;同时根据需要,采集样品进行室内分析测试,测定土壤的水分、养分,作物生理生化性质指标。据此,进行林果(苹果、葡萄)不同生育期影响生长因子的调查与采集,以及水旱灾害因子的调查与分析。

对于省域尺度林果(苹果、葡萄)水旱风险指标的监测,主要应用卫星遥感数据提取采集。通过进行图像增强、图像变换、信息融合、纹理分析、分形处理、特征选择与提取、光谱微分和导数光谱等处理,得到具有一定物理意义的影像和系列指数、参数,用于后续的林果(苹果、葡萄)生长环境与长势参数等信息的提取与分类识别。

对于地形信息采用地形图分析获得坡度、坡向等因子;对于土地利用信息,利用遥感影像解译获得相关时间阶段土地利用与变化信息;对于土壤类型信息、历史气象、农业基础设施和社会经济等方面资料,通过查找相关专题地图、统计年鉴及社会调查的方式获得。

评估方法的研究拟采取加速遗传算法及其层次分析法、信息熵权法和综合分析法,通过建立 4 个主导因子的风险评估模型,实现水旱灾害风险评估平台的完成。

5. 拟采取的技术路线

本课题拟采取的技术路线如图 9.10 所示。

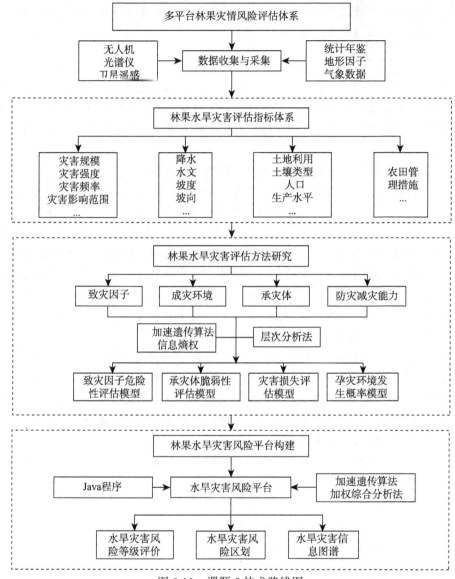

图 9.10　课题 5 技术路线图

9.3.7　林果减损增效技术及其应用

1. 研究目标

选取西北地区典型林果为研究对象, 重点研发基于水分调亏机制的林果高效用水方案; 以多尺度灾害信息图谱、预测预警模型和风险评估平台为依托, 通过政府政策和高校技术为推动, 以企业主导, 在陕西、宁夏、甘肃等省(区)建立具有明显区域特色的减损增效技术试验示范区，实现林果水旱灾害监测与风险防范技术在西北乃至全国地区大范围推广应用。

2. 主要研究内容

课题立足于西北地区林果业，以"机理研究–技术集成–模式探索"为主线，融合基础研究、关键减损增效技术研发、技术体系建立和技术推广模式探索于一体，开展典型种植区林果高效用水机理、减损增效技术体系建立及技术推广模式 4 个子课题研究。

子课题 1：基于水分调亏机制的林果高效用水方案

林果品质与气候、水分、生长环境等多种因素有关，而水分是实现对林果品质改善的媒介。水分对林果的影响表现在生长发育的各个阶段(萌发、营养生长、生殖生长)和具体的生理代谢过程(光合作用、呼吸作用、水和营养元素的吸收和运输等)。拟通过调亏灌溉和分根区交替灌溉提高林果水分利用效率，改善林果品质。

调亏灌溉在林果生长发育的某一阶段施加一定的益亏水度，提高所需收获的产量而舍弃部分营养器官的生长量和有机物质的总量，避免生长冗余。拟采取对林果在不同生育期益亏水处理，从而最大限度的充分利用林果在经受水分胁迫时的"自我保护"作用和水分胁迫解除后的"补偿"作用。

通过分根区交替灌溉挖掘林果的生化调节机能，提高抗旱性和水分利用效率，有利于提高水分补偿效应和养分利用效率，降低无效蒸发和渗漏。拟采取调控林果不同根区的土壤水分，使林果产生内源激素反馈、优化气孔开度、实现生理节水。通过在水平或垂直方向将根系分成多个部分，而后按交替方式形成部分供水模式。

子课题 2：林果种植区减损增效技术体系

选取陕西渭北旱塬、宁夏贺兰山区、甘肃河西走廊等地为试验田，以课题 1 地面传感网感知的田间环境信息和课题 2 卫星遥感反演的作物需水时空分布特征为数据支撑，以课题 3 阐明的林果水旱灾害长时间序列尺度演变规律为实践指导，以课题 4 给出的水需求适时智能诊断方法和推理规则库表达技术为基础理论支撑，依托课题 5 建立的多尺度林果灾害信息图谱、西北林果灾情风险模型和风险评估平台，研究基于"3S"技术的精准区划减损增效指挥子系统、林果种植区水资源高效调度子系统和智能化预报与决策支持子系统；建立具有实时监测、稳定传输、智能诊断、科学决策等功能的林果减损增效指挥系统；集成一套集智能灌溉信息采集装置、田间灌溉自动控制设备等农业减灾产品和智能决策指挥平台为一体的减损增效技术体系。

子课题 3：林果减损增效技术试点推广

以子课题 1 和 2 的高效用水方案和减损增效灌溉体系为依托，通过建立"政府帮扶+高校指导+区域示范+乡村培训"的链条式技术推广服务模式，积极推广高效节水灌溉技术和农业减灾产品应用，提高灌溉保证率，增强抗御自然灾害能力，稳定实现提高林果单产，降低农业生产成本，为该区节水灌溉的发展起到重要引领和示范作用。

通过支持"政府帮扶+高校指导+区域示范+乡村培训"的推广模式，建设具有创新研究和技术推广功能的"1+5+10+N"示范体系，即 1 个政府政策支持，5 个高校专家指导+10 个地方专家宣传+N 个技术精英学习。通过政府政策推动，以高校技术为依托，在充分利用地方专家的主动性和注重发掘农村技术精英学习应用技术的能动性的基础上，逐步在农村内部建立技术推广的先进示范基地，形成技术与农户之间的良好互动机制。

在陕西渭北旱源、宁夏贺兰山区、甘肃河西走廊等区域建立 10 个减损增效技术先进示范区，每个示范区面积 2 千亩；每个示范区技术辐射推广面积 1 万亩以上。技术成果应用后，总共推广面积 12 万亩以上；与示范区所在区域当前水平相比，林果减损 5%以上。

子课题 4：林果减损增效技术产业化推广

提出适用于西北地区节水灌溉技术大面积推广的新型推广模式，按照"公司+基地+农户"模式进行产业化推广，探索在农户专业化生产基础上的技术推广与扩散的新途径、新方法。在"公司+基地+农户"农业产业化推广模式中(即企业带动型)，以公司牵头，围绕大型企业建立减损增效示范基地(基地可以是当地的农业局、农技站、农民合作组织、农场等)，形成企业带基地、基地连农户的一体化经营的模式。在此模式中，公司向农户提供配套服务，如提供减损增效产品、先进技术服务，将先进的技术体系应用到实际的种植区域中，并针对实际情况进行技术培训；而农户则按公司的技术要求进行产品使用，共同承担生产风险，分享公司经营的部分利润。这种组织模式，将使公司与农户之间以合同形式规定双方在生产、服务、应用、利益分配和风险分担诸方面的权利和义务，结成比较稳定的交易关系和合作伙伴。子课题将通过企业带动作用，在西北地区推广面积大于 40 万亩，与示范区所在区域当前水平相比，林果减损 5%以上。

3. 拟解决的重大科学问题或关键技术问题

西北地区林果生物学水分调控机理：通过挖掘林果自身的生理节水潜力，创造高效用水环境。利用林果遗传和生态生理特性以及干旱胁迫脱落酸(abscisic acid, ABA)的响应机制，通过时间(生育期)和空间(水平或垂直方向的不同根系区域)上主动的根区水分调控，减少田间的蒸腾损失，达到节水、高效、优质的目的。避免林果为了适应波动环境而形成的生长冗余(包括株高、叶面积、分蘖或分枝等)，杜绝了高产栽培中的巨大浪费和负担。合理的水分调控能够调控林果根系生长发育，使茎、根、叶各部分不产生过量生长，控制作物各部分的最优生长量，维持根冠间协调平衡的比例，实现提高水分利用效率和林果经济产量的目的。

西北林果种植区节水灌溉技术集成创新与应用：由于不同时空尺度范围内，林果生长环境因子对减损增效节水灌溉体系的影响具有随机性和不确定性，本课题拟采用 3S 技术和大数据分析技术，改善作物生命需水的采样策略及由点到面的尺度转换模型，进而有效克服由于作物生命需水特征时空差异引起的灌溉预报与决策误差。

4. 拟采取的实验手段或技术方法

课题技术路线如图 9.11 所示。

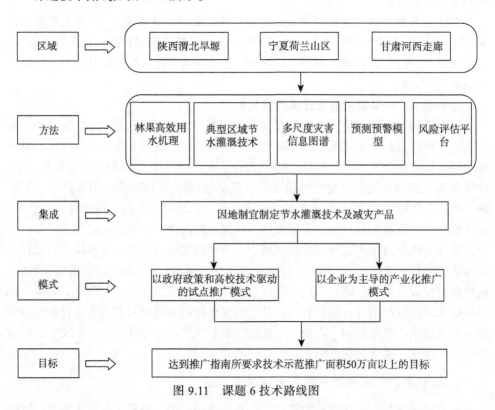

图 9.11　课题 6 技术路线图

参 考 文 献

[1] 许世卫. 我国农业物联网发展现状及对策[J]. 中国科学院院刊, 2013, 28(6): 686-692.

[2] 许曰强. 水质远程智能化监控系统设计及其在农业领域中的应用[D]. 西安: 西安邮电大学, 2017.

[3] 高强. 全国重点流域及社区水质监测安卓软件研发[D]. 西安: 西安邮电大学, 2017.

[4] 何亚风. 远程智能节水灌溉系统设计及应用(乾县、桐梓)[D]. 西安: 西安邮电大学, 2017.

[5] 刘亮, 秦小麟, 郑桂能, 等. 能量高效的无线传感器网络空间范围查询处理算法[J]. 计算机学报, 2011, 34(5): 763-778.

[6] 耿丽微, 钱东平, 赵春辉. 基于射频技术的奶牛身份识别系统[J]. 农业工程学报, 2009, 25(5): 137-141.

[7] 任守纲, 徐焕良, 黎安, 等. 基于RFID/GIS物联网的肉品跟踪及追溯系统设计与实现[J]. 农业工程学报, 2010, 26(10): 229-235.

[8] 罗清尧, 熊本海, 杨亮, 等. 基于超高频RFID的生猪屠宰数据采集方案[J]. 农业工程学报, 2011, 27(2): 370-375.

[9] 赵小强, 雷雪, 冯勋. 基于 ZigBee/3G 的物联网网关系统[J]. 西安邮电大学学报, 2015, 20(1): 24-29.

[10] 赵小强. 水质远程监测智能环保系统[J]. 计算机工程, 2010, 36(17): 93-94, 97.

[11] 赵小强. 基于GSM的远程污水综合监测分析系统的设计[J].微计算机信息, 2010, 26(5): 91-92, 85.

[12] 赵小强, 陈升伟, 张朋波.基于物联网的水质在线监测系统设计与实现[J]. 计算机测量与控制, 2015, 23(11): 3627-3630.

[13] WANG G J. The research about remote transmit manage unit which is based on modBus protocol[J]. Applied mechanics & materials, 2013, 2560(347): 1804-1806.

[14] ZHANG A N,SHAN T C,LI G Y. Remote monitoring control system of Yellow River Water level based on MCGS configuration[J]. Advanced materials research, 2012, 1917(562):1749-1752.

[15] 李玉娜. 基于PT100铂热电阻温度传感器设计[J]. 中国教育技术装备, 2016, (16): 33-35.

[16] 赵小强, 冯勋. 基于ZigBee的水质pH值在线监测系统[J]. 西安邮电大学学报, 2014, 19(6): 71-75.

[17] 陈雨艳, 钱蜀, 张丹, 等. 氨气敏电极法测定废水中的氨氮[J]. 辽宁化工, 2010, 39(7): 783-785.

[18] 夏强, 李潇潇, 任立, 等. 水中溶解氧的测定方法进展[J]. 化工技术与开发, 2012, (7): 47-49.

[19] 罗勇钢, 程鸿雨, 邹君, 等. 一种散射式浊度传感器设计[J]. 传感器与微系统, 2015, (6): 67-69.

[20] TIAN J F, LI Z, LIU Y L. An design approach of trustworthy software and its trustworthiness evaluation[J]. Computer research and development. 2011, 48(8):1447-1457.

[21] 李红艳. 计算机软件开发项目管理阶段应遵循的原则[J]. 信息通信. 2014, 143(11): 167.

[22] 罗琼, 李艳, 熊英. 不同编程语言对计算机应用软件开发的影响[J]. 电脑编程技巧与维护, 2013, 36(12): 19-20.

[23] 李东, 王虎强. 基于 Timed-PageRank 的聚焦爬虫优化研究[J]. 四川兵工学报, 2015, 36(1): 141-144.

[24] 封志明, 杨艳昭, 游珍.中国人口分布的水资源限制性与限制度研究[J]. 自然资源学报, 2014, 29(10): 1637-1648.

[25] 张胜利. 乾县水资源状况及利用保护问题探析[J]. 科技经济导刊, 2016, (1): 137-164.

[26] 赵静, 苏光添. LoRa无线网络技术分析[J]. 移动通信, 2016, 40(21): 50-57.

[27] 郑纪业, 封文杰, 王风云, 等. 农业生产环境监测无线传感器网络路由算法研究[J]. 山东农业科学, 2016, 48(12): 156-161.

[28] 赵小强, 于燕飞, 史文娟, 等. 基于物联网技术的农业节水自适应灌溉系统[J]. 西安邮电学院学报, 2012, 17(3): 95-97, 108.

[29] 王洪娇. 智能灌溉控制系统: 2016107815500[P]. 2016-08-31.

[30] 王志国. 一种园林绿化智能灌溉系统: 2016109630034[P]. 2016-11-04.

[31] CALINOIU D, IONEL R, LASCU M, et al. Arduino and LabVIEW in educational remote monitoring applications[C]// Frontiers in Education Conference. IEEE, 2015:1-5.

[32] JOHN M, JOSEPH A. Implementation of automated demand side energy monitoring on TOD basis using LabVIEW[C]//International Conference on Advances in Electrical Engineering. IEEE, 2014:1-4.

[33] 王磊. 基于 LabVIEW 的虚拟实验室与传感器虚拟仪器的设计及实现[D]. 太原: 太原理工大学, 2010.

[34] 赵小强, 刘云云, 彭红梅, 等. 基于 LabVIEW 的水质监测中心软件设计[J]. 计算机测量与控制, 2015, 23(12): 4240-4241, 4245.

[35] CHEN P. Design and implementation of a user-friendly graphical data presentation component for monitoring applications[C]//Fifth International Conference on Computational and Information Sciences. IEEE, 2013: 2003-2006.

[36] 孙静. 基于模糊控制的智能灌溉系统的研究[D]. 济南: 山东大学, 2014.

[37] 李谢辉, 李景宜. 基于 GIS 的区域景观生态风险分析——以渭河下游河流沿线区域为例[J]. 干旱区研究, 2008 (6): 899-903.

[38] 张强, 姚玉璧, 李耀辉, 等. 中国西北地区干旱气象灾害监测预警与减灾技术研究进展及其展望[J]. 地球科学进展, 2015, 30(2): 196-213.

[39] 赵鸿, 王润元, 尚艳, 等. 粮食作物对高温干旱胁迫的响应及其阈值研究进展与展望[J]. 干旱气象, 2016, 34(1): 1-12.